李复煌　刘　钧　主编

# 家禽健康养殖
## 技术指导手册

中国农业科学技术出版社

图书在版编目（CIP）数据

家禽健康养殖技术指导手册 / 李复煌，刘钧主编. 北京：中国农业科学技术出版社，2024.11. -- ISBN 978-7-5116-7221-6

Ⅰ.S83-62

中国国家版本馆CIP数据核字第2024JT7596号

责任编辑　李　华
责任校对　李向荣
责任印制　姜义伟　王思文

| 出 版 者 | 中国农业科学技术出版社 |
|---|---|
| | 北京市中关村南大街12号　　邮编：100081 |
| 电　　话 | （010）82109708（编辑室）（010）82106624（发行部） |
| | （010）82109709（读者服务部） |
| 网　　址 | https://castp.caas.cn |
| 经 销 者 | 各地新华书店 |
| 印 刷 者 | 北京捷迅佳彩印刷有限公司 |
| 开　　本 | 170 mm×240 mm　1/16 |
| 印　　张 | 16.75　彩插20面 |
| 字　　数 | 315千字 |
| 版　　次 | 2024年11月第1版　2024年11月第1次印刷 |
| 定　　价 | 78.00元 |

版权所有・侵权必究

# 《家禽健康养殖技术指导手册》编委会

**主　编** 李复煌　刘　钧
**副主编** 王　梁　白欣洁　闫　雪　潘兴亮
**参　编**（按照姓氏笔画排序）

王重庆　王保中　史文清　巩　浩
朱法江　朱晓静　刘　宇　刘　迎
刘　黎　刘晓庆　孙　越　孙惠玲
杨卫芳　杨龙峰　李文娟　李进美
李志衍　张宏雨　张启龙　张卓毅
张美玲　陈京媛　尚川川　金银姬
周德刚　赵　卓　赵　晨　姚　婷
贾　婷　郭江鹏　黄　镇　梅　婧
曹　林　曹聚欣　崔志攀　梁静泊
雷莉辉　潘卫凤　魏荣贵

# 前 言

我国作为全球最大的肉类生产国和禽蛋消费国，家禽产业占据重要地位。近年来，我国禽肉禽蛋产量和家禽出栏量保持连年增长。2023 年，全国禽肉产量达到 2 563 万吨，禽蛋的产量为 3 563 万吨。全年家禽出栏量达到 168.2 亿只，较 2017 年增长了 29.2%。我国禽肉产量自 2020 年起已超越美国，跃居世界第一。同时，家禽产值在畜牧业总产值中的占比也在不断提升。

"国以民为本，食以安为先"，家禽养殖过程中，饲养密度过大，疫苗和抗生素的不合理使用，导致耐药菌增加与兽药残留问题日益突出。2024 年，"推进兽用抗菌药使用减量化行动"首次被写入中央一号文件，其重要性进一步凸显。家禽健康养殖，一直是政府、消费者和养殖主体都期望的养殖模式。如何解决家禽养殖不合理免疫、疫病频发和抗菌药超量使用的生产难题，我们组织一线的专家和技术人员编写了《家禽健康养殖技术指导手册》，旨在通过健康养殖技术的推广，为广大消费者提供优质的禽产品，保障我国家禽产业高质量发展。

本书共 6 章，按照技术指导手册的模式，首先从家禽品种的推荐、家禽生理发育特点、家禽的免疫机制、家禽的健康养殖和微生态制剂对家禽的作用等方面进行介绍。其次从禽场生物安全建设、禽场的规划和选址、投入品的管控及禽场环境的控制进行阐述，形成一套家禽健康养殖技术指导操作流程。本书可为大专院校、科研单位及一线从业人员提供有益学习借鉴和参考，对科学指导家禽生产中动物疫病的防控、抗菌药减量化及保障禽源产品安全，提升家禽养殖场的生物安全和人类社会的公共卫生起到积极作用。

本书出版过程中，得到北京良种蛋鸡产业集群和现代产业技术体系北京市家禽创新团队的资金支持，深表感谢！

由于编者水平有限，书中难免有错误或者遗漏的地方，敬请广大读者批评指正。

编　者

2024 年 10 月

# 目 录

**第一章 家禽的品种与饲养管理** 1
  第一节 蛋鸡的品种与饲养管理 1
  第二节 肉鸡的品种与饲养管理 30
  第三节 肉鸭的品种与饲养管理 37

**第二章 家禽的生理特征及免疫** 49
  第一节 家禽的生理发育 49
  第二节 家禽免疫器官及机理 54
  第三节 家禽疫苗免疫现状和推荐程序 69

**第三章 家禽减抗理论及微生态制剂的实践** 76
  第一节 健康养殖定义 76
  第二节 微生态制剂的理论 77
  第三节 微生态制剂在家禽上的应用 92
  第四节 微生态制剂的发展趋势 99

**第四章 健康养殖禽场生物安全与防控** 104
  第一节 禽场生物安全要求 104
  第二节 禽场选址与规划 106
  第三节 禽场卫生与消毒 109
  第四节 禽场生物安全的评估和提升 110

**第五章 健康养殖禽场投入品和疫病的管理** 120
  第一节 禽场饲料的管理 120
  第二节 禽场兽药的管理 132
  第三节 禽场主要疫病的防控 160

**第六章 健康养殖禽场环境的控制** ················· **202**
　第一节　禽舍环境的控制 ························· 202
　第二节　禽场粪污处理与利用 ····················· 224

**参考文献** ············································· **234**

**附录** ················································· **249**

# 第一章
## 家禽的品种与饲养管理

## 第一节 蛋鸡的品种与饲养管理

### 一、蛋鸡品种

目前，国内外蛋鸡品种很多，蛋鸡按蛋壳颜色分为褐壳（俗称红壳）蛋鸡系列、白壳蛋鸡系列、粉壳蛋鸡系列和绿壳蛋鸡系列。2024年我国蛋鸡存栏达到12.80亿只，褐壳、粉壳、白壳、绿壳蛋鸡品种种鸡均有饲养，商品蛋鸡生产以褐壳蛋鸡为主，粉壳蛋鸡为辅，少部分饲养白壳和绿壳蛋鸡。

#### （一）褐壳蛋鸡品种

目前我国引进或国内培育的褐壳蛋鸡品种主要包括海兰褐壳蛋鸡、罗曼褐壳蛋鸡、伊莎褐壳蛋鸡、海赛克斯褐壳蛋鸡、尼克红褐壳蛋鸡、宝万斯褐壳蛋鸡、迪卡褐壳蛋鸡、新杨褐壳蛋鸡、京红1号壳蛋鸡、大午褐壳蛋鸡等。

图1.1 海兰褐壳蛋鸡

**1. 海兰褐壳蛋鸡**

海兰褐壳蛋鸡（图1.1）由美国海兰国际公司培育，属小型体重高产蛋鸡，具有较高的生产性能、较强的适应能力和抗病能力，性情温顺，易于管理。达到50%产蛋率日龄为142天左右，高峰产蛋率达到94%～96%，且比较稳定，产蛋期成活率

96%～98%，料蛋比2.07∶1。

**2. 罗曼褐壳蛋鸡**

罗曼褐壳蛋鸡（图1.2）由德国罗曼公司培育，属中型体重高产蛋鸡。达到50%产蛋率日龄为145天左右，高峰产蛋率达到92%～94%，产蛋期成活率94%～96%，料蛋比2.10∶1。

**3. 伊莎褐壳蛋鸡**

伊莎褐壳蛋鸡（图1.3）由法国伊莎公司培育，属中型体重高产蛋鸡。达到50%产蛋率日龄为145天左右，高峰产蛋率达到96%，产蛋期成活率96%，料蛋比2.15∶1。

图1.2　罗曼褐壳蛋鸡

**4. 海赛克斯褐壳蛋鸡**

海赛克斯褐壳蛋鸡（图1.4）是荷兰尤利公司培育的优良蛋鸡品种。该鸡性情温顺，好管理，且有抗寒性强，抗逆性好，产蛋高峰期长，破壳蛋少的特点，但耐热性较差，适宜在北方寒冷地区饲养。达到50%产率日龄为145天左右，高峰产蛋率达到96%，产蛋期成活率94%，料蛋比2.15∶1。

**5. 尼克红褐壳蛋鸡**

尼克红褐壳蛋鸡（图1.5）由美国尼克国际公司培育，属小型体重高产蛋鸡。达到50%产蛋率日龄为146天左右，高峰产蛋率达到96%，且高峰期维持时间长（90%产蛋率维持24～28周，80%以上产蛋率维持42～46周），产蛋期成活率96%，料蛋比2.15∶1。

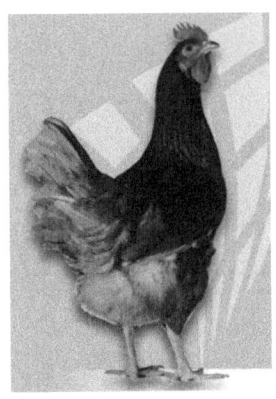  

图1.3　伊莎褐壳蛋鸡　　　图1.4　海赛克斯褐壳蛋鸡　　　图1.5　尼克红褐壳蛋鸡

### 6. 宝万斯褐壳蛋鸡

宝万斯褐壳蛋鸡（图1.6）由荷兰尤利公司培育，属小型体重高产蛋鸡。达到50%产蛋率日龄为145天左右，高峰产蛋率达到96%，产蛋期成活率95%，料蛋比2.19∶1。

### 7. 迪卡褐壳蛋鸡

迪卡褐壳蛋鸡（图1.7）由美国迪卡公司培育，属中型体重高产蛋鸡。达到50%产蛋率日龄为143天左右，高峰产蛋率达到96%，产蛋期成活率94%，料蛋比2.20∶1。

图1.6　宝万斯褐壳蛋鸡

图1.7　迪卡褐壳蛋鸡

### 8. 新杨褐壳蛋鸡

新杨褐壳蛋鸡（图1.8）由上海新杨家禽育种中心等三个单位联合培育，属中型体重高产蛋鸡。达到50%产蛋率日龄为155天左右，高峰产蛋率达到94%，产蛋期成活率95%，料蛋比2.25∶1。

### 9. 京红1号褐壳蛋鸡

京红1号褐壳蛋鸡（图1.9）由北京华都峪口禽业有限责任公司培育，达到50%产蛋率日龄为142天左右，产蛋高峰期长，90%以上产蛋率可维持8个月以上。产蛋期成活率95%，料蛋比2.10∶1。

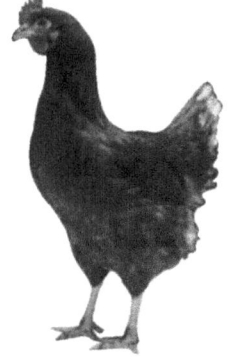
图1.8　新杨褐壳蛋鸡

### 10. 大午褐壳蛋鸡

大午褐壳蛋鸡（图1.10）由河北大午禽业公司培育，达到50%产蛋率日龄为144天左右，高峰产蛋率达到94%，产蛋期成活率95%，料蛋比2.10∶1。

图 1.9　京红 1 号褐壳蛋鸡　　　　图 1.10　大午褐壳蛋鸡

## （二）粉壳蛋鸡品种

粉壳蛋鸡属于褐壳蛋鸡与白壳蛋鸡杂交育成，主要包括海兰灰、尼克粉、京粉 1 号、京白 939、农大 3 号、农大 5 号、农京 1 号等。

**1. 海兰灰**

海兰灰（图 1.11）是美国海兰国际公司培育的优良蛋鸡品种，属中型体重蛋鸡。达到 50% 产蛋率日龄为 145 天左右，高峰产蛋率达到 96%，产蛋期成活率 96%，料蛋比 2.19∶1。

**2. 尼克粉**

尼克粉（图 1.12）是由美国尼克国际公司培育，属小型体重蛋鸡。达到 50% 产蛋率日龄为 145 天左右。产蛋高峰期长，90% 以上产蛋率维持 28～32 周，80% 以上产蛋率维持 45～50 周。产蛋期成活率 95%，料蛋比 2.10∶1。

图 1.11　海兰灰　　　　图 1.12　尼克粉

## 3. 京粉 1 号

京粉 1 号（图 1.13）由北京市华都峪口禽业有限责任公司培育，达到 50% 产蛋率日龄为 140 天左右。产蛋高峰期长，90% 以上产蛋率维持 9 个月以上，产蛋期成活率 97%，料蛋比 2.10∶1。

## 4. 京白 939

京白 939（图 1.14）由原北京市种禽公司培育，属小型体重蛋鸡。达到 50% 产蛋率日龄为 155 天左右。高峰产蛋率 96.5%，高峰期持续 80% 以上 31～35 周，90% 以上 11～13 周，产蛋期成活率 94%，料蛋比 2.30∶1。

图 1.13　京粉 1 号

## 5. 农大 3 号

农大 3 号（图 1.15）小型蛋鸡是由中国农业大学培育的优良蛋鸡品种。达 50% 产蛋率日龄为 150 天左右，高峰产蛋率 94% 以上，产蛋期成活率 92% 以上，料蛋比 1.99∶1。农大 3 号小型鸡性情温顺，不乱飞（篱笆 50 厘米高即可），不上树，不爱炸群，易于管理，适合在林地或各种果园放养。

图 1.14　京白 939

## 6. 农大 5 号

农大 5 号（图 1.16）小型蛋鸡是由中国农业大学培育的优良蛋鸡品种。达 50% 产蛋率日龄为 155 天左右，高峰产蛋率 92% 以上，产蛋期成活率 96% 以上，料蛋比 1.96∶1。

图 1.15　农大 3 号

图 1.16　农大 5 号

## （三）白壳蛋鸡品种

目前，白壳蛋鸡品种主要包括海兰白、罗曼白、京白1号等。白壳蛋鸡体重轻，属轻型鸡，开产早，蛋重大，产量高，耗料少；但比较敏感，具有易受惊吓、爱炸群、易脱肛等特点。

### 1. 海兰白

海兰白（图1.17）由美国海兰公司培育，全身白色，属小型体重蛋鸡。达到50%产蛋率日龄为137天，高峰产蛋率94%，产蛋期成活率94%，料蛋比1.90∶1。

### 2. 京白1号

京白1号（图1.18）由北京市华都峪口禽业有限责任公司培育。达50%产蛋率日龄平均为156天，高峰产蛋率95%以上，产蛋期成活率97%，料蛋比2.10∶1。

图1.17 海兰白

图1.18 京白1号

## （四）绿壳蛋鸡品种

### 1. 新杨绿

新杨绿（图1.19）由上海家禽育种有限公司与中国农业大学、国家家禽工程技术中心联合育种。达50%产蛋率日龄平均为154天，高峰产蛋率90%，产蛋期成活率95%，料蛋比1.96∶1。

图 1.19 新杨绿

**2. 苏禽绿**

苏禽绿（图 1.20）是由江苏省家禽科学研究所培育而成的优质蛋鸡品种。达 50% 产蛋率日龄平均为 145 天，高峰产蛋率 90% 以上，85% 产蛋率持续时间 100 天左右。

**3. 神丹 6 号**

神丹 6 号（图 1.21）是由湖北神丹健康食品有限公司与中国农业科学院家禽研究所共同选育。达 50% 产蛋率日龄平均为 145 天，高峰产蛋率 88%，80% 以上产蛋率超过 4 个月，产蛋期成活率 93%。

图 1.20 苏禽绿　　　　　　　　　图 1.21 神丹 6 号

## （五）地方鸡品种

**1. 华北柴鸡**

目前有地方土种和人工培育品种，品种较杂，颜色各异。一般公鸡鸡冠大，鲜艳，红润（图 1.22、图 1.23）。柴鸡飞翔能力强，喜欢上树，适合在空旷地、林木和板栗、核桃等坚果类树下放养，不适合在苹果、梨等浆果树下放养。柴鸡84天前增重较快，120～150天体重在1.5～2.0千克，以后增重减慢，饲养期不宜超过5个月。母鸡130天左右开产，柴鸡蛋壳颜色主要呈粉色，也有白毛带黑点柴鸡以绿壳蛋为主。放养条件下，华北柴鸡高峰产蛋率在70%左右，日补料必须在105克以上，料蛋比3.7∶1。

图1.22　华北柴鸡（公鸡）

图1.23　华北柴鸡（母鸡）

**2. 北京油鸡**

北京油鸡（图1.24、图1.25）源于九斤黄鸡，外观漂亮，具有凤头、毛腿、五指和胡子嘴等特点，属肉蛋兼用型，是北京家禽地理标志品种之一。其肉质鲜美，又称宫廷黄鸡。90日龄平均体重为公鸡1.4千克，母鸡1.2千克；料肉比（3.2～3.5）∶1；105天出栏体重为1.45千克，料肉比3.8∶1。成年公鸡达2.1千克，母鸡达1.8千克。成年鸡平均半净膛屠宰率，公鸡为83.50%，母鸡为70.70%；成年鸡平均全净膛屠宰率，公鸡为76.6%，母鸡为64.6%。母鸡500日龄产蛋量120～130枚，开产日龄180天，平均蛋重56克，高峰产蛋率50%～60%，就巢性强，蛋壳颜色为淡褐色。北京油鸡飞翔能力不强，适合在林地或各种果园放养。

图1.24　北京油鸡（母鸡）

图1.25　北京油鸡（公鸡）

**3. 乌鸡**

目前国内有丝毛白羽乌鸡（图1.26）、黑羽乌鸡（图1.27）。纯种白羽乌鸡生长速度慢，110天出栏，体重1.1千克，料肉比为3∶1。但白羽乌鸡肉质鲜美，亚油酸、亚麻酸含量是我国地方鸡中的佼佼者。丝毛白羽乌鸡具有药用功能，是生产乌鸡白凤丸的原料。母鸡年产蛋量为120～135枚，蛋壳粉色为主，抱窝性强。黑羽乌鸡除胴体和脚呈黑色外，羽毛也为黑色，生长速度和产蛋性能均高于丝毛乌鸡，蛋壳颜色为绿色。乌鸡飞翔能力不强，适合在林地或各种果园放养。

图1.26　丝毛白羽乌鸡

图1.27　黑羽乌鸡

**4. 芦花鸡**

因全身芦花得名（图1.28、图1.29），羽毛漂亮，适合开发成羽毛制品。

鸡冠鲜红，生长速度中等，肉质鲜美。成年公鸡体重1.6千克，母鸡1.25千克。平均开产日龄156天，一年可产蛋130～150枚，在较好的庭院饲养管理条件下，年产蛋数180～200枚。料蛋比为2.5∶1。蛋重35.0～51.9克，平均蛋重45克。颜色多数为微褐色，少数为白色。蛋黄比率45.4%左右。抱窝母鸡占3%～5%，持续期一般在20天左右。芦花鸡飞翔能力强，喜欢上树，觅食能力强，敏感，易受惊吓。芦花鸡适合在空旷地、林木和板栗、核桃等坚果类树下放养，不适合在苹果、梨等浆果树下放养。

图1.28 芦花鸡（公鸡）　　　　图1.29 芦花鸡（母鸡）

**5. 东乡绿壳蛋鸡**

原产于江西东乡，属地方品种，经过研究单位选育，目前性能大大提高。毛色黑中带绿（图1.30），90天体重可达1.2千克，成年公鸡体重1.5～1.8千克，母鸡体重1.1～1.4千克，年产蛋160～180枚，平均蛋重50克，鸡蛋壳呈现绿色。

图1.30 东乡绿壳蛋鸡

## 二、蛋鸡的饲养管理

### （一）雏鸡的饲养

雏鸡是指0～6周龄的后备母鸡，也有将雏鸡阶段划分为0～8周龄。雏鸡饲养的好坏关系到养鸡的效益，所以育雏是养鸡中很关键的第一步。育雏的目标是实现高成活率，雏鸡体重达到标准。

**1. 鸡舍准备**

鸡舍所有设备冲洗干净，并将鸡舍空舍干燥10～12天，将所有的用具放到鸡舍。地面平养铺上干净、干燥、无霉变垫料，如稻壳或铡短成3～5厘米的麦秸或玉米绒7～10厘米。如采用网上饲养，则搭好笼架，安装好隔网。先用广谱消毒药按说明书要求进行全面喷洒消毒，如果采用自动饮水系统，还要对饮水系统进行清洗消毒，包括清洗过滤器、水箱和水线。水线可采用消毒药浸泡1～3小时，然后将消毒水放掉，用清水冲洗干净。鸡舍每立方米空间用30毫升福尔马林、15克高锰酸钾和30毫升水熏蒸消毒。48小时后将门窗打开，除去残留的福尔马林气体，并清除溅出在地面或垫料上的消毒废液，准备接雏。

**2. 进雏准备**

接雏前两天（夏天提前1天）开始给育雏舍加温，让育雏室温度达到33～35℃，然后将饮水器灌满水，水中可以加3%葡萄糖或电解多维。在料桶或料盘中撒入少量饲料，放置在明显位置。加温最好采用水暖（图1.31）、畜舍空调热风器加热（图1.32），避免直接在雏鸡舍放置煤炉升温，防止产生一氧化碳导致雏鸡中毒，或烟尘过多导致雏鸡发生呼吸道疾病。

图1.31 暖气片加热

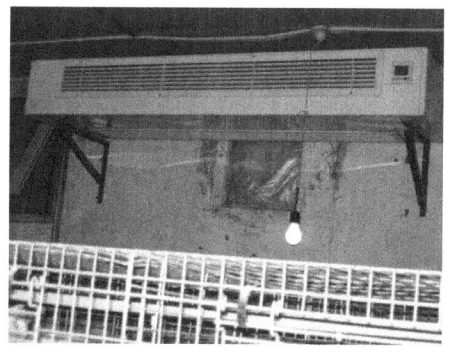

图1.32 畜舍空调加热器

### 3. 接鸡（雏）

雏鸡到来前，先检查温度、饲料、饮水设备是否供水正常。雏鸡到来后，如采用平养育雏，将雏鸡均匀地放置在鸡舍靠近料盘、饮水器具的地方。如采用笼养育雏方式，一般先将雏鸡放置在最上层或上层与中层，然后根据饲养密度需要和温度状况，结合免疫，逐步进行分层，往中、下层疏散。

### 4. 温度控制

温度是育雏成功与否的重要保证，3周龄前的雏鸡不具备调节体温的能力，因而需要较高的温度，高温还有助于雏鸡卵黄囊的吸收。第1周温度保持在34～37℃，以后每周下降2～3℃，雏鸡各周适宜温度见表1.1。适宜温度应视鸡群活动情况而定。

表 1.1　蛋鸡温度控制要求

| 年龄 | 0～3日龄 | 4～7日龄 | 第2周 | 第3周 | 第4周 | 第5周 | 第6周 | 7周以上 |
|---|---|---|---|---|---|---|---|---|
| 温度/℃ | 37～35 | 35～33 | 33～31 | 31～29 | 29～27 | 27～24 | 24～20 | 20～18 |

最好使用能显示最高最低温度的医用温度计（图1.33）测定鸡舍温度，可以了解之前的育雏舍所达到的最高温度和最低温度，以及读数当时温度，以便合理安排供温措施。

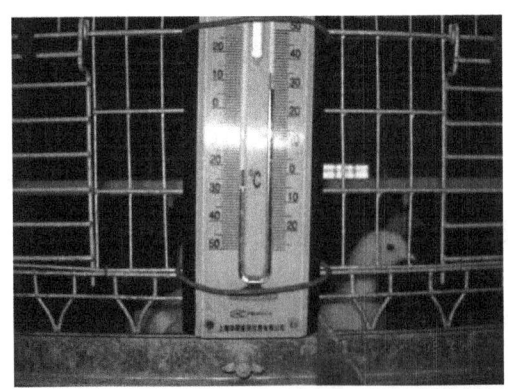
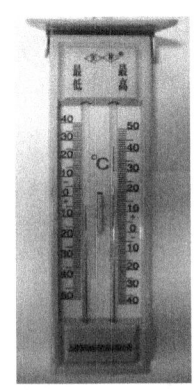

图 1.33　能显示最高温度和最低温度的医用温度计

要经常检查鸡群状况：如雏鸡扎堆（图1.34），说明温度过低，此时应提高温度。鸡群扎堆，很容易导致堆积死亡。此外，温度过低，导致鸡群活动性能减弱，影响采食和饮水，也是导致死亡的重要因素。

如果雏鸡分散良好（图1.35），运动自如则说明温度正常。如雏鸡翅膀张开，张嘴喘气（图1.36），或身体紧贴笼网说明温度过高，此时应逐渐降低温度。高温降低雏鸡采食量，导致雏鸡体重减轻。温度过高导致雏鸡出汗，而后如果鸡舍降温下降过快、过大，雏鸡容易受凉，导致雏鸡死亡率升高，发生应激、脱水；因此，要注意雏鸡舍温度不能出现忽高忽低，日夜温差变化不要大于1℃。育雏后期温度不能过高，适当低温有助于促进雏鸡采食，增加体重。

图1.34　温度偏低（雏鸡扎堆）　　　图1.35　温度适宜　　　图1.36　温度偏高

采用多层育雏笼育雏时，由于各层温度差异大，一般一层差1℃以上。因此，如果进雏时将雏鸡放置在各层，容易出现上层雏鸡温度过高，出现喘气现象；下层温度过低，出现扎堆现象。因此，一般建议早期放置在温度较高的上层或上中层，然后逐步往下扩群的方式。

**5. 通风要求**

由于雏鸡需要保温，通风经常被忽视。经常给雏鸡舍通风换气，才能保持空气清新。因为鸡的羽毛以及鸡的咳嗽、鸣叫可以产生大量的粉尘。如果鸡舍空气中总粉尘浓度超过4.20毫克/立方米，粉尘会对呼吸道产生刺激并引起发炎，降低鸡对疾病的抵抗力，增加疾病的易感性，容易出现慢性呼吸道疾病。鸡对氨气特别敏感，当氨气浓度超过20毫克/千克时对鸡的黏膜产生强烈刺激，能引起结膜、上呼吸道的黏膜充血、水肿。硫化氢同样对蛋鸡产生危害，它对呼吸道有刺激性和窒息性，低浓度硫化氢的长期毒害可使鸡体质下降，抵抗力降低，生产性能下降，浓度超过10毫克/千克时会导致呼吸中枢麻痹而死亡。

通风要循序渐进，不能说通风时，窗户门全部打开。窗户门在早晨、晚上凉时小敞，中午热时大敞；有风时小敞，无风时大敞。当进入鸡舍，感觉气味刺鼻时，必须敞开通风，提高室内温度。饲养前期以保温为主，兼顾通风；后期以通风为主，兼顾保温。建议在屋顶安装无动力风机（图1.37），热空气或湿气通过屋顶风机进行自动排放，屋顶风机通过拉绳拉开或关闭风机内风筒的挡风板（图1.38）增加通风量或减少通风量。

图1.37　屋顶风机外型

图1.38　屋顶风机舍内
（通过开闭调节板调节通风量）

**6. 湿度要求**

育雏前2周，通过喷雾消毒（图1.39），或在火炉上放置水壶（图1.40）通过水蒸发的方式，将湿度保持在60%～70%，有助于雏鸡羽毛生长，可以减少育雏前期死亡率，减少呼吸道疾病，提高发育速度。3周龄以后保持干燥，湿度控制在50%以下，可以减少呼吸道疾病和寄生虫疾病的发生。

图1.39　喷雾消毒提高湿度

图1.40　煤炉上放置水壶加湿

**7. 密度要求**

饲养密度关系到鸡群体重发育和均匀度，只有合适的密度才能保证雏鸡发育健壮，成活率高，均匀度好。如果雏鸡密度过大（图1.41），雏鸡的采食、饮水位置均受影响，导致鸡群发生抢食、挑食，影响全群鸡的采食、饮水,从而影响雏鸡正常发育和鸡群发育的均匀性。如果采用立体笼养育雏,应及时进行分群,确保饲养密度适宜(图 1.42)。此外,还要注意保证有足够的食槽、水槽或乳头饮水器数量。雏鸡采食、饮水长度不够同样影响雏鸡发育,育雏和育成饲养密度和采食、饮水位置见表 1.2。

图 1.41 雏鸡密度过大

图 1.42 雏鸡密度适宜

表 1.2 雏鸡饲养密度和采食、饮水方式

| 项目 | 饲养方式 | 0~4周龄 | 5~17周龄 |
| --- | --- | --- | --- |
| 每平方米鸡数 | 笼养 | 50 | 15 |
| | 垫料 | 12 | 6 |
| | 网上 | 15 | 8 |
| | 垫料+网上 | 13~14 | 7 |
| 采食方式 | 饲槽式(厘米/鸡) | 2.5~5 | 8 |
| | 桶式(鸡/只) | 30~40 | 25~30 |
| 饮水方式 | 水槽(厘米/鸡) | 3 | 3 |
| | 桶式(鸡/只) | 80 | 50 |
| | 乳头式(鸡/只) | 8 | 8 |

**8. 饮水要求**

头 3 天用温水,水温应为 18~20℃。应每天更换新鲜的饮水,每天刷洗、消毒饮水设备,消毒剂可选用碘酊、氯制剂、百毒杀等,消毒完后用清水冲洗饮水设备。要尽量选择乳头饮水器,或刚开始由钟形饮水器(图 1.43)再逐渐过渡到乳头饮水器。饮水器高度应随

图 1.43 钟形饮水器

日龄变化进行调节，乳头饮水器位置应高于头部高度 2 厘米，让小鸡呈现 45º 喝水，长大后呈 75º～85º 喝水（图 1.44）。杯式饮水器或水槽高度应与鸡背高度平齐。

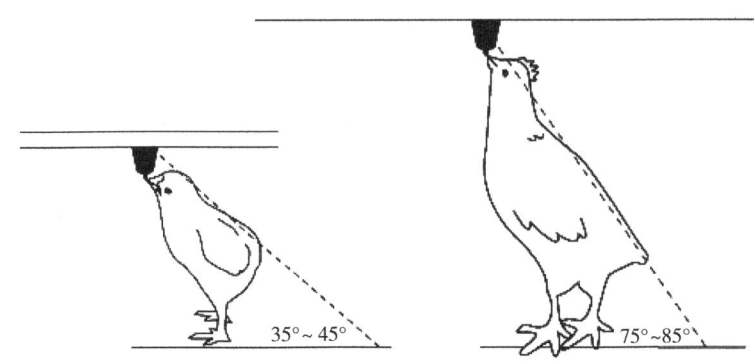

图 1.44　乳头饮水器设置高度示意图

使用乳头饮水器时要经常检查乳头是否能正常出水？如果出水过快，出现很多乳头滴水情况，说明水压可能太大，应降低水箱高度（水箱高于水线 30 厘米为正常）或通过调整减压阀调节水压。如果出水量过小，说明水压太低，应提高水箱高度，或增加水压阀压力。应及时发现不出水或出水过快的乳头，进行拆洗或修复，对于不能修复的不出水或出水过快乳头应及时进行更换。

**9. 饲料及饲喂**

育雏原则是尽可能让雏鸡充分地发育，体重符合标准。雏鸡的体重决定育成鸡结束体重，影响开产时间、开产蛋重和产蛋量。因而，让雏鸡充分发育至关重要。

雏鸡生长早期发育完成 90% 的骨架，饲料营养是关键。建议 0～3 周龄蛋雏鸡饲喂雏鸡破碎料，提高雏鸡饲料营养水平，促进体重增长和骨骼发育。4 周后饲喂蛋雏鸡粉料。对于自配料的饲养户应增加配方中豆粕的含量，适当补充赖氨酸、蛋氨酸，尽量减少能量低以及纤维素含量高的麦麸、玉米皮、DDGS（干酒糟及其可溶性物）等用量。此外，原料粉碎时，要求雏鸡料 75%～80% 的饲料颗粒在 0.5～3.2 毫米。

喂料时尽量保持饲料的新鲜状态。育雏期应采取少量，多次的原则，每天喂料 3～6 次。由于夜间时间较长，容易导致长时间饥饿，建议早晨开灯后饲喂全天饲料总量的 50%，中午饲喂 20%，傍晚饲喂 30%。各蛋鸡品种雏鸡采食量见表 1.3、表 1.4。

有条件的饲养场可以在料槽中添加麦饭石或粗沙粒，一般 1～2 周龄雏鸡，每周加1次，每次每只鸡1克，沙粒直径1～2毫米；3～8周龄，每周1次，每次2克，沙粒直径3～4毫米。

表1.3 褐壳蛋鸡的采食量和体重对照

| 周龄/周 | 海兰褐 | | 海赛克斯/伊莎 | | 尼克红 | | 罗曼 | |
| --- | --- | --- | --- | --- | --- | --- | --- | --- |
| | 采食量/（克/天） | 体重/克 | 采食量/（克/天） | 体重/克 | 采食量/（克/天） | 体重/克 | 采食量/（克/天） | 体重/克 |
| 1 | 13 | 70 | 11 | 66 | 10 | 70 | 11 | 75 |
| 2 | 20 | 115 | 17 | 115 | 16 | 126 | 17 | 130 |
| 3 | 25 | 190 | 25 | 205 | 22 | 191 | 22 | 195 |
| 4 | 29 | 280 | 32 | 292 | 28 | 272 | 28 | 275 |
| 5 | 33 | 380 | 37 | 390 | 34 | 364 | 35 | 367 |
| 6 | 37 | 480 | 42 | 485 | 40 | 473 | 41 | 475 |
| 7 | 41 | 580 | 46 | 575 | 46 | 584 | 47 | 583 |
| 8 | 46 | 680 | 50 | 665 | 52 | 684 | 51 | 685 |
| 9 | 51 | 770 | 54 | 758 | 57 | 783 | 55 | 782 |
| 10 | 56 | 870 | 58 | 848 | 61 | 875 | 58 | 874 |
| 11 | 61 | 960 | 61 | 940 | 64 | 961 | 60 | 961 |
| 12 | 66 | 1 050 | 64 | 1 025 | 66 | 1 046 | 64 | 1 043 |
| 13 | 70 | 1 130 | 67 | 1 120 | 67 | 1 127 | 65 | 1 123 |
| 14 | 73 | 1 210 | 70 | 1 200 | 68 | 1 199 | 68 | 1 197 |
| 15 | 75 | 1 290 | 73 | 1 295 | 70 | 1 269 | 70 | 1 264 |
| 16 | 77 | 1 360 | 76 | 1 380 | 72 | 1 333 | 71 | 1 330 |
| 17 | 80 | 1 430 | 80 | 1 465 | 74 | 1 404 | 72 | 1 400 |
| 18 | 82 | 1 480 | 84 | 1 550 | 76 | 1 479 | 75 | 1 475 |

表1.4 粉壳蛋鸡的采食量和体重对照

| 周龄/周 | 海兰灰 | | 罗曼粉 | | 尼克粉 | | 农大3号 | |
| --- | --- | --- | --- | --- | --- | --- | --- | --- |
| | 采食量/（克/天） | 体重/克 | 采食量/（克/天） | 体重/克 | 采食量/（克/天） | 体重/克 | 采食量/（克/天） | 体重/克 |
| 1 | 13 | 70 | 10 | 78 | 10 | 70 | 8 | 65 |
| 2 | 20 | 115 | 17 | 132 | 17 | 125 | 12 | 125 |
| 3 | 25 | 190 | 23 | 198 | 23 | 188 | 15 | 170 |

（续表）

| 周龄/周 | 海兰灰 | | 罗曼粉 | | 尼克粉 | | 农大3号 | |
| --- | --- | --- | --- | --- | --- | --- | --- | --- |
| | 采食量/(克/天) | 体重/克 | 采食量/(克/天) | 体重/克 | 采食量/(克/天) | 体重/克 | 采食量/(克/天) | 体重/克 |
| 4 | 29 | 290 | 29 | 282 | 29 | 270 | 18 | 230 |
| 5 | 33 | 380 | 35 | 370 | 35 | 355 | 21 | 280 |
| 6 | 37 | 480 | 39 | 471 | 40 | 455 | 24 | 340 |
| 7 | 41 | 590 | 43 | 580 | 46 | 560 | 28 | 400 |
| 8 | 46 | 680 | 47 | 640 | 52 | 660 | 32 | 475 |
| 9 | 51 | 790 | 51 | 750 | 57 | 760 | 36 | 540 |
| 10 | 56 | 890 | 55 | 888 | 60 | 855 | 40 | 590 |
| 11 | 61 | 990 | 59 | 973 | 63 | 945 | 44 | 690 |
| 12 | 66 | 1 080 | 62 | 1 050 | 65 | 1 025 | 48 | 780 |
| 13 | 70 | 1 160 | 65 | 1 116 | 67 | 1 095 | 52 | 840 |
| 14 | 73 | 1 250 | 68 | 1 176 | 68 | 1 160 | 56 | 920 |
| 15 | 75 | 1 340 | 71 | 1 231 | 69 | 1 225 | 60 | 980 |
| 16 | 77 | 1 410 | 74 | 1 280 | 71 | 1 290 | 64 | 1 050 |
| 17 | 80 | 1 480 | 76 | 1 332 | 73 | 1 355 | 69 | 1 120 |
| 18 | 83 | 1 550 | 80 | 1 380 | 75 | 1 420 | 74 | 1 200 |

**10. 断喙要求**

断喙有助于减少饲料浪费和防止啄癖。啄癖的发生与光照强度、营养因素和生殖道疾病等多因素有关。对于密闭式鸡舍，由于光照强度较低，不断喙啄癖发生率也低，而开放式鸡舍即使断喙也照样发生啄癖。啄癖还与饲养密度有关，不同的饲养密度应采取不同程度的断喙，在每笼饲养4只母鸡的高密度饲养条件下，应采取强断喙措施，可以大大降低啄癖发生，提高生产性能；而在相对低密度（每笼3只）饲养条件下，采取中等程度断喙则可以取得很好的生产效果。

由于断喙对小母鸡来说是一种最大的应激，不正确的断喙方法会影响小母鸡以后的发育或造成终身残废，因此，断喙人员技术要求熟练。不同日龄断喙对小母鸡产生应激程度不同，小母鸡体重恢复也有差异。一般认为6～10日龄采用台式断喙器（图1.45）。精确地切去上喙的1/2，即鼻孔到嘴尖2厘米处，下喙的1/3（图1.46），可以确保产蛋前母鸡上下喙长度整齐（图

# 第一章 家禽的品种与饲养管理

1.47），不用进行第二次断喙；断喙时间越晚，造成的应激越大，小母鸡体重恢复的时间越长，对小母鸡发育影响越大。但断喙日龄越早，质量越难掌握。烧灼时间控制在2秒钟内，用右手拇指轻轻按住雏鸡头部，食指顶住雏鸡下颌让雏鸡舌头回收，避免烧伤舌头。如果初次断喙掌握不好，则容易导致母鸡下喙越来越长（图1.48），影响雏鸡采食和发育，以后还需进行第二次断喙。

图1.45 断喙器

图1.46 7～10天断喙后效果

图1.47 正确断喙后18周龄效果

图1.48 不正确断喙后18周龄效果

断喙时要注意，一是刀片保持全红状态（温度达到590～595℃），刀片不红时应用砂纸擦洗刀片或固定螺丝，以免因接触不良导致刀片不能正常加热。二是建议每断5 000只鸡时应擦洗一次刀片；由于断喙导致刀片磨损，建议每断20 000～30 000只鸡时应更换刀片。三是为防止断喙带来的应激和出血，在断喙前一天饲料中添加维生素K，断喙结束后料槽中的饲料应有一定的厚度，以方便雏鸡采食。四是如果一次断喙效果不好，应在8～10周龄进行第二次断喙或修剪。五是不要给弱鸡或病鸡断喙。六是断喙后3～5天适当延长光照时间。

**11. 光照方案**

对于6周龄之前的母鸡来说,光照长短不一不影响其性成熟,6周龄以后光照时间长短影响雏鸡的发育。育雏前期强光照有助于雏鸡熟悉环境,促进采食、饮水活动,有利于体重增加。第1周要求光照时间为23小时,光照强度为20勒克斯(4瓦/平方米)。第2周光照时间减为每天16小时,光照强度为10勒克斯(3瓦/平方米)。2周龄以后光照时间14小时以内,光照强度以5勒克斯(2瓦/平方米)为宜,见表1.5。光照过强会导致鸡群兴奋,影响生长速度,还会导致啄癖发生。

国际上有在雏鸡到达第1天采用开灯4小时,然后熄灯2小时,再开灯4小时,熄灯2小时,让刚刚到达的雏鸡得到及时休息和采食、饮水,如此进行7～10天可以提高鸡群行为的同步化,提高鸡群均匀度,降低死亡率。

表1.5 育雏期光照计划

| 阶段 | 光照时间/小时 | | 光照强度 | |
| --- | --- | --- | --- | --- |
| | 大蛋方案 | 正常方案 | 瓦/平方米 | 勒克斯 |
| 1～2日龄 | 24 | 24 | 3 | 20～40 |
| 3～7日龄 | 16 | 16 | 3 | 20～30 |
| 2周龄 | 14 | 14 | 2 | 10～20 |
| 3周龄 | 12 | 12 | 2 | 10～20 |
| 4周龄 | 10 | 10 | 1 | 4～6 |
| 5周龄 | 9 | 8 | 1 | 4～6 |
| 6周龄 | 9 | 8 | 1 | 4～6 |
| 7周龄 | 9 | 8 | 1 | 4～6 |
| 8周龄 | 9 | 8 | 1 | 4～6 |

由于我国大多数属开放式鸡舍,光照控制不像密闭鸡舍那么容易。因此,有些养殖户不注意光照控制,导致鸡群发育提前,开产早,蛋小,而且产蛋高峰上不去,必须控制光照才能保证鸡群正常的发育。光照控制应与日照时间相结合,6—9月出壳的雏鸡育成期自然光照递减,与雏鸡发育相符,光照按自然光照即可。9月至翌年3月出壳的雏鸡宜采用恒定光照程序方法进行光照控制,一般按每天10小时即可。

3—6月雏鸡按递减或恒定光照程序，从3周龄起，光照由16小时递减至夏至自然光照时间或以夏至自然光照时间进行恒定光照。

应该注意的是，光照强度应在鸡的头部的高度测定，也就是鸡的眼睛应能感受的光照强度。光照强度也可估算：即每平方米面积使用2.7瓦的白炽灯泡，可在平养鸡舍鸡背处提供10勒克斯的光照强度，但灯泡必须清洁、有灯罩，灯泡高度在2.1～2.4米处。为保证灯泡亮度，应每周用干软布擦拭灯泡一次。灯泡在鸡舍内应分布均匀，呈梅花状，不宜并排排列。灯泡的功率不宜大于60瓦，否则，易造成局部光照过强，有些位置光照过弱，形成阴影。

冬季补光应在早晨进行，让鸡在休息后尽可能早采食，避免出现饥饿、受凉现象，夏季防止傍晚或夜间高温影响。春秋季人工补充光照时，应早晚同时进行，即早晨补1小时，傍晚也补1小时。补光可以采用自动光照控制仪（图1.49）控制早晚的开关灯时间，减少人工开、关灯的不准确性，也降低劳动强度。

图1.49　自动光照控制仪

**12. 日常管理**

每天至少2次以上进鸡舍观测鸡群活动、采食状况，检测鸡舍温度，根据鸡群状况调整温度等管理措施；每天拣出死鸡，如果非意外死亡过多时，及时查找原因或请兽医诊断。要注意雏鸡用具卫生，使用料盘喂料时，要每天更换、清洗，消毒后再使用；最好能每天带鸡消毒，对鸡群、鸡舍各个角落进行喷雾消毒。免疫前后2天停止喷雾消毒。

## （二）育成期的饲养管理

育成期是指蛋鸡6周龄或8周龄育雏结束到17周龄产蛋前的一段时间。育成的目标是蛋鸡达到性成熟之前能完成体格发育。体格即骨架与体重的综合体现，良好的骨架发育是维持产蛋期间高产性能的必要条件。若骨架小而相对体重大者，则说明鸡肥胖，这种体格的鸡产蛋性能差，容易早产、脱肛多、造成产蛋初期时死淘率高等缺点。

**1. 饲养密度**

育成鸡的饲养密度是影响育成鸡质量的重要因素，密度过大（图1.50），导致鸡群发育差，体重不达标，均匀度差，影响后期生产性能。因此，必须合理控制密度。育成鸡饲养密度参见表1.2。

图1.50 密度过大

**2. 营养和饲料**

进入育成期则需要将雏鸡料更换成育成鸡料，育成期饲料营养水平低于雏鸡。但是，由于育成期疾病发生率低，容易饲养。因此，育成期的饲养往往被忽视。育成期饲料营养水平低是导致我国育成鸡质量差（表现在体重不达标，均匀度差）的重要原因，应加强对育成期饲料营养水平的重视，适当提高日粮代谢能、赖氨酸水平。

换料时间根据体重而定，体重不足则推迟换料时间。从7周龄或9周龄开始，根据鸡的体重，将雏鸡饲料逐渐转变成育成鸡料；如果体重没有达到要求，则继续饲喂雏鸡料直到体重达到标准为止。在日粮的转换中应遵循3∶1、1∶1、1∶3的配比逐渐转换，各种比例饲料饲喂2天，第7天转换为完全育成鸡日粮。

**3. 体重和均匀度控制**

育成鸡体重和喂料量可参考表1.3、表1.4进行。建议10～12周每天空料2～3小时。从4～16周，建议每2周末应从鸡舍不同位置，按5%～10%比例逐只用能精确到10克的电子秤抽测至少100只鸡体重一次，计算鸡群的平均体重和均匀度；10～12周龄出现体重超标时，应保持上周饲喂量，不是减料，以防出现体重下降；如体重偏低时，应尽快查找如饲料营养水平、饮水量、饲养密度、疾病等原因，采取措施刺激母鸡多采食，尽可能在15周龄时达到体重标准。要将体重小的鸡尽早挑出，集中放在上层鸡笼，提高饲喂量。15周龄后，不论体重超标与否，都应保持一定增重，否则影响母鸡生殖器官发育，使开产推迟。

均匀度计算方法：比如 12 周龄对 100 只鸡进行单独称重，计算总重量时 98 800 克，平均重量 98 800/100=988 克，988×10%=98.8≈99 克，因此，下限重量 =988-99=889 克，上限重量 =988+99=1 087 克；根据个体称重记录，计算体重在 889～1 087 克的鸡数为 85 只，则均匀度为 85/100=85%。蛋鸡生产中鸡群均匀度最好在 85% 以上。均匀度标准见表 1.6。

表 1.6 鸡群的整齐度标准

| 在鸡群标准体重 ±10% 范围内的鸡只所占百分数 | 一致性程度 |
|---|---|
| 85% 以上 | 特佳 |
| 80%～85% | 佳 |
| 75%～80% | 良好 |
| 70%～75% | 一般 |
| 少于 70% | 不良 |

饲料营养水平低、饮水不足、饲养密度过大、鸡群发病或感染寄生虫均影响鸡群体重，同时也是造成均匀度差的重要原因。如果鸡群体重不达标要检测饲料营养水平、饮水器供水效果、饮水器高度、饲养密度、鸡群健康状况、寄生虫感染等。

**4. 饮水和喂料方式**

育成期一般采用笼养外挂食槽方式喂料，笼内安装乳头饮水器供水。

**5. 光照方案**

蛋鸡在 8 周龄以后，开始性器官的发育。育成期光照原则：尽量不要让光照时间随周龄增长而增加，防止鸡出现早熟，过早产蛋，导致蛋重偏小，产蛋高峰期短，高峰低。对于密闭式鸡舍育成期光照方案可以参考表 1.7。

表 1.7 育成期光照方案

| 周龄/周 | 光照时间/小时 | | 光照强度 | |
| --- | --- | --- | --- | --- |
| | 大蛋方案 | 正常方案 | 瓦/平方米 | 勒克斯 |
| 9 | 9 | 8 | 1 | 4～6 |
| 10 | 9 | 8 | 1 | 4～6 |
| 11 | 9 | 8 | 1 | 4～6 |
| 12 | 9 | 8 | 1 | 4～6 |
| 13 | 9 | 8 | 1 | 4～6 |

（续表）

| 周龄/周 | 光照时间/小时 | | 光照强度 | |
| --- | --- | --- | --- | --- |
| | 大蛋方案 | 正常方案 | 瓦/平方米 | 勒克斯 |
| 14 | 9 | 8 | 1 | 4～6 |
| 15 | 9 | 8 | 1 | 4～6 |
| 16 | 9 | 8 | 1 | 4～6 |
| 17 | 9 | 10 | 1 | 4～6 |

## （三）产蛋鸡的饲养管理

蛋鸡产蛋期是产蛋的关键饲养环节，也是蛋鸡饲养中时间最长的环节。这个时间的环境、营养、光照等的控制尤为重要。

**1. 产蛋鸡的设施**

（1）房舍要求。蛋鸡舍最好采用保温、隔热性能好的砖墙或复合板结构，分有窗密闭式（图1.51）或开放式（图1.52）。密闭式鸡舍有利于冬季保温，夏季隔热，避免夏天过强光线直接照射到蛋鸡，鸡舍环境相对容易控制，但常年需要人工开灯获得光照，需要安装换气扇排出废气和粉尘，耗电量相对大。有窗开放式鸡舍便于利用自然光照和通风，降低人工光照和换气扇的使用，可以省电；但不利于冬天保温，夏天隔热，环境控制能力差；此外，多数有窗鸡舍窗户正好与鸡笼相对，在温度低的季节容易造成开窗后冷空气直接吹到蛋鸡，导致鸡体温度变化过快，引起感冒或其他慢性呼吸道疾病发生。

图1.51　砖墙结构密闭式鸡舍

图1.52　复合板有窗开放式鸡舍

由于夏季温度较高，夏季降温成为蛋鸡饲养中考虑的重点。对于蛋鸡来说，好的降温方式主要采用湿帘降温，即在鸡舍的东墙或西墙安装湿帘（图

1.53），对侧安装排风机；也有采用东西墙使用有孔砖，加喷水的方式来达到夏季降温的目的。

对于有窗开放式鸡舍，适当减少窗户面积，安装换气窗；换气窗由上往下打开（图1.54），让空气先吹向屋顶，与上升的暖空气进行热交换后再沉降，有助于避免冬天冷空气直接吹向蛋鸡。结合屋顶风机将蛋鸡呼出的水汽、废气由屋顶排出，可以有助于降低慢性呼吸道疾病的发生。

图1.53　湿帘

图1.54　换气窗

（2）蛋鸡鸡笼。通常小规模蛋鸡场多采用阶梯式3层或4层笼养（图1.55），大规模蛋鸡场多采用立体全自动蛋鸡笼（图1.56），实现喂料、拣蛋、清粪全自动化。在阶梯式蛋鸡笼中有采用人工喂料蛋鸡笼（图1.57），也可以料槽外安装行车轨道，采用机械喂料（图1.58）。相对来说，机械喂料速度快，带均料板，喂料相对均匀。阶梯式笼养多采用人工手工拣蛋，也有可以采用传送带传送的机械捡蛋阶梯式蛋鸡笼（图1.56）。

图1.55　阶梯式蛋鸡笼

图1.56　立体式蛋鸡笼

图1.57 带自动清粪带3层阶梯式蛋鸡笼

图1.58 机械喂料设备

（3）饮水喂料设备。目前，多数蛋鸡场采用乳头饮水器给蛋鸡提供饮水，乳头饮水器具有节水、清洁、不用清洗，降低劳动强度等优点；但存在造价高，不能保证鸡同时饮水，引起饮水不足等缺点。国内一些地区还有采用水槽长流水式供水（图1.59），造成水浪费大，水槽容易被鸡饲料污染，如果水槽得不到及时清洗，容易导致水槽中饲料发霉变质，引起蛋鸡腹泻等不良反应。因此，采用水槽式供水需要天天擦洗水槽，保证水质清洁，劳动量较大。

采用乳头饮水器需要注意：鸡笼每层必须配备减压阀（图1.57黄色圆形物）或减压水箱，水箱可以购买标准产品，也可以自制（图1.60）。如果没有减压装置，而是在房舍高处安装一个储水罐（图1.61），然后用水管将各层水线相连（图1.62），容易导致由于水压过大（高度至少2米，大大超过一般30厘米要求），导致乳头出水量过大、过快，容易引起乳头漏水，弄湿鸡毛或料槽，造成蛋鸡产蛋性能差。安装乳头饮水器时还需注意乳头最好位于两个鸡笼之间（图1.63），如果乳头安装在鸡笼中央容易导致鸡在笼内活动时碰到乳头而淋湿羽毛（图1.64），造成脱羽（图1.65），影响产蛋性能。

图1.59 水槽式饮水

图1.60 简易水箱

图 1.61 水罐

图 1.62 多层水线连在一起

图 1.63 乳头饮水器位于鸡笼一侧

图 1.64 乳头饮水器位于鸡笼中央

图 1.65 鸡背淋湿出现脱羽

（4）清粪设备。目前，简易的机械清粪采用刮粪板自动清粪（图1.66）。在鸡舍砌粪沟，用钢丝绳或尼龙绳牵引刮粪板将鸡粪刮出鸡舍（图1.67）。

图1.66 带自动刮粪板式两层种鸡笼

图1.67 室外刮粪装置

**2. 产蛋前期（预产期）饲养管理**

由于国际上育种技术使蛋鸡开产时间不断提前，多数蛋鸡品种18周龄即开产。因而，一些育种公司将16～17周龄，约2周时间定为产蛋前期，比我国NY/T 33—2004《鸡饲养标准》中将19周龄至开产定为产蛋前期要提前3周左右时间，饲养者更应合理掌握该时段的管理。

通常16周龄（可以提前到15周龄，最晚不超过17周龄）将育成鸡转入产蛋鸡舍，根据体重要求，采食情况制定换料计划和光照计划。

（1）饲料营养和饲料。如果体重达到标准要求，则应做好产蛋准备，即饲料由育成料换成预产期饲料。由于蛋鸡产蛋期间日粮钙摄入不能满足蛋壳中的钙需要，蛋壳一部分钙除来自饲料外，还来自骨骼，因而必须提高骨骼钙贮备。由于高钙日粮易引起饮水量增加，粪便含水量高，一般将钙水平设计为2.25%～2.5%，即在饲料中添加4%～5%石粉（注意颗粒度要细，防止鸡挑食），提高蛋鸡饲料中的含钙量，避免产蛋鸡产软壳蛋或沙皮蛋和产蛋高峰出现产蛋下降（即产蛋疲劳症）；如果没有预产期饲料，则至少在18周龄时要将饲料更换成高峰期饲料。当蛋鸡预产期遇到炎热天气，导致蛋鸡采食量下降，建议将饲料粗蛋白质、氨基酸水平提高。

饲料卫生要符合GB 13078—2017《饲料卫生标准》要求，禁止使用工业合成的油脂、畜禽粪便做饲料。饲料中使用的饲料添加剂应是《允许使用的饲料添加剂品种目录》所规定的品种，药物饲料添加剂的使用应按照《药物饲料添加剂使用规范》执行，我国规定制药工业副产品不应用做蛋鸡饲料原料。

（2）光照方案。光照制度是影响蛋鸡开产时间、体重和蛋重的重要因素。16周龄如果蛋鸡体重达到要求，则可以通过光照刺激卵巢发育。如果体重没有达到要求，建议推迟增加光照时间，让母鸡推迟开产。

光照程序：光照时间从17周龄开始逐渐增加；一般第一周增加1小时，以后每周增加30分钟，直至产蛋高峰期达到光照16小时。建议先在早晨加光照，产蛋期不应随意变更光照程序，最好是早晨4:30开灯，晚上8:30关灯，白天可以根据天气状况决定是否采用自然光照而关灯。产蛋期的光照强度应达到10勒克斯（3瓦/平方米），不能过强，否则引起母鸡骚动不安或对光刺激生产抑制，导致卵巢闭锁和大卵黄的自发贮存，产蛋停止。检验光照强度是否合适可以在鸡舍各处鸡背高度处放一张报纸，如果以正常看报距离能看清报纸字迹，说明光照强度适宜，如果看不清，说明光照太暗，应增加灯泡的瓦数，或灯泡数量。

（3）日常管理要点。进入预产期建议在转群至少一周前进行各项免疫，转群后还要注意其他免疫。转群第一天在饮水中可以补充水溶性电解多维，注意检查饮水设施是否正常，乳头是否有不出水或漏水现象？及时将地上跑鸡抓入笼内，按照鸡笼装鸡数量要求，不能超量装鸡，及时将多余的鸡进行处理，或将残次鸡，体重发育差的鸡进行淘汰。

**3. 产蛋高峰期饲养管理**

产蛋高峰期是指产蛋率5%以上（也有公司提出2%以上）至产蛋高峰，高峰后下降至85%（也有称80%）以上的时间段。产蛋高峰期是决定产蛋水平高低的重要阶段，产蛋高峰越高，高峰时间维持越长，产蛋性能越好；有些商业蛋鸡品种90%维持时间能达到5～6个月；否则，说明产蛋性能差。因而，高峰期蛋鸡的饲养管理尤为重要。

（1）营养和饲料。产蛋1%以上，需要将饲料换成产蛋高峰料。在产蛋高峰期，20～40周龄产蛋率在90%以上，蛋重和体重增加较快，此阶段必须保证最佳产蛋高峰和最大蛋重，能量进食量是影响产蛋率的关键因素。产蛋率随能量进食量的增加而急剧提高，尤其表现在蛋白质进食量减少时更为明显。因而产蛋高峰期配方中足够的能量是关键，同时注意足够的蛋白质、矿物质和维生素水平。要密切注意母鸡体重的变化，这个阶段的体重比开产初期的体重高出15%左右较好，过肥或过瘦都影响产蛋率和健康。为了提高蛋壳质量，建议85%以上的石粉用粗石粉或贝壳粉。

（2）光照方案。按预产期既定光照方案执行，光照原则：不能缩短。

（3）饲养管理。产蛋期要求每只鸡至少有10厘米采食长度，每个鸡笼至少1个乳头或饮水杯。注意通风，降温。每天注意观察鸡群精神状况及行为表现；采食及饮水情况；粪便的稀稠、颜色等；产蛋率、蛋形、蛋壳质量及颜色等；发病鸡和死亡鸡的临床症状及病理剖检变化。

此外，还需保持产蛋鸡舍的稳定与安静，搞好卫生消毒。高峰期如遇到疾病或其他应激性因素刺激，产蛋率会急剧下跌，蛋壳质量变差，而且恢复缓慢，一般都不能达到下降前的产蛋率，直接影响鸡群的生产性能和鸡场的经济效益。

**4. 产蛋后期饲养管理**

产蛋高峰过后，产蛋率逐渐下降。高产蛋鸡每周平均下降0.5%。如果饲养管理各个环节工作做得较好，72周龄产蛋率仍能保持在75%左右。高峰期后，体重不再增加，但蛋重仍然有增加。当产蛋率正常降至80%以下后，日粮中粗蛋白质降为15%～16%，有助于防止母鸡过肥、蛋过大、蛋壳质量变差的现象。产蛋后期应适当增加饲料的含钙量，降低日粮中有效磷水平，有助于提高蛋壳质量。

## 第二节　肉鸡的品种与饲养管理

### 一、概述

我国是鸡肉生产大国。与猪肉、牛羊肉相比，鸡肉是廉价优质的肉类蛋白来源，因其高蛋白质、低脂肪，富含不饱和脂肪酸和必需氨基酸而备受消费者的青睐。根据农业农村部对肉鸡养殖户月度定点跟踪监测数据及中国畜牧业协会监测数据分析，2023年肉鸡（包括白羽、黄羽和小型白羽肉鸡）总出栏数量130.22亿只，较2022年增加11.65亿只，增幅9.83%；肉鸡总产量为2 152.36万吨，较2022年增加240.69万吨，增幅12.59%。联合国粮食及农业组织（FAO）的数据显示，中国肉鸡养殖量居世界第1位，鸡肉产量已跃居世界第2位，仅次于美国，如图1.68和图1.69所示。

第一章 家禽的品种与饲养管理

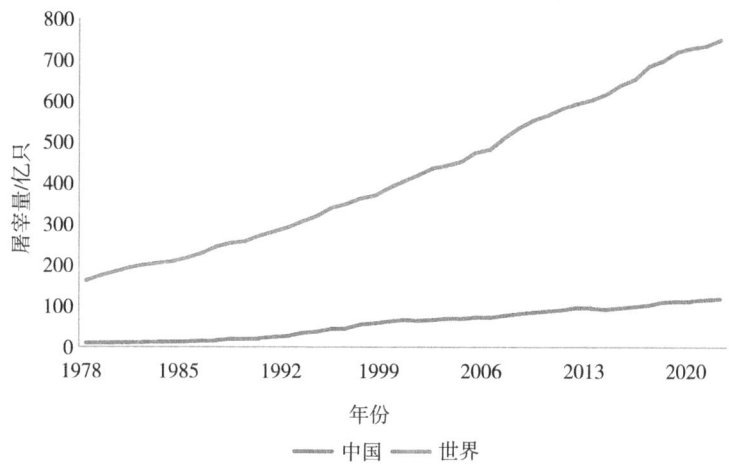

图 1.68 中国与全球肉鸡屠宰量对比

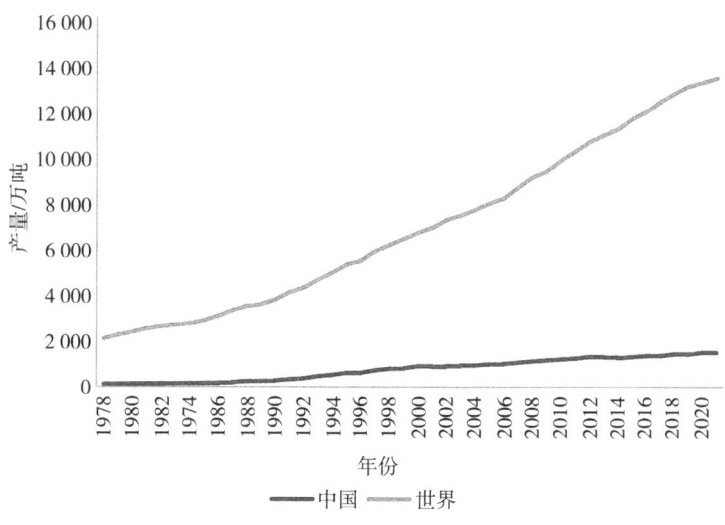

图 1.69 中国与全球鸡肉产量对比

（数据来源：联合国粮食及农业组织）

肉鸡品种的选择直接影响到鸡肉的生产效率、肉质和养殖成本。随着现代育种技术的发展，肉鸡品种的多样性和性能显著提高。本节将综述肉鸡的主要品种、特性及其在养殖过程中的表现。

## 二、肉鸡的品种

在中国，鸡肉是仅次于猪肉的第二大肉类生产和消费品，主要来源有白羽肉鸡（占比50%以上）、黄羽肉鸡（约30%）、小型白羽肉鸡（肉杂鸡、817肉鸡）及淘汰蛋鸡（不到20%）。

### （一）白羽肉鸡

白羽肉鸡，顾名思义就是羽毛为白色的肉鸡，是典型的外来品种，是白洛克鸡和科尼什鸡进行杂交选育出来的，其羽毛的白色为隐性性状，由隐性等位基因控制。白羽肉鸡是当前世界上养殖最广泛的肉鸡品种之一。白羽肉鸡最大的特点是生长速度快、饲料报酬高，此外，肌纤维比较细嫩，适合烤制、煎炸等烹饪方式，是熟食、快餐企业的上佳之选。大家熟知的快餐品牌肯德基、麦当劳、德克士所使用的都是白羽肉鸡。

国际上常见的白羽肉鸡品种包括：①罗斯308（Ross 308），这种品种的肉鸡生长速度极快，通常在35～42天内即可达到2～3千克的屠宰体重，饲料转化率为1.6～1.8；②科宝（Cobb），以其出色的生长速度和饲料转化率而闻名，适合高密度养殖，通常在42天内可达到2～3千克的体重；③爱拔益加肉鸡（Arbor Acres Broiler），以其高生产性能和良好的肉质而受到养殖户的青睐。在35～40天内即可达到2.5～3千克的屠宰体重。平均饲料转化率为1.7～1.9，屠宰率在75%以上，肉质嫩滑，风味良好，具备较强的抗病能力和良好的成活率。

在育种方面，白羽肉鸡是我国所有畜禽品种中料肉比最低、规模化养殖程度最高的品种；但我国的白羽肉鸡的种源长期依赖进口，是畜禽产业中最依赖进口的畜种。从2005—2020年，年均进口祖代种鸡超过92万套，年均引种费超过2 000万美元。为了打破国外种源的垄断，中国的育种家在农业农村部的统一部署下，"十年磨一剑"，2021年12月1日，随着农业农村部第498号公告的发布，我国打破了白羽肉鸡种源完全依靠进口的局面，圣泽901、广明2号、沃德188三个快大型（饲料转化率高、体型大、生长速度快）白羽肉鸡品种，经国家畜禽遗传资源委员会审定通过，成为我国首批自主培育的快大型白羽肉鸡新品种。中国白羽肉鸡产业进入一个新时代。我国生产中使用的黄羽肉鸡品种全部是自主培育品种，培育品种数量在所有畜禽品种中是最多的，是将地方品种资源优势转变为产品优势的成功典范。2018年肉鸡WOD168配套系通过国家畜禽遗传资源委员会审定，标志着小型白羽肉鸡制种迈出了标志性的第一步。

## （二）黄羽肉鸡

黄羽肉鸡，简单讲就是羽毛带颜色的肉鸡（有色羽毛是显性基因）。人们所说的黄羽肉鸡并不是说羽毛必须是黄色，因为黄色羽毛较为常见，所以统称黄羽肉鸡。黄羽肉鸡虽然养殖周期长，饲料转化率低，但是风味好，比较适合我国传统的烹饪方法，比如煲汤、爆炒等，是中国传统美食的主要材料，典型的代表有北京油鸡、九斤黄、文昌鸡、清远鸡等。

## （三）小型白羽肉鸡

小型白羽肉鸡是介于上述两类鸡的中间类型。典型的小型白羽肉鸡是以白羽肉鸡父系公鸡为父本，高产褐壳蛋鸡为母本，杂交配套生产的肉鸡。商品代全身白羽，偶见黑色或红色斑点。小型白羽肉鸡商品鸡苗成本低，生长速度和肉品质介于黄羽肉鸡和白羽肉鸡之间，适合加工扒鸡等传统加工类鸡肉产品。

# 三、肉鸡的饲养管理

肉鸡产业是全球畜牧业的重要组成部分，肉鸡的饲养管理直接影响到生产效率、经济效益和肉品质量。科学合理的饲养管理不仅能提高肉鸡的生长速度和饲料转化率，还能减少疾病的发生，保障肉鸡健康。

## （一）饲料管理

**1. 饲料配方**

饲料配方的科学性是肉鸡健康生长的基础。肉鸡饲料主要分为前期、中期和后期3种，分别对应不同生长阶段的营养需求。

（1）前期饲料（1～21天）。此阶段主要关注肉鸡的骨骼和器官发育，饲料中应含有高水平的蛋白质（通常为21%～23%）和能量，同时需要添加维生素和矿物质以促进生长。

（2）中期饲料（22～35天）。此阶段肉鸡快速增重，需要更高的能量和适量的蛋白质（19%～21%），以支持肌肉生长和脂肪沉积。

（3）后期饲料（36天至屠宰）。此阶段肉鸡接近屠宰体重，饲料中蛋白质含量可以降低到18%～19%，但能量水平需保持，以确保肉质和脂肪比例适宜。

**2. 饲料添加剂**

饲料添加剂的使用可以提高饲料利用效率、增强肉鸡免疫力和促进生长。

常见的添加剂有如下几种。

（1）酶制剂。如植酸酶、蛋白酶等，能提高饲料的消化率。

（2）益生菌和益生元。调节肠道菌群平衡，增强免疫力。

（3）抗氧化剂。如维生素 E 和维生素 C，防止饲料氧化变质。

**3. 饲料管理技术**

科学的饲料管理技术包括定时定量喂养、饲料加工和贮存等方面。

（1）定时定量喂养。根据肉鸡不同生长阶段的需求，合理安排喂养时间和饲料量，避免饲料浪费和营养不均衡。

（2）饲料加工。饲料的粉碎粒度和混合均匀度直接影响消化率和饲料利用率，应采用先进的加工设备和工艺。

（3）饲料贮存。饲料应存放在干燥、通风良好的环境中，防止受潮、霉变和鼠害。

## （二）环境控制

**1. 温度管理**

温度是影响肉鸡生长的重要环境因素。不同生长阶段的肉鸡对温度有不同的需求。

（1）育雏期（1～14天）。适宜温度为32～34℃，随着日龄增加，每周降低2～3℃。

（2）生长期（15～35天）。适宜温度为26～28℃。

（3）后期（36天至屠宰）。适宜温度为20～22℃。通过使用加热设备、通风系统和温度监控设备，保持鸡舍内温度稳定，避免温度过高或过低对肉鸡生长的不利影响。

**2. 湿度管理**

适宜的湿度对肉鸡健康生长同样重要。鸡舍内相对湿度应保持在50%～70%。湿度过高容易导致细菌滋生，引发呼吸道疾病；湿度过低则容易引起尘埃飞扬，刺激呼吸道。

**3. 通风与空气质量**

良好的通风能够排出鸡舍内的废气和湿气，补充新鲜空气，维持适宜的温度和湿度。鸡舍内的二氧化碳、氨气和硫化氢浓度应控制在安全范围内，避免对肉鸡的健康产生不利影响。

**4. 光照管理**

光照对肉鸡的生长、发育和行为有重要影响。合理的光照管理可以调节

# 第一章　家禽的品种与饲养管理

肉鸡的活动规律和饲料摄入量。

（1）育雏期。需要24小时光照，以促进采食和生长。

（2）生长期和后期。逐步减少光照时间，一般每天保持16～18小时的光照，有助于肉鸡的正常生长和休息。

## （三）健康管理

**1. 疫苗接种**

疫苗接种是预防肉鸡疾病的重要措施。常见疫苗包括新城疫、传染性支气管炎病等。根据疫病流行情况和肉鸡生长阶段，制定合理的免疫程序，确保肉鸡获得充分的免疫保护。

**2. 疾病监控**

定期进行疾病监控和检测，及时发现和处理疾病。常见的疾病监控方法有如下两种。

（1）临床观察。每天观察肉鸡的精神状态、食欲、粪便等情况，发现异常及时处理。

（2）实验室检测。定期采集血液、粪便等样本进行病原检测，了解疫病流行情况。

**3. 卫生管理**

良好的卫生管理是防止疾病传播的重要手段。主要措施有如下几种。

（1）清洁和消毒。定期清洁鸡舍和设备，使用有效的消毒剂进行消毒，减少病原微生物的存在。

（2）人员管理。进入鸡舍的人员应进行消毒，穿干净的工作服，防止携带病原进入。

（3）废弃物处理。及时处理鸡粪和死鸡，防止污染环境和传播疾病。

## （四）生产性能监控

**1. 生长速度监控**

定期称重，监控肉鸡的生长速度。通过分析生长曲线，了解肉鸡的生长状况，及时调整饲料和管理措施，确保肉鸡达到最佳生长速度。

**2. 饲料转化率监控**

饲料转化率（Feed conversion ratio，FCR）是衡量饲料利用效率的重要指标。通过定期计算和监控FCR，了解饲料利用情况，发现问题及时调整饲料配方和喂养方式，提高饲料利用效率。

### 3. 健康状况监控

通过临床观察和实验室检测，监控肉鸡的健康状况。及时发现和处理疾病，减少死亡率和生产损失。常用的健康监控指标包括死亡率、发病率、药物使用情况等。

### 4. 生产成本监控

定期核算生产成本，分析各项开支和收益。通过成本监控，发现和减少不必要的开支，优化生产流程，提高经济效益。常用的成本监控指标包括饲料成本、疫苗和药物成本、劳动力成本等。

## （五）肉鸡饲养管理的未来发展方向

### 1. 精准养殖

精准养殖技术的应用可以提高肉鸡饲养管理的精细化程度。通过物联网、传感器和大数据技术，实时监控鸡舍环境、饲料摄入、肉鸡生长和健康状况，进行科学分析和决策，提高生产效率和效益。

### 2. 环保养殖

随着环保意识的增强，环保养殖成为未来发展的重要方向。通过优化饲料配方，减少饲料浪费和污染物排放，实现可持续生产。例如，使用环保饲料添加剂、改善废弃物处理方式和提高养殖环境管理水平，都有助于减少环境污染。

### 3. 动物福利

动物福利是现代畜牧业发展的重要理念。改善肉鸡的饲养环境和管理方式，提高其生活质量和健康水平，是保障动物福利的重要措施。例如，提供足够的活动空间、合理的光照和通风条件、减少应激和疼痛等，都有助于提高肉鸡的福利水平。

### 4. 营养研究

未来，肉鸡营养研究将更加深入和精细。通过研究不同营养素的作用机制和互作效应，优化饲料配方，提高肉鸡的生产性能和肉质。例如，研究新型饲料原料、开发高效营养添加剂和改善饲料加工工艺，都将推动肉鸡营养科学的发展。

科学合理的饲养管理不仅能提高肉鸡的生长速度和饲料转化率，还能保障肉鸡的健康和福利，减少疾病和生产损失。未来，随着精准养殖、环保养殖、动物福利和营养研究等领域的不断发展，肉鸡饲养管理将迎来更加多样化和可持续的前景，为全球肉鸡产业的发展提供坚实保障。

# 第三节　肉鸭的品种与饲养管理

## 一、肉鸭的品种

北京市养殖的肉鸭品种主要为北京鸭（图 1.70）。北京鸭是北京独具特色的一个优良品种，是制作北京烤鸭的正宗原料鸭。它由绿头鸭驯化而来，羽毛呈纯白色，嘴、腿和蹼呈橘红色，头和喙较短，颈长，体质健壮，生长快，刚出生时体重约 56 克，也是世界著名的优良肉用鸭标准品种。北京鸭具有育肥性能好、生长发育快的特点，它原产于北京西郊玉泉山一带，并因此而得名，它的驯养历史有 200～300 年，现已遍布世界各地，在国际养鸭业中占有重要地位。国内北京鸭肉用性能尚低于国外先进水平，其中早期生产速度差距较大，其他如成活率、孵化率及胸肉率等均有差距。北京市利用北京鸭，相继培育出了南口 1 号、Z 型北京鸭等配套系。除此之外，樱桃谷鸭纯系也被首农集团收购。

**图 1.70　北京鸭**

### （一）南口 1 号北京鸭配套系

南口 1 号北京鸭配套系由北京金星鸭业有限公司培育，于 2005 年通过国家畜禽品种审定委员会新品种审定。南口 1 号北京鸭配套系为三系配套，由

Ⅷ系（终端父系）和Ⅳ系（母本父系）、Ⅶ系（母本母系）配套而成，其模式为Ⅷ♂×（Ⅳ♂×Ⅶ♀）♀。

**1. 品种特性**

南口1号北京鸭配套系种鸭的产蛋性能好，繁殖率高，适应性强，生产的商品鸭生长速度快，一般38～42天就能出栏，体重在3千克以上，饲料报酬高，尤其在北京填鸭生产中，易育肥，皮肤细腻，肉质鲜美，口感好，深受烤鸭店的欢迎。

**2. 体型外貌**

（1）南口北京鸭Ⅶ系。南口北京鸭Ⅶ系是母本母系，成年鸭羽毛洁白有光泽，体躯呈长方形，体型较小，身体前部昂起与地面约呈40°，胸部丰满，两翅紧缩，背平，头部卵圆形，颈较细，长度适中，眼明亮，虹彩呈蓝灰色。公鸭尾部带有3～4根卷起的性羽，母鸭叫声洪亮，公鸭叫声沙哑。皮肤白色，喙为橙黄色，喙豆为肉粉色，胫和脚蹼为橙黄色或橘红色，母鸭开产后喙、胫和脚蹼颜色逐渐变浅，喙上出现黑色斑点，随产蛋增加，斑点增多，颜色变深。

（2）南口北京鸭Ⅳ系。南口北京鸭Ⅳ系为母本父系，成年鸭羽毛洁白有光泽，体型较大丰满，体躯呈长方形，前部昂起，与地面约呈35°，背宽平，胸部发育良好，两翅紧缩在背部。头部卵圆形，颈较粗，长度适中，眼明亮，虹彩呈蓝灰色，胫短而粗壮，脚第2～4趾间有蹼。公鸭尾部带有3～4根卷起的性羽，母鸭叫声洪亮，公鸭叫声沙哑。皮肤白色，喙为橙黄色，喙豆为肉粉色，胫和脚蹼为橙黄色或橘红色。

（3）南口北京鸭Ⅷ系。南口北京鸭Ⅷ系是终端父本，成年鸭羽毛洁白有光泽，体型硕大丰满，体躯呈方形，前部昂起，与地面约呈30°，背宽而平，胸部十分丰满，两翅紧缩。头部卵圆形，颈粗，长度适中，眼明亮，虹彩呈蓝灰色，胫短而粗壮。皮肤白色，喙为橙黄色，喙豆为肉粉色，胫和脚蹼为橙黄色或橘红色。

（4）父母代母鸭的外貌特征。成年母鸭羽毛洁白有光泽，体躯呈长方形，体型适中，身体前部昂起与地面约呈40°，胸部丰满，两翅紧缩，背平，头部卵圆形，颈较细，眼明亮，虹彩呈蓝灰色，叫声洪亮，皮肤白色，喙为橙黄色，喙豆为肉粉色，胫和脚蹼为橙黄色或橘红色，开产后喙、胫和脚蹼颜色逐渐变浅，喙上出现黑色斑点，随产蛋增加，斑点增多，颜色变深。

（5）商品代的外貌特征。初生雏鸭的绒毛为金黄色，随年龄增长而羽色变浅并换羽，一般28天时羽毛换为白色。体型较大丰满，体躯呈长方形，前部昂起,与地面约呈35°,背宽平,胸部发育良好,两翅紧缩在背部。头部卵圆形,颈较粗,长度适中,眼明亮,虹彩呈蓝灰色,皮肤白色,喙为橙黄色,喙豆为肉粉色,胫和脚蹼为橙黄色或橘红色。

**3. 生产性能**

(1) 父母代生产性能。南口1号北京鸭父母代生产性能详见表1.8。

表1.8 南口1号北京鸭父母代生产性能

| 技术指标 | 指标值 |
| --- | --- |
| 50%开产日龄/天 | 174.4±7.76 |
| 50%开产日龄体重/千克 | 3.55±0.27 |
| 50%开产蛋重/克 | 71.4±5.1 |
| 40周龄产蛋数/个 | 115.4±5.36 |
| 平均蛋重/克 | 91.4±4.51 |
| 蛋形指数 | 1.34±0.04 |
| 种蛋受精率/% | 92.42 |
| 受精蛋孵化率/% | 89.43 |
| 入孵蛋孵化率/% | 82.65 |

(2) 商品代生产性能。南口1号北京鸭商品代生产性能详见表1.9。

表1.9 南口1号北京鸭商品代生产性能

| 技术指标 | 指标值 |
| --- | --- |
| 35日龄体重/千克 | 2.7 |
| 35日龄饲料转化率(饲料/增重) | 2.10∶1 |
| 42日龄体重/千克 | 3.2 |
| 42日龄饲料转化率(饲料/增重) | 2.22∶1 |
| 42日龄胸肉率/% | 10.0 |
| 42日龄腿肉率/% | 11.5 |
| 42日龄皮脂率/% | 30.3 |

## (二)Z型北京鸭配套系

Z型北京鸭(配套系)由中国农业科学院北京畜牧兽医研究所培育,2006年通过国家畜禽品种审定委员会新品种(配套系)审定。Z型北京鸭

（配套系）为三系配套。由Z4系（终端父系）和Z2系（母本父系）、W2系（母本母系）配套而成，其模式为Z4♂×（Z2♂×W2♀）♀。

**1. 品种特性**

Z型北京鸭（配套系）属大型优质肉鸭品种。父系瘦肉率和饲料利用率高、肉品质好。母系繁殖性能强。商品代肉鸭为瘦肉型，肉质优，38～42日龄上市。

**2. 体型外貌（父母代）**

（1）公鸭。成年鸭体型硕大，前部昂起，挺拔美观，体躯长方椭圆。头大，颈短粗，背宽平，胸部丰满，胸骨长而直，腿短粗。全身羽毛丰满，羽色纯白并带有奶油光泽，尾部有4根卷起的性羽。成年公鸭体重为3 400～4 000克，体斜长247.7～302.4毫米，胸宽107.6～131.6毫米，胸深82.5～100.9毫米，龙骨长136.3～166.5毫米，胫骨长84.6～103.4毫米。

（2）母鸭。成年母鸭体型大小适中，挺拔美观，头较小，喙中等大小，颈细、中等长。体躯椭圆，前部昂起，与地面约呈30°，胸部丰满，两翅较小而紧附于体躯。尾短而上翘，产蛋母鸭因输卵管发达而腹部丰满，显得后躯大于前躯，腿较短。成年种母鸭体重为3 100～3 500克，体斜长243.4～297.3毫米，胸宽110.3～134.9毫米，胸深80.3～98.1毫米，龙骨长128.4～156.7毫米，胫骨长74.4～90.9毫米。

（3）商品代肉鸭外貌特征。商品代肉鸭体型硕大丰满，挺拔美观，头较大，颈粗短。体躯椭圆，背宽平，胸部丰满，胸骨长而直，两翅较小而紧附于体躯。尾短而上翘，腿短粗。初生雏鸭绒羽金黄色，称为"鸭黄"，随日龄增加颜色逐渐变浅，至4周龄前后变成白色。6周龄肉鸭全身羽毛丰满，羽色纯白。喙、胫、蹼橙黄色或橘红色。颈长165.8～202.6毫米，胸宽99.2～121.1毫米，龙骨长112.4～137.5毫米。

**3. 生产性能**

（1）父母代生产性能。Z型北京鸭父母代生产性能详见表1.10。

表1.10　Z型北京鸭父母代生产性能

| 技术指标 | 指标值 |
| --- | --- |
| 种鸭开产日龄（5%产蛋日龄）/天 | 165 |
| 母鸭的开产体重/千克 | 3.20 |
| 产蛋率50%的周龄/周 | 约27 |
| 种鸭70周龄产蛋量/枚 | 220～240 |

第一章 家禽的品种与饲养管理

（续表）

| 技术指标 | 指标值 |
|---|---|
| 种蛋受精率 /% | 87～95 |
| 入孵种蛋孵化率 /% | 74～84 |
| 种蛋的平均蛋重 / 克 | 90～95 |

（2）商品代生产性能。Z型北京鸭商品代生产性能详见表1.11。

表1.11 Z型北京鸭商品代生产性能

| 技术指标 | 指标值 |
|---|---|
| 35日龄体重 / 千克 | 2.92 |
| 35日龄饲料转化率（饲料/增重） | 2.10∶1 |
| 42日龄体重 / 千克 | 3.22 |
| 42日龄饲料转化率（饲料/增重） | 2.26∶1 |
| 42日龄胸肉率 /% | 11.0 |
| 42日龄腿肉率 /% | 11.2 |

### （三）樱桃谷鸭

樱桃谷鸭是目前国内肉鸭市场的主导品种，在国内分布最广，大约占70%的市场份额，其主要特点是生长速度快、料肉比低，但脂肪多、肉质差（钱运国，2012）。樱桃谷鸭起源于北京鸭，20世纪80年代以后，经过英国人优化繁育后又从英国转移到中国市场，是世界著名的瘦肉型鸭。现在，很多北京烤鸭的原料并非传统的北京鸭，取而代之的就是这种英国的鸭种樱桃谷鸭。且中国生产出口产品的鸭加工企业，主要也是用樱桃谷鸭生产各种分割产品，目前樱桃谷鸭已销售到世界100多个国家和地区。

## 二、饲养管理

### （一）接雏前的准备工作

**1. 育雏舍的检修及设备准备工作**

育雏室检修的目的是保温，凡是门、窗、墙、顶棚有损坏的地方要及时修好。在保温的前提下，要做好通风换气工作，并要调整好灯光（按每平方米3瓦），使光照均匀。取暖设备要安装好，要备好料盘、饮水器。

**2. 消毒**

凡是雏鸭接触的地方必须保持清洁卫生。育雏室内外及饲养用具要在接雏前进行消毒，可先用5%火碱消毒，再用清水冲洗。如地面或火炕饲养，首先应将旧垫草或粪土清除干净，铺上新沙土，再用5%的火碱水喷洒或25%生石灰消毒即可。如采用网上育雏者应修补好底网和周围有破损的地方，修补处如有翘起的铁丝茬应按压平整，以免刮伤鸭脚或皮肤并将网上和地面的粪便清洁干净。

**3. 预温**

雏鸭入舍前应提前12小时升温至30～33℃待网床干燥后，进行入舍前的最后一次消毒。温度表应悬挂在高于小鸭生活的地方5～8厘米处，并开始观测昼夜温度变化情况，待温度恒定后要求温度达到30～33℃，舍内温度不低于30℃，最高不得超过33℃。

**4. 饲料的准备**

饲料在接雏前一定要准备好，使小鸭一进入育雏舍就能吃到营养全面的饲料，而且要保证整个育雏期饲料水平的稳定，一般每只鸭21日龄需要备料1.5千克左右。

## （二）接雏

**1. 鸭苗选择**

初生鸭苗质量的好坏直接影响到肉鸭今后的生长发育。因此，必须重视鸭苗的选择。尽量选择同一批次孵化中同一时间内大批出壳的小鸭。雏鸭的体重、大小均匀符合品种要求，一般在58克左右。雏鸭的绒毛整洁、富有光泽、呈鲜黄色，嘴、腿、蹼呈橘红色或橘黄色，两腿不跛、健壮有力；小鸭表现为活泼好动、眼大有神、反应敏捷。用手握住小鸭，要感到小鸭身体饱满，腹部大小适中、柔软、脐部收缩良好、抓在手中挣扎有力、鸣声响亮。凡是绒毛短而被污染、腹部膨大、脐部突出、有出血痕迹、跛脚、行动迟钝、盲眼、畸形和体重过轻的雏鸭，均不宜选留。

需要注意的是雏鸭出壳后应该及时从孵化机内拣出，在孵化室晾干羽毛后，要尽快转入育雏室。尽量缩短在孵化室的时间，避免雏鸭因不能及时饮水开食而死亡。

**2. 鸭苗的运输**

初生雏鸭的运输基本原则是：迅速、及时、舒适、安全。雏鸭要安全运输到目的地,途中必须做到"防冷、防热、防压、防闷"。

(1)装雏鸭的工具,可用纸箱或笸箩。将雏鸭放入铺有稻草的纸箱或笸箩内,按每平方米可容纳125只左右小鸭准备。初生雏鸭最好能在出壳后12小时内运到目的地,如果远距离运输雏鸭,也不宜超过48小时,以免途中脱水造成死亡。

(2)炎热季节运输雏鸭,应选择清晨和夜间运输,每行驶20~30分钟就要观察雏鸭的神态,并拨动雏鸭,以防雏鸭拥挤、扎堆而造成伤亡。如发现雏鸭张口喘气,则是受热气闷的表现,可在树荫下打开纸箱或笸筐通气,以防雏鸭在途中闷死。冬季运输,要注意保温,可在纸箱、笸筐周边加盖棉被。

### (三)雏鸭期的饲养管理

**1. 育雏的温度**

育雏室合适而平稳的温度是提高雏鸭成活率的关键。小鸭进入育雏室后,开始即给予较高的温度,以后随着小鸭的生长,逐渐下降温度(育雏室不同日龄所需温度见表1.12)。温度下降的快慢应视小鸭的体质强弱而定,体壮的下降快一些,相反则慢些。一般要求夜间温度高于白天1~2℃为好,这对小鸭休息较为有利。还有一种情况,温度表显示的温度合适,但由于垫草太少或潮湿,雏鸭出现"扎堆"现象,就应及时加温或更新垫草。

表1.12 育雏期温度

| 日龄/天 | 高温育雏/℃ | 适温育雏/℃ | 低温育雏/℃ |
| --- | --- | --- | --- |
| 1~3 | 32~35 | 27~30 | 21~24 |
| 4~6 | 30~32 | 24~27 | 20~21 |
| 7~10 | 27~30 | 21~24 | 18~20 |
| 11~15 | 24~27 | 18~21 | 17~18 |
| 16~20 | 21~24 | 16~18 | 16~17 |
| 21以后 | <18 | <16 | 14 |

注:此温度指距地面6~8厘米处的温度。

育雏分为高温、低温和适温3种方法。高温育雏,雏鸭生长迅速,饲料报酬高,但体质较弱,而且房舍和保温条件高,成本较大。低温育雏,雏鸭生长较慢,饲料报酬低,但体质强壮,对饲料管理条件要求不高,相对成本较少。适温育雏,是在高温和低温之间,从目前饲养效果看,以适温育雏最好,其优点是温度适宜,雏鸭感到舒服,鸭子发育良好均匀,生长速度也比较快,体质健壮。各饲养者可根据自己的实际情况,灵活运用。

有经验的饲养者,对雏鸭群的表现即可判断小鸭对温度反应是否合适。鸭群对不同温度的表现可见表1.13。

表1.13 雏鸭对不同温度的表现

| 温度 | 温度过高 | 温度合适 | 温度过低 |
| --- | --- | --- | --- |
| 表现症状 | 鸭群自动远离热源,烦躁不安,来回奔跑,翅膀张开,张嘴喘气,则为温度过高的表现,长时间持续高温,容易造成鸭体质软弱和抵抗力降低等现象 | 雏鸭表现为三五成群,悠闲自若,或单只躺卧,或伸腿、伸头颈,呈舒展状,食后静卧无声 | 雏鸭缩脖,集聚成堆,互相挤压,尖叫,极易造成压残压死 |

在部分地区采取高温育雏的方法,就是在接雏时育雏室的温度为35℃,1周后下降到28～30℃,2周后下降到21～24℃,这种育雏方法的优点是雏鸭生长发育快,耗料少,在北京地区饲养管理条件下,这种育雏方式25日龄的雏鸭平均体重能够达到600～700克,但是缺点是燃料成本比较高,需要配备较好的通风设备,此外,雏鸭在这个过程中一般不和室外接触,体质差,容易患感冒等疾病,有时营养不足也会导致较高的死亡率。

除了以上两种育雏方式外,还有一种低温育雏方式,就是在接雏时候的温度为24℃,4～6日龄下降到22～23℃,7～10日龄下降到20～21℃,11～15日龄下降到10～18℃,16～20日龄下降到13℃,20日龄后视外界温度的变化而进行调整。这种育雏方式的优点是雏鸭的身体状况较好,生长发育平衡,不容易出现个体差异明显的现象,节省燃料,雏鸭能较早外放。但是缺点是容易导致雏鸭因为"扎堆"而造成死亡,而且相比较其他两种育雏方式,育雏过程中饲料消耗比较大,同时雏鸭的增长速度比较慢,25日龄雏鸭体重要比高温育雏体重轻50～100克。

在育雏过程中需要注意的是温度过低会导致雏鸭扎堆,严重时会导致伤残和死亡;温度过高时,雏鸭群会远离热源,频繁张嘴喘气,抗病力差。只有温度适宜,雏鸭会出现伸腿伸腰,三五成群,静卧无声,或有规律地吃食饮水,每隔5～10分钟"叫群"运动一次。

**2. 湿度**

鸭虽属水禽,离不开水,但在育雏期间,舍内要保持干燥、清洁、通风,如果过分潮湿,又遇高温,不仅鸭体不适,还容易导致病菌繁殖,使雏鸭感

# 第一章 家禽的品种与饲养管理

染各种疾病，如地面散养潮湿的褥草易招致雏鸭下痢和曲霉菌病等。所以，舍内的相对湿度应保持在50%～70%为宜。

### 3. 通风

雏鸭虽小，但体温高，呼吸快，如果群体大，房舍矮小，排出的二氧化碳会急剧增多，加上粪便分解、发酵、挥发出的有害气体，会刺激眼、鼻和呼吸道黏膜，不仅影响健康，严重时还会造成死亡。因此，育雏室一定要经常通风换气，保持空气新鲜。北方冬季天气寒冷，育雏室为了保温，常关闭过严，影响新鲜空气流通，应特别加以注意。

### 4. 光照

太阳光照可以促进雏鸭钙的吸收和骨骼的生长，刺激消化系统分泌以增进食欲和促进新陈代谢等作用。夜间或自然光照不足时，可用人工光照代替或补充。雏鸭在第1～3日龄内需要24小时的光照，第4日龄可降至20小时以内，第4周龄后，主要靠日光，夜间以鸭能看清采食的亮度即可。

### 5. 密度

雏鸭的生长速度和增重与饲养密度关系非常密切。密度过大，生长受阻，个体参差不齐，既影响生长和增重，又容易患病，甚至加大死亡率；密度过稀，虽然生长发育和增重都较快，但对圈舍利用率不高。因此，密度必须适中，做到既要充分发挥鸭群生长潜力，又可提高养鸭的整体经济效益。适宜密度请参阅表1.14。

表1.14　雏鸭饲养密度

| 日龄/天 | 密度/(只/平方米) |
| --- | --- |
| 1～7 | 30～20 |
| 8～14 | 20～15 |
| 15～21 | 15～10 |

### 6. 饲养与管理

雏鸭拉回来后，要尽快卸车。先给水喝，再喂饲料。如果运输雏鸭的路程超过5小时，最好在饮水中加入0.5%～1%的糖，这样可促进雏鸭尽快恢复体力。然后按群体大小、体况强弱分群，每群不超过300只。小鸭生长很快，以后每周应调整一次，以保持鸭群的生长发育和大小均匀。如地面散养的，鸭舍内垫草要经常更换，保持干燥清洁。潮湿的垫草必须晒干后方可再用，已发霉的垫草绝对不能再用。鸭舍温度过低时，雏鸭容易互相挤压，饲养员要及时呼喊驱散，避免堆积挤压，造成窒息死亡，同时立即提高舍内温度。鸭舍采暖种类甚多，有暖气、电热、炕热、煤炉热、煤灶热、柴火热等。可根据自身具体条件、生产规模大小等斟酌而定。喂小鸭的用具也是多种多样。1周龄内的雏鸭应用低沿浅盘或塑料布等，大小及数量根据鸭群大小而定，尽量以不浪费为宜，通常每盘可供50只雏鸭采食。雏鸭稍大后即可用铁盆、瓦盆等，每个食槽可供100只雏鸭采食。凡是用于做食盆、食槽的用具，只要不漏水，都可做饮水用，但这些"代用品"已逐渐被淘汰，而被专用的饮水器所代替。

**7. 注意的事项**

雏鸭的第一次饮水和采食称为"开水"和"开食"。"开水"和"开食"的时间越早对雏鸭后期的生长发育越有利。雏鸭出壳后腹腔内还剩余一部分卵黄没有吸收，依然可以维持一段时间的雏鸭生长发育所需，但如果能使饲料中的营养和卵黄中的营养同时供给雏鸭生长，将能大幅提高育雏的效果。在雏鸭第一次饮水的时候，可以将雏鸭分批赶入40厘米×80厘米方形的浅盘或直径50厘米的圆盘内饮水。水深以0.5～1厘米为宜。雏鸭进入育雏室要尽快开食，开始的时候雏鸭需要诱食，用方形或者圆形的铁盘、木盘，将饲料撒在里面，使雏鸭随时采食，随吃随撒，引诱雏鸭找食认食。饲料掉在雏鸭的身上，也可以使其他雏鸭啄食。对于不会采食的鸭子要人为进行诱导，将它们赶到饲料旁促使它们采食。在食盘的旁边要放上饮水器，鸭子有洗口腔和鼻腔的习惯，这样能够更好地促进食欲，帮助采食，促进生长。

## （四）中鸭期的饲养管理

**1. 中鸭的饲养**

根据北京鸭肉鸭的生长发育规律与实际生产习惯，从22～35日龄这一阶段称为中鸭期，中鸭期的饲养好坏直接影响到填鸭的生产和品质。在这期间，中鸭体重由21日龄的0.7千克左右增长到35日龄的2千克以上，进入中鸭期后，鸭体对外界环境的适应能力都比雏鸭强许多，食欲非常旺盛，活动量大，死亡率也较低，吃食时大有狼吞虎咽之势，食量大增，所以，饲料中的蛋白质含量可相应降低些，其总营养成分仍可满足鸭体生长需要。这样就可以培育出体躯硕大、骨骼结实、发育健壮的大鸭胚子，为日后的填鸭期打下良好的基础。

在饲养管理上，中鸭期相对而言是比较粗放的，但也不可粗心大意。从雏鸭刚转到中鸭舍后的头一周内，舍内地面应铺垫草，冬天要铺厚些，时间也应略延长，炎热季节则不必铺垫草。运动场上需要有荫蔽凉棚，夏季可避

第一章 家禽的品种与饲养管理

烈日与雨水，冬季可挡风雪。运动场内还应有照明设施，但不必太亮，只要能供鸭夜间采食及管理人员观察鸭群动态即可。中鸭饲喂次数为每6小时1次，即每昼夜4次。饲料种类应由雏鸭料逐渐过渡改为中鸭料，可采用掺着喂，避免突然改变。中鸭阶段的饲喂方法，应该本着"只只吃饱，各个压食"的原则，所谓"压食"就是从形态上每只鸭子一边吃食，一边摆脖子下咽的姿态，有经验的饲养员都流传着"下大食，长大个"的说法。喂料时要尽量让鸭子多吃、吃足，这样，可使鸭子长得快，长得大。

中鸭期虽管理较粗放，但要求房舍也应具备防风雨和适当的保温条件。因雏鸭到中鸭阶段环境、温度的突然变化太大，易造成感冒，所以一定要把温度调整好，使其有一个适应过程，特别是从雏鸭转入中鸭的时候，一定要有温度梯度适应的过程，避免迅速降温导致感冒或者发育不良。对待鸭群中偏弱的个体，可采取单独饲养的方式，提高生长发育速度。可以在料槽的附近放入几个水盆，盛满清水，可以随吃随饮，同时也可以清洁口腔、鼻腔，促进食欲。

**2. 中鸭的青饲料补饲**

中鸭时期补充青绿饲料是十分重要的，常用的可以是水生植物，也可以是青草等陆生植物，通过补饲青饲料，可以节省精饲料的使用，同时促进鸭的肠道发育，提高中鸭的抗病力和免疫力。中鸭青饲料的补饲量和精饲料的饲喂量相关，如果精饲料的质量比较差，就要相应减少青饲料的使用。

## （五）北京鸭填鸭期管理

填鸭是劳动人民在几百年前就创造出来的一种最快速肥育方法。其目的是要在短期内促进鸭体的增重。中鸭养到5周龄时，通常体重达2千克以上，开始进入填鸭阶段。大约经7天的填饲期，体重达3千克，这是肉鸭达到上市的标准体重。

填鸭阶段是在整个生产过程中最后出成品的关键时期，养鸭户对这一时期的饲养管理普遍极为重视，千方百计促进鸭体的快速增长，力求养出体重达3千克左右的一级填鸭产品。

填鸭是北京鸭饲养上特有的工艺，传统做法用手工填饲，从20世纪60年代初，开始用机器填食，但仍需要人工辅助。填鸭阶段的管理要点如下。

**1. 剪脚趾甲**

中鸭转入填鸭舍后，为了保证填鸭屠体质量，应即刻将鸭趾甲剪去，以免互相抓伤，影响肉鸭等级。

**2. 分群填饲**

开填以前，最好将转入的中鸭按体重大小、体质强弱分群。也可将公母分群，因为公鸭生长一般比母鸭快。中鸭从外观上不易分辨公母鸭，可用叫声识别，公鸭声低哑，母鸭声洪亮，分群后即可按个体大小掌握填食量，以求获得较好的肥育整齐度。

**3. 填鸭的饲养**

填鸭期所用的饲料与中鸭期生长阶段所需的饲料略有不同，主要以高能量饲料为主，一般玉米用量常在70%左右。填鸭不用颗粒饲料，而是用粉料调成稠粥状，以便于机械填食。开填初期填料应稍稀，待鸭适应后再逐渐调成稠粥状。饲料最好在填前的2～4小时先用清水泡软。夏天气温高，泡料时间应缩短，以防饲料变质。

# 第二章
# 家禽的生理特征及免疫

## 第一节 家禽的生理发育

家禽属于鸟纲动物,在血液、循环、呼吸、消化、体温、泌尿、神经、内分泌、淋巴和生殖等方面有着独特的解剖生理特点,与哺乳动物之间存在较大的差异。了解家禽的解剖生理特点,对正确饲养家禽、认识家禽疾病、分析家禽致病原因,以及提出合理的治疗方案和有效预防措施都有重要的意义。

## 一、家禽的血液生理特点

家禽的动脉血液呈鲜红色,静脉血液暗红色,血液中含氧量下降时鸡冠、肉髯等部位会出现发绀现象。血液的相对密度在1.045～1.060,雄性血液黏滞性大于雌性。血浆总渗透压约相当于159毫摩尔/升氯化钠溶液。家禽的血浆蛋白含量较哺乳动物的低,并随种别、年龄、性别和生产性能不同而有一定差异,见表2.1。

表2.1 鸡和鸽的血浆蛋白量

| 禽类 | 血浆蛋白量/(克/升) | | | A/G |
|---|---|---|---|---|
| | 蛋白总量 | 白蛋白(A) | 球蛋白(G) | |
| 母鸡(产蛋期) | 51.8 | 25.0 | 26.9 | 0.93 |
| 母鸡(停产期) | 53.4 | 20.0 | 33.4 | 0.60 |
| 公鸡 | 40.0 | 16.6 | 25.3 | 0.66 |
| 鸽 | 23.0 | 13.8 | 9.5 | 1.45 |

家禽血浆中非蛋白含氮物在成分上与哺乳动物存在明显的差别，血浆非蛋白含氮化合物含量平均为21.4毫摩尔/升，其中尿素含量很低，仅0.14～0.43毫摩尔/升。

家禽血糖与哺乳动物血糖成分虽然都是D-葡萄糖，但家禽的血糖含量比哺乳动物高。禽类血糖可高达12.8～16.7毫摩尔/升。母鸡为7.2～14.5毫摩尔/升；公鸡为9.5～11.7毫摩尔/升；鸭和鹅在8.34毫摩尔/升左右。产蛋鸡的血脂较停产母鸡、公鸡和雏鸡显著增高。

血浆中的无机盐与哺乳动物比较，含有较多的钾和较少的钠，家禽血浆始终保持高钾低钠状态，这点是比较特别的。成年禽类血浆钠含量为130～170毫摩尔/升，钾为3.5～7.0毫摩尔/升。血浆的总钙量在成年的雄禽为2.2～2.7毫摩尔/升，但在产蛋的雌禽比雄禽和未成熟的雌禽要高2～3倍。成年鸡的血浆无机磷含量为1.9～2.6毫摩尔/升。家禽血浆中的胆碱酯酶贮存虽很少，因此对抗胆碱酯酶的药物（如有机磷）非常敏感，容易中毒。

家禽的红细胞为有核、卵圆形的细胞。家禽红细胞的体积也比哺乳动物的大，但数目较哺乳动物少，细胞计数在$(2.5～4.0)\times 10^{12}$个/升，家禽红细胞的数常因家禽品种、性别、龄期和生理状态不同而变化。一般雄性（除鹅和雄鸡外）的红细胞数高（表2.2）。

表2.2 几种家禽红细胞数和血红蛋白含量

| 种别 | 性别 | 红细胞数/($10^{12}$个/升) | 血红蛋白含量/（克/升） |
| --- | --- | --- | --- |
| 鸡 | 雄 | 3.8 | 117.6 |
| | 雌 | 3.0 | 91.1 |
| 北京鸭 | 雄 | 2.7 | 142.0 |
| | 雌 | 2.5 | 127.0 |
| 鹅 | | 2.7 | 149.0 |
| 鸽 | 雄 | 4.0 | 159.7 |
| | 雌 | 2.2 | 147.2 |
| 火鸡 | 雄 | 2.2 | 125.0～140.0 |
| | 雌 | 2.4 | 132.0 |
| 鹌鹑 | 雌 | 3.8 | 146.0 |

研究证明，血红蛋白分子中的血红素结构在所有家畜和家禽都完全相同。

红细胞破坏后血红蛋白释放出来,进一步分解为珠蛋白、铁和胆绿素。由于禽类肝脏中葡萄糖醛基转移酶水平很低,而且胆绿素还原酶很少,所以,禽类胆汁中的胆红素很少。禽类红细胞在血液循环中生存期较短,鸡为 28~35 天;鸭为 42 天;鸽子为 35~45 天;鹌鹑为 33~35 天。禽类红细胞生存时间较短与其体温和代谢率较高有关。此外,禽类血液凝固较为迅速,如鸡全血凝固时间平均为 4.5 分钟。

## 二、家禽呼吸系统生理特点

禽类呼吸系统由呼吸道和肺两部分构成。呼吸道包括鼻、咽、喉头、气管、鸣管、支气管及其分支、气囊及某些骨骼中的气囊腔。禽类没有膈肌,胸腔内没有经常性负压存在,禽类肺的弹性较差。

家禽的呼吸频率常因家禽个体大小、品种、性别、日龄、兴奋状态、环境温度和生理状态的不同而有较大差异。通常体格越小,呼吸频率越高。如在常温下,成公鸭的呼吸频率为 42 次/分钟,而成母鸭的为 110 次/分钟。

气囊是禽类特有的器官,是肺的衍生物。家禽一般有 9 个气囊与肺脏连接。因此,特别是在空气中含有较多的一氧化碳、硫化氢等有害气体和灰尘、饲料碎屑、羽毛碎屑时,很容易造成气囊损伤,使曲霉菌、霉形体、大肠杆菌、巴氏杆菌等进入机体引发疾病。同时,禽无膈肌,胸腔与腹腔连通为一个腔体,若腹腔发生感染,很容易造成大面积炎症,影响心脏、肺脏等重要的器官。

## 三、家禽消化系统的生理特点

禽类的消化器官包括喙、口、唾液腺、舌、咽、食管、嗉囊、腺胃、肌胃、小肠、大肠、盲肠、直肠和泄殖腔以及肝脏和胰腺。

禽类消化器官的特点是没有牙齿而有嗉囊和肌胃,没有结肠而有两条发达的盲肠。肝脏和胰腺在消化系统中所占的比例也明显高于家畜。

家禽主要的采食器官是角质化的喙,嗉囊的主要功能是贮存、润湿和软化食物,嗉囊内食物常呈酸性,平均 pH 值在 5.0,其内环境适于微生物生长繁殖,其中乳酸菌占优势。

由于腺胃的体积小,食物在腺胃停留的时间较短,胃液的消化作用主要是在肌胃内进行,肌胃的主要功能是对饲料进行机械性磨碎,同时使饲料与腺胃分泌液混合，进行化学性消化。肌胃内容物比较干燥，含水量平均占44.4%，pH值为2～3.5，适于胃蛋白酶的水解作用。

家禽无牙齿，无味觉，消化道较短。鸡的肠管约为体长的5倍，鸭、鹅的肠管为体长的4～5倍，食物从胃进入肠后，在肠内停留时间较短，一般不超过一昼夜，食物中许多成分还未经充分消化吸收就随粪便排出体外。

## 四、家禽体温的生理特点

家禽的体温普遍要比哺乳动物的高。家禽没有汗腺而有丰厚的羽毛，因此，家禽产热、散热以及体温调节方式与哺乳动物存在着较大的差异。当环境温度低于26.7℃时，家禽主要以辐射、对流、传导为散热方式；当温度高于26.7℃时，则以呼吸蒸发散热为主，家禽的肺和气囊在体温调节方面起着重要作用，由于湿度过高会妨碍呼吸蒸发散热，因此适当的空气流通，有利于家禽耐受高温。

家禽羽毛保温性能好，无汗腺。鸡在7～30℃的范围内，基本上能保持恒温；炎热季节气温超过30℃就容易发生热应激反应，严重影响生长发育和生产性能，甚至死亡。家禽羽毛厚密，皮屑不易脱落，容易寄生虱、螨等体外寄生虫，正如，鸡喜欢沙浴，水禽则喜欢在水中沐浴。

## 五、家禽泌尿系统的生理特点

家禽没有膀胱，尿在肾脏中生成后，经输尿管直接输送到泄殖腔，与粪便一起排出。禽尿为奶油色，较浓稠，呈弱酸性（如鸡尿pH值为6.2～6.7）。

家禽尿生成的特点是：肾小球的有效滤过压比哺乳动物低，蛋白质代谢的主要终产物是尿酸，而且90%尿酸是通过肾小管分泌作用排入小管腔，家禽的肾小管的分泌机能比哺乳动物旺盛，由于尿酸盐不易溶解，当饲料中蛋白质过高、维生素A缺乏、肾损伤时，大量的尿酸盐将沉积于肾脏，甚至关节及其他内脏器官表面，导致痛风。

鸭、鹅和一些海鸟有特殊的鼻腺，能分泌少量氯化钠，故又称盐腺，其作用是补充肾脏的排盐功能，以维持体内水、盐和渗透压的平衡。

鸡、鸽和其他一些家禽由于没有鼻腺，因此，其氯化钠的排出全靠肾脏泌尿来完成，其对氯化钠较鸭、鹅和一些海鸟敏感，较易出现食盐中毒。

家禽无膀胱，肾脏结构较简单。没有单独的尿道，只有一个共用的泄殖腔，直肠也很短，粪尿都蓄积在泄殖腔的背侧，经吸收水分后一同排出体外；又由于家禽的肾脏结构较简单，滤过面积小，有效滤过压较低，对经肾脏排泄的物质（包括药物）很敏感，容易造成损害，引起肾功能不全。所以，粪和尿液混在一起，在腹泻时，不容易搞清是因为消化道病变引起的，还是因为肾脏病变或大量饮水造成的。

## 六、家禽淋巴系统的生理特点

家禽的淋巴系统由淋巴组织和淋巴器官组成。淋巴器官包括胸腺、法氏囊、脾和哈德尔氏腺等。

家禽的胸腺位于颈部两侧，从颈前部到胸前部分别沿两条静脉延伸，呈不规则的串状小叶。接近性成熟时最大，以后逐渐缩小，成年时仅留下痕迹。

法氏囊是家禽所特有的中枢免疫器官，主导体液免疫，鸡传染性法氏囊病主要侵害此部位，引起家禽免疫抑制，导致早期的免疫接种失败和对病原微生物的易感性增强。

脾位于腺胃与肌胃交界处的右背侧，鸡的脾呈球形，鸭、鹅的脾呈钝三角形，棕红色，脾除具有免疫机能外，还具有造血贮血功能。

哈德尔氏腺又称瞬膜腺，富含淋巴样细胞，作为一种局部免疫器官，对上呼吸道等处的免疫有重要作用。鸡无真正的淋巴结，在淋巴管上有微小淋巴结存在，在消化道壁上有集合淋巴小结存在。鸭等水禽有两对淋巴结。

## 七、家禽生殖系统的生理特点

处于性成熟的雌禽，其发达的左侧卵巢产生许多卵泡，每一个卵泡内有一个卵子，每成熟一个卵泡就排出一个卵子。由于卵泡能依次成熟，所以雌禽在一个产蛋周期中，能连续产蛋。

光线刺激丘脑能影响垂体的内分泌活动，因此，光照是影响禽类产蛋周期的最重要的环境因素，目前在养禽业中，已成功地运用人工延长光照的办法，来提高家禽的产蛋率。

## 八、家禽神经系统解剖特点

家禽神经敏感。禽类都属神经敏感型动物，突然出现的噪声以及犬、猫、鼠、蛇等小动物,都容易引起尖叫、飞跳等"惊群"或"炸群"现象,导致全群出现减食、产软壳蛋、抵抗力减弱等应激反应,严重影响生产力。所以,鸡舍选址要避开闹市、交通要道,管理上要杜绝飞鸟鼠类,禁止无关人员进出。

## 第二节　家禽免疫器官及机理

家禽免疫器官分为中枢免疫器官和外周免疫器官。中枢免疫器官是各类免疫细胞发生、分化、发育和成熟的场所。外周免疫器官是淋巴细胞和其他免疫细胞定居、增殖以及产生免疫应答的场所。

### 一、免疫的基本概念

传统免疫的概念是指动物机体对微生物感染的抵抗力和对同种微生物再感染的特异性防御能力。现代免疫的概念是指动物机体对"自己"和"非己"的识别,并对"非己"的大分子物质发生免疫排除反应,从而保持机体内、外环境平衡的一种生理学功能。执行这种功能的是动物机体的免疫系统,它是动物在长期进化过程中形成的与内、外不利因素作斗争的防御系统。

### 二、免疫的类型

**1. 固有免疫应答**

也称非特异性或获得性免疫应答,是生物体在长期种系发育和进化过程中逐渐形成的一系列防御机制。此免疫在个体出生时就具备,可对外来病原体迅速应答,产生非特异性抗感染免疫作用,同时在特异性免疫应答过程中也起作用。

**2. 适应性免疫应答**

也称特异性免疫应答,是在非特异性免疫基础上建立的,该种免疫是个体在生命过程中接受抗原性异物刺激后,主动产生或接受免疫球蛋白分子后被动获得的。

## 三、免疫系统

免疫系统是动物机体执行免疫功能的组织机构,是构成机体特异性免疫的物质基础,由参与免疫反应的器官、细胞和免疫效应分子组成(图2.1)。

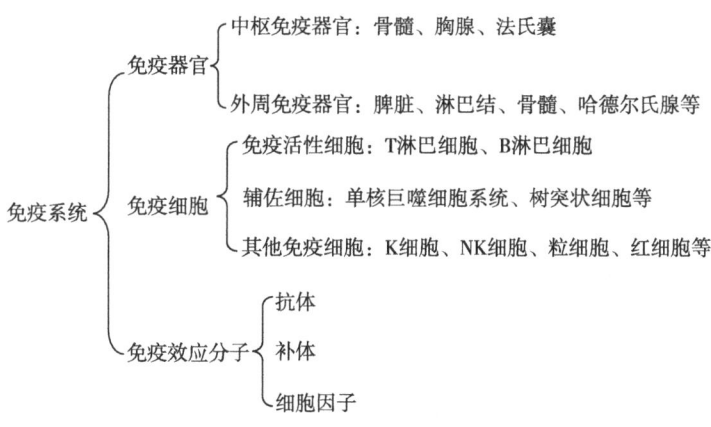

图2.1 免疫系统的组成

### (一)免疫器官

**1. 中枢免疫器官**

中枢免疫器官又称初级免疫器官,是免疫细胞发生、分化及成熟的场所,对机体的免疫功能起调控作用。中枢免疫器官包括骨髓、胸腺和法氏囊。

(1)骨髓。骨髓是造血器官,也是重要的免疫器官。骨髓能产生一种特殊的细胞,叫"多功能干细胞",它随血液运行到机体不同部位,就分化为不同的免疫细胞,体内所有免疫细胞均由它分化而成。此外,骨髓本身也是某些免疫细胞的场所,尤其是法氏囊和胸腺退化后,是淋巴细胞自我更新的成年型干细胞的主要来源。

(2)胸腺。胸腺是T细胞分化成熟的场所。胸腺能分泌胸腺素、胸腺生成素等,对T细胞的发育、成熟起着重要的作用。来自骨髓的淋巴干细胞,在胸腺中受胸腺素作用,增殖分化成具有免疫功能的T细胞,大部分经2～3天便死在胸腺内,只有一小部分变为成熟的T细胞,并离开胸腺到达外周免疫器官,参与细胞免疫。当某种抗原进入机体时,T细胞与B细胞同时做出免疫应答,B细胞应答产物是特异抗体,T细胞应答产物是效应细胞,两者相辅相成，共同消灭抗原。

（3）法氏囊。旧称腔上囊，是禽类特有的淋巴器官，位于泄殖腔后上方，并有短管与之相连。法氏囊形似樱桃，鸡为球形椭圆状囊，鹅、鸭的法氏囊呈圆筒形囊。

雏鸡1日龄时，法氏囊平均为5毫米×4毫米，重50～80毫克，4～5月龄时体积最大，达3厘米×2厘米×1厘米，重3～4克，性成熟后逐渐退化萎缩，至10月龄左右基本消失。鸭和鹅的法氏囊退化较晚，7月龄左右开始退化，鸭12个月前后几乎完全消失，鹅的消失更迟。

法氏囊是诱导B细胞分化和成熟的场所。来自骨髓的淋巴细胞在法氏囊内受囊激素的作用，分化、成熟为具有体液免疫功能的B细胞，并随淋巴和血液迁移到外周免疫器官，参与机体的体液免疫。

**2. 外周免疫器官**

外周免疫器官又称次级或二级免疫器官，是成熟的T细胞和B细胞定居、增殖和对抗原刺激进行免疫应答的场所。它包括淋巴结、脾和存在于消化道、呼吸道和泌尿生殖道的淋巴小结等。这类器官或组织富含捕捉和处理抗原的巨噬细胞、树突状细胞等，它们能迅速捕获抗原，并将处理后的抗原信息传递给免疫活性细胞。外周免疫器官持续地存在于整个成年期，切除部分外周免疫器官一般不影响免疫功能。

（1）脾脏。脾脏是体内最大的免疫器官，是血液通路上最大的过滤器官，具有造血、贮血和免疫双重功能。脾脏外包有被膜，内部的实质分为红髓和白髓两部分。红髓由脾索和脾窦组成，脾索为彼此吻合成网状的淋巴组织索，其中含有大量的网状细胞、B细胞、巨噬细胞以及树突状细胞等；由脾索围成的脾窦充满血液。红髓的功能是生成红细胞、贮存红细胞、捕获抗原和发生免疫应答。脾中的淋巴细胞，35%～50%为T淋巴细胞，50%～65%为B淋巴细胞。脾的主要的免疫功能有如下几方面。

①血液过滤作用：循环血液通过脾脏时，脾脏中的巨噬细胞可吞噬和清除混入血液的细菌等异物和自身衰老伤残的血细胞等废物。

②滞留淋巴细胞的作用：当抗原进入脾脏或淋巴结以后，就会引起淋巴细胞的滞留。即在正常情况下能在这些器官中自由通过的淋巴细胞被滞留而不离去，从而使抗原敏感细胞集中到抗原集聚的部位附近，增进免疫应答的效应。许多免疫佐剂能触发这种滞留，所以滞留作用可能是佐剂作用的原理之一。

③产生免疫应答的重要场所：脾脏内定居着大量淋巴细胞和其他免疫细

胞，抗原一旦进入脾脏即可发生 T 细胞和 B 细胞的活化和增殖，产生致敏 T 细胞和浆细胞。脾脏是体内产生抗体的主要器官。

④产生吞噬细胞增强激素：脾脏能产生一种含苏氨酸 – 赖氨酸 – 脯氨酸 – 精氨酸的四肽激素，该物质由美国塔夫茨（Tuft）大学发现，故名 tuftsin（特夫素），它能增强巨噬细胞及中性粒细胞的吞噬作用。

（2）哈德尔氏腺。禽类眼窝内的腺体之一，又称副泪腺、瞬膜腺，位于眼窝中腹部，眼球后中央，呈不规则的带状。其腺泡上皮基底膜下是大量的浆细胞和部分淋巴细胞，能接受抗原刺激分泌特异性抗体，通过泪液带入上呼吸道黏膜分泌物内，成为口腔、上呼吸道的抗体来源之一，在上呼吸道免疫方面起着非常重要的作用。哈德尔氏腺不仅在局部形成坚实的屏障，而且在全身免疫方面还能激发全身免疫系统，协调体液免疫。在雏鸡免疫时，它对疫苗发生的免疫应答不受母源抗体的干扰，对免疫效果的提高起着非常重要的作用。

（3）黏膜相关的淋巴组织。又称黏膜免疫系统，是机体与外界相通的腔道黏膜相关的淋巴组织，分布于胃肠道、呼吸道、泌尿生殖道及某些外分泌腺如唾液腺、泪腺及乳腺等处，是构成机体抵抗病原入侵的第一道免疫屏障，局部黏膜的免疫状况是决定动物机体是否被感染的首要因素。

黏膜相关淋巴组织在胎儿期就已开始发育，但在出生时还未发育完全。随着年龄的增长，受骨髓和胸腺的影响以及在抗原的刺激下逐步完善。

黏膜相关淋巴组织包括黏膜下的集合淋巴小结和广泛分布于黏膜固有层及上皮内的弥散免疫细胞。其中含有丰富的 B 细胞、T 细胞和巨噬细胞，以产生分泌型 IgA 的 B 细胞占多数，产生的 IgA 分布于黏膜表面，参与黏膜免疫应答。

动物最好的医生是自己体内的免疫系统。只有免疫系统正常运行，机体才会强健，才能有效抵抗大多数疾病的侵袭。

### （二）免疫细胞

体内所有参与免疫应答或与免疫应答有关的细胞统称为免疫细胞。它们种类繁多，功能不同，但彼此之间又相互作用，相互依存。根据它们在免疫应答中的功能及作用机理分为免疫活性细胞、免疫辅佐细胞及与免疫相关的其他细胞等三大类。

在免疫细胞中，受抗原物质刺激后能分化增殖，并产生特异性免疫应答的细胞为免疫活性细胞，也称为抗原特异性淋巴细胞，主要指 T 细胞和 B 细胞，在免疫应答中起核心作用。

T 细胞和 B 细胞是免疫应答的主要承担者，但免疫应答的完成尚需体内的巨噬细胞、树突状细胞等对抗原进行捕捉、加工和处理，这些细胞称为免疫辅佐细胞。由于辅佐细胞在免疫应答中能将抗原递呈给免疫活性细胞，因此又称为抗原递呈细胞（Antigen present cell，APC）。

另外，杀伤细胞（又称 K 细胞）、自然杀伤细胞（又称 NK 细胞）、粒细胞等也都在免疫系统中起着重要的免疫调节等功能。

### （三）免疫效应分子

**1. 抗体**

抗体是 B 细胞特异性识别 Ag 后，增殖分化成为浆细胞，所合成分泌的一类能与相应抗原特异性结合的、具有免疫功能的球蛋白。

免疫球蛋白可分为 IgG、IgM、IgA、IgE 和 IgD 五大类，有的以单体形式存在，也有的以聚合体形式存在（图 2.2），都具有各自的特性和生物学作用。

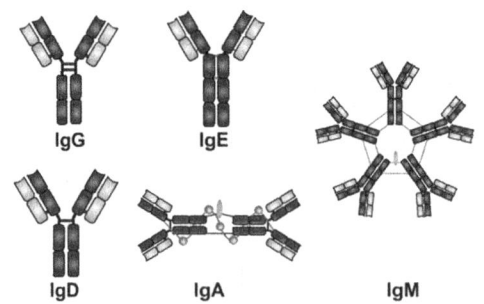

图 2.2 五大类免疫球蛋白的结构

（1）IgG。IgG 以单体形式存在，是人和动物血清中含量最高的免疫球蛋白，占血清免疫球蛋白总量的 75%～80%。主要由脾和淋巴结中的浆细胞产生，大部分存在于血浆中，其余存在于组织和淋巴液中。IgG 是动物自然感染和人工主动免疫后，机体所产生的主要抗体，IgG 在动物体内不仅含量高，而且半衰期最长，约为 23 天。因此它是抗感染免疫的主力，具有抗菌、抗病毒和抗外毒素等多种活性。也是唯一能够通过胎盘的抗体，因此在新生儿的抗感染免疫中起十分重要的作用，也是血清学诊断和疫苗免疫后检测的主要抗体。

（2）IgM。IgM 是一个五聚体，是所有免疫球蛋白中分子质量最大的，又称为巨球蛋白，是动物机体初次体液免疫反应最早产生的免疫球蛋白。其含量占血清免疫球蛋白总量的 10% 左右，半衰期约 5.1 天。在机体的免疫应答中，IgM 因其产生最早，在感染早期起着先锋免疫作用。与其他 Ig 相比较，IgM 具有更强的溶菌、溶细胞、中和病毒和固定补体的能力。但由于 IgM 在体内持续时间较短，含量低，且只能在血管内发挥作用，因此它不能像 IgG 那样起主力免疫作用。血清中 IgM 升高可作为传染病早期感染的依据。

（3）IgA。IgA 主要有单体、双体两种形式。单体 IgA 存在于血清中，故称血清型 IgA，其含量占血清免疫球蛋白总量的 10%～20%；双体 IgA 存在于唾液、初乳和各种呼吸道、胃肠道及泌尿生殖道的分泌液中，故称分泌型 IgA。分泌型 IgA 是黏膜表面最主要的抗菌、抗病毒抗体，在气管、肠道等局部免疫中起重要作用。幼畜早期容易患呼吸道和消化道感染，可能与其局部合成分泌型 IgA 功能不健全有关。

（4）IgE。IgE 以单体形式存在，由呼吸道、消化道黏膜固有层中的浆细胞产生，在血清中含量极微。IgE 是一种亲细胞抗体，易与肥大细胞和嗜碱性粒细胞结合，参与Ⅰ型变态反应。在肠内寄生虫感染时，可见血清中 IgE 含量增加，对抵抗肠内寄生虫有一定的作用。

（5）IgD。只发现于人，其他哺乳类动物尚未发现。在血清中含量很低，性质不稳定，易被降解。IgD 是 B 细胞的表面标志，主要作为成熟 B 细胞膜上的抗原特异性受体，而且与免疫记忆有关。

**2. 细胞因子**

细胞因子是指由免疫细胞和某些非免疫细胞经刺激而合成、分泌的一类具有生物学效应的小分子蛋白物质的总称。它能调节白细胞生理功能、介导炎症反应、参与免疫应答和组织修复等，是除免疫球蛋白和补体之外的又一类免疫分子。

**3. 干扰素**

因其具有干扰病毒感染和复制的能力而命名，根据来源和理化性质的差异可分为 IFN-α、IFN-β、IFN-γ 3 类。IFN-α 和 IFN-β 主要由白细胞和成纤维细胞以及病毒感染的组织细胞产生，统称为Ⅰ型干扰素，通常由病毒感染诱导产生；IFN-γ 主要由活化的 T 细胞和 NK 细胞产生，称为Ⅱ型干扰素，通常由抗原与有丝分裂原诱导产生。干扰素具有抗病毒、抗肿瘤和免疫调节作用。

另外，在免疫过程中，为达到较好的免疫效果，常采用加入佐剂的方式。佐剂是与抗原一起注射或预先注射机体时，可增强机体对抗原的免疫应答或改变免疫应答类型的物质。常用的佐剂有生物佐剂（如卡介苗、CPG 寡核苷酸、脂多糖和细胞因子等）、化学佐剂（如氢氧化铝、明矾等）及人工合成的佐剂（poly I∶C、poly A∶U）等。

## 四、免疫应答

### （一）免疫应答的概念

免疫应答是指免疫活性细胞（T细胞和B细胞）对抗原的识别、自身的活化、增殖和分化（结构和功能的改变）以及产生免疫效应的过程。

### （二）免疫应答的基本过程

免疫应答是一个十分复杂的生物学过程，除了由单核巨噬细胞系统和淋巴细胞系统协同完成外，还有许多细胞因子发挥辅助作用，是一个连续不可分割的过程。为便于理解，可人为划分为以下3个阶段。

**1. 识别阶段**

即从巨噬细胞对抗原的捕获与处理，一直到免疫活性细胞通过其表面抗原受体与抗原特异性结合。但少数可溶性抗原可直接与免疫活性细胞表面的抗原受体结合。

**2. 激活阶段**

即免疫活性细胞受抗原刺激后母细胞化，引起形态、功能的改变和数量的增加。最后分别使B细胞和T细胞形成浆细胞和致敏淋巴细胞以及少量的记忆细胞。

**3. 效应阶段**

即由抗体、淋巴因子和包括致敏淋巴细胞在内的各种免疫细胞相互配合，互相促进，共同清除抗原的阶段。其中由浆细胞产生的大量特异性抗体构成了体液免疫的物质基础，由致敏淋巴细胞本身及其释放的各种淋巴因子构成了细胞免疫的效应基础。

### （三）参与免疫应答的细胞

参与机体免疫应答的核心细胞是T细胞和B细胞，巨噬细胞、Th细胞等是免疫应答的辅佐细胞，也是免疫应答过程中不可或缺的细胞。将由B淋巴细胞介导的免疫应答称为体液免疫应答，也称体液免疫；将由T淋巴细胞介导的免疫应答称为细胞免疫应答，也称细胞免疫。

## （四）免疫应答发生的场所

家禽的外周免疫器官及淋巴组织是免疫应答产生的场所。通过免疫应答，动物机体可建立对某种病原微生物的特异性抵抗力，即免疫力，这是后天获得的，故又称获得性免疫。

抗原进入动物机体后，一般先通过淋巴循环进入淋巴结，进入血流的抗原则滞留于脾和全身各淋巴组织，随后被淋巴结和脾中的抗原递呈细胞捕获、加工和处理，而后表达于抗原递呈细胞表面。同时，血液循环中成熟的T、B淋巴细胞经淋巴组织中的毛细血管后静脉进入淋巴器官，与表达于抗原递呈细胞表面的抗原接触而被活化、增殖和分化为效应细胞，并滞留于该淋巴器官内，由于正常淋巴细胞的滞留、特异性增殖以及因血管扩张所导致的体液成分增加等因素，淋巴器官迅速增长，待免疫应答减退后才逐渐恢复到原来的大小。

## 五、影响免疫应答的因素

抗体是机体免疫系统受到抗原的刺激后产生的，因此抗体产生的水平取决于抗原和机体两个方面。

### （一）抗原方面

**1. 抗原的性质**

首先抗原的类型影响机体发生的免疫应答类型。一般来说，抗原刺激机体同时产生体液免疫和细胞免疫，但有主次之分。细胞外寄生的病原体以及胞内寄生的病原体体外生活阶段多引起体液免疫；胞内寄生的病原体如病毒、胞内菌、胞内原虫等，在细胞内增殖时主要引起细胞免疫应答。

抗原的物理状态、化学结构等方面不同，对机体刺激的强度也不同，机体产生抗体的速度和维持时间也不同。聚合状态的抗原一般比单体抗原的免疫原性强，颗粒性抗原比可溶性抗原的免疫原性强，某些佐剂增强免疫的机理即如此。

细菌荚膜多糖等 TI 抗原不能引起免疫记忆，而 TD 抗原可产生长期的免疫记忆。

**2. 抗原的用量、接种次数及接种间隔时间**

在一定限度内，抗体产生的量与接种的量呈正相关。但抗原用量超过一定限度时，机体产生抗体的量不再增加，即所谓的免疫麻痹；而抗原用量过少，则不能引起足够强烈的免疫应答。因此，实际工作中应按照规定用量使用疫苗。一般活疫苗用量较少，灭活疫苗用量较大。

为使机体获得较强且持久的免疫力，须多次刺激机体以产生再次应答。活疫苗因其在机体内有一定程度的增殖，只需免疫一次即可；灭活苗和类毒素则应免疫 2～3 次才能产生足够的抗体。适当的时间间隔，也是产生持久免疫力的重要因素，一般灭活疫苗，间隔 7～10 天，类毒素则需间隔 6 周左右。

**3. 免疫途径**

抗原进入机体的途径影响抗体产生的量和类型。由于大多数抗原易被消化酶水解而失去免疫原性，因此需经非口途径接种，如注射、滴鼻、点眼、吸入、刺种等。但某些弱毒苗如新城疫 Lasota 系、传染性法氏囊病疫苗等经口免疫效果也较好。经消化道如饮水、呼吸道如滴鼻、点眼等途径接种可刺激机体产生分泌型 IgA，此抗体不仅在抗感染第一线起到保护作用，而且受母源抗体影响相对较小。

## （二）机体方面

家禽的年龄、遗传因素、营养状况、内分泌激素以及疾病等因素均可影响抗体的产生。除先天性免疫功能低下的个体外，大多数机体只要营养良好，都能产生足够的抗体。但是幼小动物因免疫系统尚未成熟、老龄动物免疫功能逐渐下降、营养不良的机体免疫系统发育不良、处于感染状态的动物免疫系统受到损害，都可影响抗体的产生。此外，处于特殊生理时期如妊娠的动物，抗体的产生也受一定影响。

在影响幼小动物的免疫效果的因素中，母源抗体有举足轻重的作用。母源抗体，是指幼小动物通过胎盘、初乳、卵黄等从母体获得的抗体。另外，母源抗体可帮助幼小动物抵抗感染，如新生的仔猪在 2～3 个月内对猪丹毒杆菌、新生羔羊对布鲁氏菌具有较强的不感受性，原因即是获得了母源抗体。但母源抗体对免疫接种后机体的免疫应答有严重干扰，故在实际工作中，如何扬利除弊地利用母源抗体的抗感染作用，避免其对免疫的干扰，对做好防疫工作十分重要。

# 六、家禽免疫接种

家禽免疫接种是用人工的方法，把有效的生物制剂（疫苗、菌苗等）导入家禽体内，从而刺激机体产生特异性抗体，使原来对某一病原微生物易感

第二章 家禽的生理特征及免疫

的禽只，转化成为对该种病原微生物具有抵抗能力，避免疾病发生。因此免疫接种的目的，是提高家禽对传染性疾病的抵抗能力，预防疾病感染与发生。对于种禽，免疫接种还能起到减少蛋媒性疾病的传播、提高母源抗体水平，提高雏禽在育雏阶段的免疫能力和降低传染病发生概率的作用。

## （一）免疫程序制定

免疫程序是指一个禽场或一个禽群，根据该场或该群的具体情况与可能发生的疫病，预先对需要接种的疫苗种类，接种时间和方法等，做出一个方案或计划。免疫程序在制定和实施时，一般需要考虑和注意以下几个方面的问题。

**1. 疫病预防选择**

对一个禽场需要预防哪些疫病，一般根据本地区，本场或不同禽群，经常可能发生并具有威胁的疫病而定，对于当地本单位没有的或不常见的疫病，一般可以不予接种，尤其是有些疫病的疫苗是毒力强的活毒，更不应轻率引入。国家强制免疫的疫苗，要按时接种。

**2. 首次免疫时间**

在1~3周内，对雏鸡进行首免，需注意首免时间的安排，首免时间确定，需要掌握母源抗体水平的高低以及可能存在的传染因素的威胁，通常在母源抗体水平低，传染因素威胁大，则需早接种。如果母源抗体水平高，可能发生的传染威胁小，则可推迟接种。因为，有些疫病的母源抗体，常可妨碍疫苗接种后的免疫反应或中和疫苗病毒。雏禽获得母源抗体水平高低，存留时间长短，随疫病种类及母禽免疫状况而异，例如传染性法氏囊病的母源抗体，在母禽接受免疫的情况下，一般都可维持3周左右，并能保护雏鸡免遭发病，而传染性支气管炎、传染性脑脊髓炎等，通常只能维持2周左右，母禽的抗体水平常可影响雏禽母源抗体水平。母禽免疫接种后，在一定时间内传递给雏禽的母源抗体水平高，以后逐渐降低，因此，不同禽群，不同免疫时间的种蛋孵出的后代母源抗体水平常有较大的差异，给首次免疫带来困难。为了准确地确定首免时间，有条件的应建立抗体监测，母源抗体的半衰期一般在4~5日龄。

**3. 重复免疫时间**

家禽传染病中，多数疫病的免疫接种，往往需要进行多次，例如新城疫、禽痘、传染性支气管炎、传染性法氏囊病等。需要重复接种的次数与间隔时间，第一取决于某一疫病流行的严重程度和易发时期。第二是疫苗的类型与接种后禽只产生抗体的水平与维持时间。第三是接种方法，例如同样的新城疫Ⅳ疫苗，饮水与滴鼻或注射相比，饮水免疫抗体水平低，维持时间短。第四为了达到某种目的，例如为了使某一疫病的后代获得较高母源抗体，因此，种禽在开产时或在用作种蛋时，需进行重复接种。在制定免疫程序时，一般对重复接种的时间都是估测性的，所以为了达到相应的正确性，必须参考有关资料，以减少差错，避免发生意外。

#### 4. 疫苗选择

对于已有某一种疫病发生和流行的禽场，一般在制定免疫程序时，使用什么样类型的疫苗，也应仔细考虑，如果流行情况较轻，则可选用比较温和的疫苗，而疫病流行严重，则可选用毒力较强的疫苗。总之，要使疫苗接种后产生的抵抗力与疫病流行情况相适应。一般疫苗的接种原则，都是由弱毒到强毒，也就是说，幼龄阶段的基础免疫都用弱毒苗，以后重复接种时可逐渐增强。有时由于接种方法不同，使用疫苗类型也有不同。例如饮水或气雾免疫时都用弱毒活苗，而注射接种都用灭活苗或加入一定佐剂的灭活强毒苗。

#### 5. 接种方法

家禽免疫接种方法较多，但由于家禽是群体性饲养，因此，在不同情况下，需注意不同接种方法。一般在雏鸡阶段进行首次免疫，除特殊情况外，都以个体接种为主，即用滴鼻与滴眼的方法。在幼龄期或育成期，为了减少抓鸡引起的应激以及占用很多劳力，所以都安排为群体饮水或气雾接种为主。到成年阶段，需进行强化免疫时，都安排在上笼或种鸡选种定群时个体注射接种，而在开产后需要强化免疫时，一般都安排群体饮水接种。

#### 6. 疫苗配合

为了减少频繁接种疫苗，节省人力以及减少对禽只的应激，在制定免疫程序时，可考虑把某些疫苗相互配合，同时使用。各种疫苗进入机体内以后，均能分别由 T 细胞识别并刺激不同 B 细胞转化为浆细胞，产生相应的特异性抗体。因此，在同时接种两种以上疫苗时，可以同时刺激机体产生两种以上的抗体。但是在配合使用疫苗时，也应注意有些疫苗在同时接种时，可能彼此会产生影响，甚至可能发生拮抗，例如 1 日龄雏鸡同时接种马立克氏和新城疫疫苗，新城疫的免疫效果常受到影响。通常为了节省人力可以把相互间没有干扰作用的疫苗同时接种。但是如果在同时或间隔较短的时间内，给机体接种多种疫苗，超过了机体所能接受的刺激反应，反而使机体不能产生良好的免疫应答。因此，在免疫程序制定时，如果需要免疫接种的病种较多，一般尽可能安排在不同时间内进行，尤其是流行严重的疫病，最好能单独接

## 第二章 家禽的生理特征及免疫

种,以免影响免疫效果。

### (二)免疫途径和方法

家禽免疫接种的途径与方法比较多,有时可用于群体免疫,有的只适用于个体免疫,一般常用的免疫途径与方法有滴眼、滴鼻、刺种、羽毛囊涂擦、滴肛或擦肛、皮下注射、肌内注射、饮水免疫以及气雾免疫等。

**1. 滴眼、滴鼻**

这是让疫苗通过眼、鼻腔、口腔、咽、喉、气管黏膜以及扁桃体等的接触而进入体内的接种方法。它一般适用于3周龄以内幼龄雏禽的免疫。这种免疫接种方法对雏鸡可以避免疫苗病毒被母源抗体中和与干扰,并且也可以产生良好的局部免疫反应。由于滴眼、滴鼻是逐只进行接种,因此也能保证每羽禽只得到免疫的剂量一致,从而使群体免疫水平达到均匀一致。

用作滴眼、滴鼻的疫苗,都为弱毒活苗。在接种时,一般可用灭菌的生理盐水,蒸馏水或冷开水稀释,每1 000羽份的疫苗可用50毫升稀释液稀释,充分摇匀后,然后用标准滴管于每羽禽的眼结膜或鼻孔上滴一滴疫苗。有时也可把1 000羽份的疫苗用100毫升稀释液稀释,然后于每羽禽的眼结膜与鼻孔上各滴一滴。滴眼、滴鼻操作时,一定要准确,务必使滴入的疫苗进入眼内或吸入鼻腔中,以保证免疫效果。

**2. 刺种**

刺种适用于禽痘、新城疫弱毒疫苗等接种。例如接种禽痘疫苗时,每支1 000羽份的疫苗,用20~25毫升灭菌生理盐水稀释,然后用特制的接种针,蘸取疫苗刺种于皮内。接种针的形式多样,但必须每次能蘸取0.025毫升的容量,以保证有足够的剂量进入皮内。

**3. 羽毛囊涂擦**

此法适用于禽痘等疫苗的接种,部位可选择在脚部内侧,接种时需先拔除脚内侧部的羽毛,然后用棉签蘸取疫苗逆向涂擦,疫苗擦入羽毛囊中,疫苗稀释同于刺种。此法由于手续比较复杂,故除特殊需要外,一般已很少使用。

**4. 滴肛或擦肛**

此法一般适用于传染性喉气管炎强毒型疫苗的接种,接种时将禽的肛门向上并将肛门黏膜翻出,然后用棉签蘸取疫苗,用力于肛门黏膜上涂擦3~5次,或可用特殊小刷子蘸取疫苗涂擦。疫苗稀释同刺种。擦肛用的疫苗一般都是强毒型的活苗,因此,使用时必须注意疫苗病毒散播。

### 5. 皮下注射

此法适用于含有佐剂的灭活苗和马立克氏病的火鸡疱疹病毒苗等接种。注射部位，例如马立克氏疫苗，在雏鸡一般可在颈背部皮下；在育成鸡或成年鸡，可注射于股内侧皮下，用于禽霍乱氢氧化铝疫苗，新城疫油佐剂疫苗等。马立克氏病火鸡疱疹病毒疫苗有专用稀释液，通常把1000羽份量的疫苗稀释于200毫升专用稀释液中，然后每羽注射0.2毫升。禽霍乱氢氧化铝疫苗、新城疫油佐剂疫苗，一般都应按照说明用量使用。

### 6. 肌内注射

适用于弱毒疫苗和不带佐剂的灭活疫苗的接种，例如新城疫Ⅰ系苗、鸭瘟弱毒苗、传染性法氏囊弱毒苗等，注射部位可选择大腿外侧和胸部肌肉或者可在翅膀的肩关节部。肌内注射由于剂量准确，作用迅速，经接种后的抗体水平，比较一致且较高。对小群或需要有坚强免疫力的种鸡群，可采用此法，以保证免疫效果，肌内注射的疫苗用量，应按说明书稀释后的用量使用，但最好是稀释后的疫苗用量控制在0.5～1.0毫升，育成或成年禽每次注射量不少于1毫升。稀释后使用量大一些，相对地说，比较容易控制，剂量损失要少，因此，免疫效果要比剂量小的效果好而确切。

### 7. 饮水免疫

此法适用于大群饲养的免疫，是一种群体性免疫方法。一般一个群体超过0.5万或1万羽以上的禽群，在3～4周龄以后，非特殊情况下都采用饮水免疫法接种。饮水免疫的优点是无须逐只捉提而骚扰禽群，省时省力，方法又比较简便，而且在短时间可使不同禽群同时免疫。新城疫Ⅳ系苗、传染性支气管炎弱毒苗、传染性法氏囊弱毒苗等都可做饮水免疫。但是饮水免疫虽被广泛采用，并且有很多优点。然而在实施过程中，由于每羽禽饮入的疫苗病毒量的不一致，故饮水免疫所引起的免疫应答也要比滴眼、滴鼻小。因此，饮水免疫后群体免疫水平参差不齐，抗体水平不高，维持时间不长，缺乏对抗强毒株感染的能力，有时在免疫群体中仍可感染强毒并发病，所以饮水免疫必须重复接种，而且间隔时间一般不宜太长，有条件的需定期进行抗体监测。

### 8. 气雾免疫

此法适用于一些对呼吸道有亲嗜性的疫苗接种，例如新城疫Ⅱ系弱毒疫苗，传染性支气管炎弱毒疫苗等。气雾免疫的方法是用一种专用的气雾喷射枪，距所需免疫的禽只1～1.5米对准喷射，使受免疫禽只上方周围形成一个良好的雾化区，一般要求喷射出的雾滴在10微米以上，能在空间悬浮片刻，不立即沉降。一般需要适当控制雾滴大小，因为在实践中，雾粒过小，由于可以深入呼吸道深部，常可激发呼吸道的感染与发病，所以对存有呼吸道感染的禽群行气雾免疫，雾滴应适当加大。雾滴过大，超过100微米，空间悬浮时间短，不易被呼吸道黏膜黏附，影响免疫效果。实施喷雾前，应关闭门窗、通风口及排风设备等，喷雾完毕后15～20分钟，即可打开门窗及通风设备。

用作气雾免疫的疫苗应是高效价的，用苗量应为常量的倍量，例如新城疫Ⅳ系苗1 000羽份，加灭菌蒸馏水250毫升，供500羽使用。在高密度全舍饲养的禽群施行气雾免疫，可根据饲养舍内实际总羽数计算用苗量，可以忽略饲养舍空间容积，但房大禽少时，应当适当增加疫苗量。疫苗稀释应用蒸馏水或去离子水，稀释液中不应含有任何盐类。为了保护疫苗病毒，稀释液中可加入0.1%的脱脂奶粉或明胶。

### （三）紧急预防接种

紧急预防接种是指一个禽场或禽场中的一个禽群发生传染病，特别是一些急性传染病，例如新城疫、鸭瘟等发病时，威胁到其他禽群或全场，此时为了迅速控制疫病传播与流行，对发病群和尚未发病禽群进行免疫接种。紧急预防接种一般都使用活的弱毒疫苗，有些弱毒疫苗注入机体内，疫苗病毒可以在短时间内刺激机体产生特异抗体，抵抗侵入的病毒，而且对入侵的病毒常有一种直接的干扰作用。因此在发病群中使用疫苗，常可以防止疫病扩散与流行，减少发病禽群死亡率与损失。但是一般在发病禽群实施紧急预防接种，对发病禽群中已在发病或正于潜伏期的禽只，会加快或促使其发病。因此在疫苗接种后3～5天内，禽群的发病与死亡数会急剧增加，然后再慢慢下降并逐渐停息。

紧急预防接种的程序，原则上是先接种不发病的群，然后再接种发病群。对一个禽场来说，首先应接种不发病的核心群，然后接种一般不发病的生产群，最后接种发病群。如果在人力、物力以及疫苗使用方法上允许同步进行，则可以对全场不同禽群进行同步紧急接种。

为了保证接种效果，紧急预防接种的疫苗剂量，应不低于正常规定用量，有时可以倍量使用，用作紧急预防接种的疫苗必须是高效价的，并且选用疫苗必须正确，例如，在一个幼龄鸡群中发生新城疫时，一般不宜用Ⅰ系苗进行紧急预防接种，应选用Ⅱ系或Ⅳ系苗。又如一个鸭群发生禽霍乱时，应用禽霍乱弱毒疫苗，而不应用禽霍乱氢氧化铝疫苗。紧急预防接种，为了保证每一禽只都能接受免疫并达到免疫水平一致，所以在免疫方法上，一般采用注射法为好，尽量少用饮水等群体免疫方法。

## 七、家禽疫苗免疫失败的临床表现及免疫失败的原因

在临床上，疫苗免疫失败是指禽群免疫接种后，经实验室血清学抽检达不到要求，或在临床上不能抵抗特定疫病的发生与流行，或在特定的要求下抽检攻毒的保护率低于标准要求。免疫接种失败是一个比较复杂的问题，每次免疫成功，需要有一定的条件，它常受机体自身对免疫的反应，免疫时机体自身状态以及非机体自身以外的各种因素的影响。

### （一）临床上疫苗免疫失败主要表现

（1）疫苗接种后仍发生相应疫病，需要考虑当地的流行毒株是否与疫苗株相符合。

（2）动物接种后虽然未发生相应的疫病，但是家禽的机体抵抗力下降，发生了其他疫病的继发感染，需要考虑疫苗的接种是否引起了免疫抑制，特别是活疫苗使用后的免疫抑制的发生。

（3）群体接种疫苗之后未明显发生相应疫病，但是引起群体的生长性能降低，如生长缓慢、饲料转化率降低、产蛋下降等现象，需要考虑疫苗的安全性出现问题，导致群体的整体机能下降。

（4）接种后家禽很快发生相应疫病并死亡，或不死亡也不表现临床症状，但体内检测不到针对病原的抗体存在，需要考虑疫苗的效力较差。

### （二）免疫失败的可能原因

**1. 疫苗因素**

疫苗的质量是疫苗使用效果最大的保证，如果疫苗质量不合格，会导致群体的接种失败。以及由于运输、保存、免疫接种操作不当等因素也会导致免疫失败。

**2. 药物因素**

使用活疫苗的前后几日，对机体进行喷雾消毒或饮水消毒；使用抗菌药物，抑制了菌苗的活性，降低了机体的免疫应答；另外，四环素类、氨基糖苷类、糖皮质激素类药物对机体的免疫系统具有破坏作用或抑制作用，影响疫苗的免疫应答。

**3. 饲养管理**

机体在缺乏营养时，如饲料中蛋白质含量不足、缺乏维生素，特别是必需的氨基酸和微量元素，影响机体内合成必要的激素和抗体的生成，导致免疫系统机能下降，临床表现为发病率和死亡率升高、生产性能下降；如果饲料发生霉变，尤其是含有黄曲霉素，能够使胸腺、法氏囊萎缩导致机体免疫抑制；养殖场未注意环境卫生，鸡舍鸡笼中存在大量的病原微生物，动物长期生活在不卫生的环境中，随时会受到病原微生物的侵袭，机体长期处于免疫防御状态，免疫系统受到抑制。

**4. 应激因素**

应激是机体对不同刺激的非特异性反应的总和，是处于健康和疾病之间的一种亚健康状态。饲养密度过大、通风不良、过分潮湿、环境温度骤变、更换饲料、免疫接种、长途运输等均可使动物发生应激，应激后的长期亚健康状态直接表现为法氏囊、胸腺、脾脏等免疫器官的萎缩，从而引起免疫机能衰退，造成免疫失败。

## 第三节　家禽疫苗免疫现状和推荐程序

### 一、家禽疫苗的发展

家禽疫苗归属于兽用生物制品领域，是预防和控制家禽传染病最有效、最经济的策略之一，也是我国兽用生物制品最重要的组成部分。家禽疫苗的发展有近百年的历史。从最初的 20 世纪初在英国发现新城疫病毒，就已经开始使用疫苗来预防家禽疾病，早期的家禽疫苗如鸡新城疫、鸡大肠杆菌病等。随着微生物学和免疫学的不断发展，科学家们开始研制活疫苗，这些疫苗含有减毒的病原体，如减毒沙门氏菌疫苗能够有效地激发家禽的免疫反应。到 20 世纪中叶，灭活疫苗开始广泛应用于家禽疾病的预防，这类疫苗使用化学或物理方法灭活病原体，安全性能好。20 世纪末至 21 世纪初，随着生物技术的飞速发展，亚单位疫苗和基因工程疫苗开始出现，提供了更为精准和安全的免疫手段。近年来，家禽疫苗的研制和应用不断进步，包括多价疫苗、多联疫苗以及利用现代生物技术制备的如 DNA 疫苗和 mRNA 疫苗等新型疫苗。

随着家禽养殖业的不断规模化和标准化，对疫苗的需求不断增加，推动了疫苗市场的发展。针对某些高致病性家禽疫病，如高致病性禽流感，国家实施了强制免疫政策，确保了疫苗的广泛使用和动物疫病的有效控制。家禽疫苗的发展也面临着全球性挑战，如禽流感病毒的不断变异需要疫苗种毒的持续更新和疫苗的快速研发。

## 二、家禽疫苗的研制与应用现状

禽用疫苗分为禽病毒性疫苗、禽细菌性疫苗、禽寄生虫疫苗。随着现代微生物技术、分子生物学技术、基因工程技术、生物发酵技术、悬浮培养技术等逐渐应用到禽用疫苗的研制中，包括了全病毒或细菌灭活苗、弱毒病毒或细菌或寄生虫苗、弱毒基因缺失疫苗、亚单位疫苗、DNA 疫苗、mRNA 疫苗、VLP 疫苗等各个技术类别。

### （一）家禽病毒病疫苗

**1. 鸡用疫苗**

鸡新城疫疫苗：预防鸡新城疫，主要有灭活苗和活苗两种形式。灭活疫苗包含经典的鸡新城疫 La Sota 株灭活疫苗，鸡新城疫基因Ⅶ型灭活疫苗。鸡新城疫活疫苗包含Ⅰ系及克隆株 CS2 株、Ⅱ系 HB1 株、Ⅲ系 F 株、Ⅳ系 La Sota 株等。近年来，利用 HVT 表达鸡新城疫 La Sota 株 HN 蛋白的基因工程疫苗、利用反向遗传技术制造的鸡新城疫基因Ⅶ型疫苗逐渐成为研究的重点。

禽流感疫苗：预防禽流感主要以灭活疫苗为主。包括高致病性禽流感 H5 亚型灭活疫苗以 Re-13 株和 Re-14 株为主、高致病性禽流感 H7 亚型灭活疫苗以 Re-4 株为主，低致病性禽流感 H9 亚型灭活疫苗不同流行时间流行区域的分离毒株。

传染性支气管炎疫苗：预防传染性支气管炎有灭活苗和活苗两种形式。我国主要包括经典呼吸型传染性支气管炎马萨诸塞型（麻型）M41 株的灭活疫苗和 H120 株 /H52 活疫苗，肾脏型传染性支气管炎 QX 型的灭活疫苗和活疫苗等。

传染性法氏囊病疫苗：预防鸡传染性法氏囊病有灭活苗和活苗两种形式。我国包括传染性法氏囊全病毒灭活疫苗、VP2 蛋白亚单位疫苗、抗原抗体复合物疫苗和传染性法氏囊病活疫苗等。

禽腺病毒病疫苗：禽腺病毒Ⅰ群，预防心包积液综合征。包括禽腺病毒全病毒灭活疫苗和亚单位疫苗。禽腺病毒Ⅲ群，预防减蛋综合征。包括全病毒灭活疫苗 AV127 株和京 911 株。

病毒性关节炎疫苗：预防关节炎。有灭活苗和活苗两种形式。灭活疫苗主要为 S1133 株的灭活疫苗，弱毒活疫苗主要为 ZJS 株。

鸡痘疫苗：预防鸡痘，现在主要为活疫苗。主要包括鸡痘鸡胚化弱毒疫苗、鸡痘鹌鹑化弱毒疫苗。

马立克氏病疫苗：预防鸡马立克氏病，现在主要为活疫苗。主要包括 HVT 冻干疫苗，CVI988/Rispens 株、814 株液氮冷冻疫苗，鸡马立克氏病二价疫苗。

传染性喉气管炎疫苗：预防鸡喉气管炎。主要为活疫苗。包括弱毒活疫苗 K317 株和活载体疫苗鸡痘病毒载体疫苗等。

禽脑脊髓炎疫苗：预防禽脑脊髓炎，现在主要为活疫苗。主要包括为 AE 活疫苗 1143 株。

**2. 水禽用疫苗**

鸭瘟疫苗：预防鸭瘟，有灭活苗和活苗两种形式。灭活疫苗主要包括鸭瘟灭活疫苗 AV122 株，鸭瘟禽流感二联灭活疫苗。活疫苗主要包括鸭瘟鸡胚化和鸭瘟鸡胚化弱毒细胞苗等。

鸭病毒性肝炎疫苗：预防鸭病毒性肝炎，有灭活苗和活苗两种形式。灭活疫苗主要包括鸭病毒性肝炎二价灭活疫苗。活疫苗主要为鸭病毒性肝炎Ⅰ型鸡胚化弱毒疫苗。

小鹅瘟疫苗：预防小鹅瘟，现在主要为活疫苗。小鹅瘟活疫苗主要包括小鹅瘟鸭胚化 GD 株活疫苗，小鹅瘟鹅胚化 SYC26-35 株和 SYC41-50 株。

番鸭细小病毒病疫苗：预防番鸭细小病毒病，"三周病"，现在主要为活疫苗。主要包括番鸭细小病毒病活疫苗。

番鸭呼肠孤病毒病疫苗：预防番鸭呼肠孤病毒病，"肝白点病"，现在主要为活疫苗。主要包括番鸭呼肠孤病毒病活疫苗。

鸭坦布苏病毒病疫苗：预防鸭鸭坦布苏病毒病，有灭活苗和活苗两种形式。灭活疫苗主要为鸭坦布苏病毒病灭活疫苗 HB 株。活疫苗主要为鸭坦布苏活疫苗 WF100 株。

### （二）家禽细菌病疫苗

**1. 鸡用疫苗**

鸡霍乱疫苗：用于预防鸡的霍乱病，由多杀性巴氏杆菌引起。现在主要为灭活苗，主要为鸡源荚膜 A 群多杀性巴氏杆菌 1502 或 TJ8 株等。

大肠杆菌疫苗：用于预防鸡的大肠杆菌病。现在主要为灭活苗，为大肠杆菌灭活疫苗 O78 型等，也用于水禽大肠杆菌病的预防。

传染性鼻炎疫苗：用于预防鸡传染性鼻炎，由副鸡禽杆菌引起。现在主要为灭活苗，主要为传染性鼻炎灭活疫苗 A 型、A 型 +C 型、A 型 +B 型 +C 型等。

鸡白痢疫苗：用于预防鸡白痢，由沙门氏菌引起。现在主要为活疫苗。主要包括鸡肠炎沙门氏菌和伤寒沙门氏菌活疫苗。

鸡支原体疫苗：用于预防鸡慢性呼吸道疾病和支原体型关节炎。有灭活苗和活苗两种形式。灭活疫苗主要为鸡毒支原体灭活疫苗，鸡滑液囊支原体灭活疫苗等。活疫苗主要为鸡毒支原体活疫苗，鸡滑液囊支原体活疫苗等。

**2. 水禽用疫苗**

水禽用细菌病疫苗，主要为鸭传染性浆膜炎疫苗，大肠杆菌病、沙门氏菌病、巴氏杆菌病等预防可以接种鸡用的细菌病疫苗。

鸭传染性浆膜炎疫苗：用于预防鸭传染性浆膜炎，由鸭疫里默氏杆菌引起。现在主要为灭活苗，主要为鸭疫里默氏菌单价Ⅰ型、二价Ⅰ型＋Ⅱ型和三价灭活疫苗等。

### （三）家禽寄生虫病疫苗

鸡用寄生虫病疫苗主要包括针对鸡球虫病的疫苗。鸡球虫病是由艾美耳球虫属的多种球虫引起的一种常见寄生虫病，对养鸡业造成严重危害。现在主要为活疫苗，主要包括鸡球虫弱毒疫苗和球虫三价混合活疫苗。

## 三、家禽疫苗的推荐免疫程序

常用的疫苗免疫方法有滴鼻、点眼、刺种、注射、饮水、口服和喷雾等方式，应根据疫苗的类型、疫病的特点及免疫程序正确选择。制定科学的免疫程序，对家禽疫苗防控的尤为重要。根据家禽的用途，分别概述其免疫程序。

## (一)种鸡疫苗免疫程序(表2.3)

表2.3 种鸡疫苗免疫程序

| 日龄 | 疫苗种类 | 接种方法 |
| --- | --- | --- |
| 1日龄 | 马立克氏病CVI988液氮苗或HVT冻干苗 | 颈背部皮下注射 |
| 7～10日龄 | 鸡新支流法或鸡新支流法腺或鸡新流法腺灭活疫苗/鸡新城疫Ⅳ系、传染性支气管炎H120二联活疫苗 | 颈背部皮下注射/滴鼻 |
| 25～30日龄 | 鸡痘或鸡痘表达重组的喉气管炎二联活疫苗 | 刺种 |
| 30～40日龄 | 鸡传染性鼻炎三价灭活疫苗、鸡支原体灭活疫苗 | 胸肌注射 |
| 50～55日龄 | 鸡新城疫Ⅳ系、传染性支气管炎H120二联活疫苗 | 饮水 |
| 70～80日龄 | 鸡新城疫、禽流感二联灭活疫苗 | 胸肌注射 |
| 110日龄 | 禽流感H5亚型和H7亚型二联灭活疫苗 | 胸肌注射 |
| 120日龄 | 鸡新城疫、传染性支气管炎、减蛋综合征、禽流感四联灭活疫苗 | 胸肌注射 |
| 130日龄 | 传染性法氏囊病灭活疫苗 | 胸肌注射 |
| 260日龄 | 传染性法氏囊病灭活疫苗 | 胸肌注射 |

## (二)商品蛋鸡的疫苗免疫程序(表2.4)

表2.4 商品蛋鸡疫苗免疫程序

| 日龄 | 疫苗种类 | 接种方法 |
| --- | --- | --- |
| 1日龄 | 马立克氏病CVI988液氮苗或HVT冻干苗 | 颈背部皮下注射 |
| 4日龄 | 鸡球虫疫苗 | 拌料口服 |
| 7～10日龄 | 鸡新支流法或鸡新支流法腺或鸡新流法腺灭活疫苗/鸡新城疫Ⅳ系、传染性支气管炎H120二联活疫苗 | 颈背部皮下注射/滴鼻 |
| 14日龄 | 禽流感H5亚型和H7亚型二联灭活疫苗 | 颈背部皮下注射 |
| 21日龄 | 鸡新城疫Ⅳ系、传染性支气管炎H120二联活疫苗 | 饮水 |
| 25～30日龄 | 鸡痘或鸡痘表达重组的喉气管炎二联活疫苗 | 刺种 |
| 30～40日龄 | 鸡传染性鼻炎三价灭活疫苗、鸡支原体灭活疫苗 | 胸肌注射 |
| 50～55日龄 | 鸡新城疫Ⅳ系、传染性支气管炎H120二联活疫苗 | 饮水 |

（续表）

| 日龄 | 疫苗种类 | 接种方法 |
|---|---|---|
| 70～80日龄 | 鸡新城疫、禽流感二联灭活疫苗 | 胸肌注射 |
| 14周龄 | 鸡痘、脑脊髓炎二联活疫苗 | 刺种 |
| 16周龄 | 鸡新城疫、禽流感、传染性法氏囊、病毒性关节炎四联灭活疫苗 | 胸肌注射 |
| 17周龄 | 鸡新城疫Ⅳ系、传染性支气管炎H120二联活疫苗 | 饮水 |
| 18周龄 | 鸡新城疫、传染性支气管炎、减蛋综合征、禽流感四联灭活疫苗 | 胸肌注射 |
| 19周龄 | 鸡痘或鸡痘表达重组的喉气管炎二联活疫苗 | 刺种 |
| 20周龄 | 鸡传染性鼻炎三价灭活疫苗、鸡支原体灭活疫苗 | 胸肌注射 |
| 30～40周龄 | 检测鸡新城疫和禽流感（H9亚型）抗体，及时补免 | 胸肌注射 |

## （三）商品肉鸡的疫苗免疫程序（表2.5）

表2.5　商品肉鸡疫苗免疫程序

| 日龄 | 疫苗种类 | 接种方法 |
|---|---|---|
| 1日龄 | 鸡新城疫Ⅳ系、传染性支气管炎H120二联活疫苗 | 喷雾 |
| 7～10日龄 | 鸡新支流法或鸡新支流法腺或鸡新流法腺灭活疫苗/鸡新城疫Ⅳ系、传染性支气管炎H120二联活疫苗 | 颈背部皮下注射/滴鼻 |
| 21日龄 | 鸡新城疫Ⅳ系、传染性支气管炎H120二联活疫苗 | 饮水 |

## （四）三黄鸡的免疫程序（表2.6）

表2.6　三黄鸡疫苗免疫程序

| 日龄 | 疫苗种类 | 接种方法 |
|---|---|---|
| 1日龄 | 鸡新城疫Ⅳ系、传染性支气管炎H120二联活疫苗 | 喷雾 |
| 7～10日龄 | 鸡新支流法或鸡新支流法腺或鸡新流法腺灭活疫苗/鸡新城疫Ⅳ系、传染性支气管炎H120二联活疫苗 | 颈背部皮下注射/滴鼻 |
| 21日龄 | 鸡新城疫Ⅳ系、传染性支气管炎H120二联活疫苗 | 饮水 |
| 35日龄 | 鸡新城疫Ⅳ系、传染性支气管炎H120二联活疫苗 | 饮水 |

## (五)种鸭的免疫程序(表2.7)

表2.7 种鸭疫苗免疫程序

| 日龄 | 疫苗种类 | 接种方法 |
| --- | --- | --- |
| 4日龄 | 鸭病毒性肝炎灭活疫苗或活疫苗 | 颈背部皮下注射 |
| 7日龄 | 鸭传染性浆膜炎灭活疫苗、大肠杆菌灭活疫苗 | 颈背部皮下注射 |
| 14日龄 | 鸭瘟灭活疫苗或鸭瘟活疫苗 | 颈背部皮下注射 |
| 21日龄 | 禽流感H5+H7亚型灭活疫苗 | 颈背部皮下注射 |
| 60日龄 | 鸭瘟灭活疫苗或鸭瘟活疫苗 | 胸肌注射 |
| 120日龄 | 鸭瘟活疫苗 | 胸肌注射 |
| 4～6月 | 免疫鸭瘟灭活疫苗、禽流感H5+H7亚型灭活疫苗 | 胸肌注射 |

## (六)商品鸭的免疫程序(表2.8)

表2.8 商品鸭疫苗免疫程序

| 日龄 | 疫苗种类 | 接种方法 |
| --- | --- | --- |
| 4日龄 | 鸭病毒性肝炎灭活疫苗或活疫苗 | 颈背部皮下注射 |
| 7日龄 | 鸭传染性浆膜炎灭活疫苗、大肠杆菌灭活疫苗 | 颈背部皮下注射 |
| 14日龄 | 鸭瘟灭活疫苗或鸭瘟活疫苗 | 颈背部皮下注射 |
| 21日龄 | 禽流感H5+H7亚型灭活疫苗 | 颈背部皮下注射 |

# 第三章
## 家禽减抗理论及微生态制剂的实践

## 第一节 健康养殖定义

为了防治动物疾病、促进生长、提高饲料利用率，从20世纪50年代开始，抗生素作为畜禽促生长剂被广泛添加到饲料中。随着畜禽养殖业迅速发展、养殖规模不断扩大，饲用抗生素的用量逐年提高。饲料中禁止添加抗生素前，我国抗生素的使用总量每年约达20万吨，占全球抗生素使用量的一半，而畜牧业和饲料行业抗生素的使用量约占总量的1/2。滥用抗生素会造成较大的危害，例如不合理使用、过量用药均会导致畜禽病情严重甚至死亡，而残留在畜禽体内的抗生素，在未充分降解的情况下流入市场，消费者食用后对人体健康产生一定影响，同时畜禽的排泄物污染到环境中也会使环境中的细菌产生耐药性，威胁食品安全和生态安全。鉴于此，我国开始对抗生素的过度使用进行了规范和限制，相继出台了一系列的政策：农业部在2001年颁布了第168公告《饲料药物添加剂使用规范》，用于规范饲料中抗生素的使用；在2002年颁布了第193号公告《食品动物禁用的兽药及其他化合物清单》，规范了兽用抗生素的使用准则和范围等；在2015年颁布了第2292号公告，指出食品动物中停止使用氧氟沙星、诺氟沙星、洛美沙星和培氟沙星四种兽药；在2018年发布第2638号公告，增加"停止在食品动物中使用喹乙醇、氨苯胂酸、洛克沙胂等3种兽药"的要求；在2019年颁布了第194号公告，宣布我国饲料中要全面禁止抗生素，以减少滥用抗生素造成的危害，从而维护我国动物源食品安全和公共卫生安全。

近年来，基于对健康养殖的重视，我国也出台了一系列的标准，规范畜牧行业的健康养殖要求。其中，国家标准GB/T 32148—2015《家禽健康养殖规范》对健康养殖有明确的定义：根据养殖对象的生物学特性，运用生态学、营养学原理来指导生产，为养殖对象营造一个良好的、有利于健康生长或生产的环境，提供适宜的全价饲料，使其在生长或生产期间，环境友好，家禽健康，产品安全。该标准规定了家禽健康养殖过程中场址选择与布局、饲养工艺和设施设备、饲养管理、投入品使用、生物安全、转群和运输、废弃物处理等内容，为健康养殖提出了专业性指导意见。

同时，为了保障畜禽养殖的健康和环境安全，提高养殖效益和产品质量，国内外均在努力寻求能够有效预防畜禽疾病发生、促进动物生长并且无毒副作用、无耐药性、无残留的饲用抗生素替代产品和技术方案。

## 第二节 微生态制剂的理论

### 一、定义、概念

微生态制剂又称微生态调节剂。主要是通过对肠道菌群生态进行调整，保持微生态平衡，对动物疾病具有预防和治疗的效果，可提高动物的健康水平（Fulle，1989）。起初微生态制剂被认为是活菌制剂，但随着研究的深入，发现死菌体及组分、代谢产物也具有调整微生态的功效（Cappellozza et al.，2023），并逐步对微生态制剂（益生菌）有了更明确的定义，进一步拓展了其范畴（王文娟，2011）。

微生态制剂正是通过调节宿主体内的微生态结构，使其在微生态平衡的系统下表现出理想的生理状态，对环境有较高的抗逆性（王熙涛，2016）。微生态制剂通过竞争作用调节宿主体内菌群结构。可通过分泌乳酸菌通过分泌有机酸、细菌素、过氧化氢等物质杀死或抑制病原微生物，使有益微生物在细菌种间相互竞争中占优势，并与病原菌争夺营养或附着位点，为养殖动物提供良好的生存环境（杜明洋，2017；杨慧轩，2022）。

动物机体在应激条件时会引起体内菌群比例失衡，需氧菌的增加会加速蛋白质分解，提高微环境中胺、氨等有害物质含量。有些益生菌可防止这些有毒物的积累及合成（陈欣，2023；王旭明，2002）；芽孢杆菌可产生分解硫化物的酶类，从而降低动物血液及粪便中吲哚、氨等有害物质的浓度；而好氧菌产生的过氧化物酶系可消除动物体内过多的氧自由基（王旭明，2002）。

益生菌含有大量的营养物质，可作为动物的营养补充剂（黄增颖，2023）。同时，微生态制剂可促进免疫激活，通过提高免疫球蛋白浓度和巨噬细胞的活性，激发机体免疫功能（封佳丽，2021）；可激活肠黏膜内的相关淋巴组织，增强抗体分泌，并诱导淋巴细胞和巨噬细胞等产生细胞因子，活化免疫系统，从而增强动物机体的免疫力（邱宇，2022）。

## 二、饲用微生态制剂的必要性

我国农业农村部于2019年7月10日发布194号公告，要求自2020年7月1日起，停止生产含有促生长类药物添加剂的饲料，中国正式进入了"饲料禁抗"时代。而在促生长类抗生素被禁用后，对于替代抗生素的研究成为关系到畜禽养殖绿色发展的重点工作方向。目前已有多种营养策略来替代抗生素的使用，从源头减少饲料对禽类养殖的影响，并且提高饲料的利用率。

现阶段，经过国内外学者们的研究，开发出的抗生素替代品有微生态制剂、酶制剂、酸化剂、抗菌肽、寡糖、植物提取物以及生物质炭等饲料添加剂。同时有相关研究表明微生态制剂（郝小静 等，2021）、酶制剂（邱嘉辉 等，2021；杨欢 等，2022）、抗菌肽（杨昆 等，2021）、酸化剂（郭志有 等，2021；孙建华，2021）、寡糖（Li et al.，2017；Han et al.，2019）、植物提取物（王浩男 等，2020；冯林川 等，2019）以及生物质炭等饲料添加剂在畜禽养殖中对畜禽生长性能、免疫功能等方面发挥着积极的作用。

微生态制剂是将对宿主有益的微生物或益生菌的促生长物质经过一定的生产工艺制成的活菌制剂，有益生素、益生元、合生元。益生素是由对动物有益的益生菌经发酵培养等制取工艺生产的制剂，其中有乳酸菌、枯草芽孢杆菌、酵母菌等；益生元是一种膳食补充剂，是指不被宿主吸收但能选择性地促进体内有益菌的代谢和增殖的一种膳食，改善宿主机体健康的有机物质，主要是寡糖类物质或低聚糖类物质（柴振宇 等，2020）；合生元是益生素和益生元的结合体。现阶段有报道显示微生态制剂在畜禽养殖中发挥着积极作用。

微生态制剂的理论基础（刘炜，2006）主要有优势菌群学说、菌群屏障学说、微生物夺氧学说、增强免疫作用、改善机体内环境、营养作用。优势菌群学说：在正常的微生态系统中，其优势菌群对整个群落起决定作用。使用微生态制剂后,动物体中的有益菌群得到补充,使有益菌在整个群落中表现为优势菌群,从而抑制有害菌的生长繁殖。菌群屏障学说:使用微生态制剂,使更多的有益微生物依附在肠细胞上,竞争性地抑制病原体的依附而形成屏障作用,也是竞争性的拮抗作用,从而抵御和抑制有害微生物的生长繁殖。微生物夺氧学说:肠道中需氧菌或兼性厌氧菌定植后大量生长繁殖消耗氧气,使肠道中氧气含量减少乃至无氧,从而促进肠道中厌氧菌的生长繁殖直至占据主导地位。增强免疫作用:益生菌能够刺激动物产生干扰素,提高免疫球蛋白浓度和巨噬细胞活性,增强机体免疫功能。改善机体内环境:益生菌产生的代谢产物和生理活性物质可抑制或杀灭病原微生物,恢复微生态平衡。营养作用:为动物提供生长营养。

微生态制剂以及复合制剂在畜禽养殖等方面发挥着良好的作用。枯草芽孢杆菌和乳酸菌在畜牧养殖中有广泛的应用。芽孢杆菌对热、干燥、酸碱等不良因素有良好的抵抗能力。乳酸菌能够产生乳酸,降低肠道 pH 值,抑制肠道中有害菌的生长繁殖,改善饲料利用率,但乳酸菌不耐热,制取成本高昂。同时有研究表明芽孢杆菌和乳酸菌在肠道中产生的蛋白酶、纤维酶、淀粉酶、脂肪酶等活性物质,协同消化酶发挥作用,降解了饲粮中的抗营养物质,促进了肠道对营养物质的吸收利用(Dumitru et al.,2018;张晓慧,2013;王文梅 等,2013)。枯草芽孢杆菌能够抑制有害菌的增长(齐博 等,2016),增强机体免疫能力(王佰魁 等,2016)、调节微生物肠道菌群(魏宇超 等,2021),乳酸菌制剂同样如此(廖乙露 等,2021)。芽孢杆菌制剂中应用较多的是枯草芽孢杆菌和地衣芽孢杆菌;乳酸菌在养殖中应用较多的有嗜酸乳杆菌、短小乳杆菌、粪肠球菌、屎肠球菌等。

而经过国内外学者研究发现,多种饲料添加剂对畜禽生长发育和免疫功能有良好效果且具有毒副作用小、无残留、无耐药性等特点,是养殖行业中抗生素的优良替代物。经过多年的研究发现,寡糖(郑雅文 等,2019)、植物提取物(王晓杰 等,2018)、中草药制剂(李姣清 等,2021)、酶制剂(齐德生,2011)、抗菌肽(邓赣奇 等,2020)、酸化剂(马秋月 等,2020)、微生态制剂(宋晓晓,2019)以及生物质炭等饲料添加剂对畜禽的性能有不同程度的改善。微生态制剂在养殖中最常用的是芽孢杆菌和乳酸菌制剂;生物质炭包括活性炭以及植物炭黑等。寡糖、植物提取物等绿色饲料添加剂既能预防畜禽疾病的发生、促进动物生长,又有毒副作用小、无残留、无耐药性的优点(杜银峰,2013)。现阶段我国在饲料端禁止促生长性抗生素的使用,使能够替代抗生素使用的饲料添加剂拥有了广阔的应用前景和发展市场。

## 三、微生态制剂的分类

微生态制剂主要组分为益生菌，目前被研究报道的益生菌有90多种。2013年，我国农业部第2045号公告公布了《饲料添加剂品种目录（2013）》，规定了35种微生物可作为饲料添加剂使用，乳酸菌（22种）、芽孢杆菌（6种）、酵母菌（2种）、霉菌（2种）、丁酸梭菌（1种）、光合细菌（1种）、丙酸杆菌（1种）。而在畜牧业生产中被广泛应用的饲用益生菌则主要有枯草芽孢杆菌、地衣芽孢杆菌、凝结芽孢杆菌、屎肠球菌、乳酸片球菌、戊糖片球菌、植物乳杆菌、嗜酸乳杆菌、丁酸梭菌、酿酒酵母、布拉氏酵母等。

### （一）乳酸菌

**1. 乳酸菌及其作用**

乳酸菌是一类可分解乳糖、葡萄糖等碳水化合物，生成乳酸、醋酸等有机酸的细菌。据不完全统计，乳酸菌现有43个属，主要有乳酸杆菌属（*Lactobacillus*）、双歧杆菌属（*Bifidobacterium*）、链球菌属（*Streptococcus*）、明串珠球菌属（*Leuconostoc*）、肠球菌属（*Enterococcus*）、乳球菌属（*Lactococcus*）（王阶平，2019）等，乳酸杆菌属在畜禽生产中允许使用的较多。我国农业部于2013年发布的《饲料添加剂品种目录（2013）》中公布可用于养殖动物的乳酸杆菌有嗜酸乳杆菌、干酪乳杆菌、德式乳杆菌乳酸亚种（原名乳酸乳杆菌）、植物乳杆菌及德式乳杆菌保加利亚亚种（原名保加利亚乳杆菌）5种。作为益生菌，乳酸菌绝大多数不仅对动物和人无毒、无害、无副作用（赵玉洁，2022）；还具有促进和调控肠道健康的益生性能，同时具有增加营养、改善和促进免疫代谢的能力，以及降血压、降血脂、抗肿瘤等功能。

**2. 改善胃肠道功能，防治胃肠疾病**

健康动物消化道内存在着数百种以上的微生物，它们作为一个整体共同维持着消化道内的微生态平衡和动物的机体健康。微生物种群平衡对动物机体的健康起到非常重要作用，乳酸菌具有调节这种平衡的能力，可促进正常菌群数量的增加，有效抑制病原菌的繁殖，保障动物机体健康。

乳酸菌在肠道内产生的乳酸和醋酸，降低肠道pH值，抑制肠道致病菌如痢疾杆菌、伤寒杆菌、副伤寒杆菌、弯曲杆菌等的生长。乳酸菌还可产生细菌素、类细菌素样物质，可有效阻止链球菌、葡萄球菌及梭状芽孢杆菌等腐败性细菌的增殖，抑制有害物质的产生。试验证明，乳酸菌制剂对一些胃肠道疾病具有较好的疗效，如病毒性腹泻、细菌性腹泻、便秘、肠炎等。

**3. 增强机体免疫力，提高抗病力**

乳酸菌可刺激肠道免疫应答，提高机体的抗体水平及巨噬细胞活性，增强免疫力。乳酸菌制剂能增强单核吞噬细胞及多形核白细胞的活力，这对宿主免疫力的提高具有重要意义。

大量的研究结果表明，乳酸菌可干预调节细胞免疫，乳酸菌、双歧杆菌能阻断许多微生物的入侵和黏附（崔倩，2024）。乳酸菌可以有效地降低因大肠炎造成的肠道通透性的改变并促进肠菌群恢复平衡状态（韩雪冰，2023）。

**4. 增加营养，促进生长**

乳酸菌在畜禽机体内可产生各种消化酶而有助于消化，也可通过发酵，利用消化道内未消化的碳水化合物，在小肠中产生短链脂肪酸；进入大肠后被大肠黏膜吸收，为宿主提供可利用的能量储备。

## （二）芽孢杆菌

芽孢杆菌属为革兰氏阳性需氧菌，细胞呈直杆状，无荚膜，周生鞭毛，可运动。芽孢杆菌在代谢上处于休眠状态，可以应对恶劣的环境条件，如极高或极低的温度和pH值、高浓度的胆盐（Nicholson，2002），在极端条件下也能诱导产生抗逆性很强的内生孢子，具有很好的稳定性，在饲料加工、运输和贮存过程中损失很小，且拥有多数益生菌不具备的强抗逆性，通过酸性胃环境仍能保持很好的活性，能顺利到达动物肠道发挥益生功效（Hong et al., 2005）。芽孢杆菌只具有单层细胞外膜，自身没有致病性，可分泌或生成多种消化酶类和营养素，是我国农业部公布的可直接饲喂动物且允许使用的益生菌之一（农业部1126号公告）。

芽孢杆菌作为可饲用益生菌在畜牧业中常被添加在饲料中使用，相比较于乳酸菌和酵母菌等益生菌，其不仅产酶能力强，也可显著提高游离氧的消耗，更好地维持肠道厌氧环境。在饲料加工过程芽孢杆菌可以有效降解饲料中的复杂碳水化合物，产生多种能够破坏作物饲料细胞壁的高活性酶，使其细胞内的多种营养物质释放到消化道内。作为饲用益生菌芽孢杆菌不仅能够影响到抗营养因子的含量，提高动物消化效率，还可以促进调节肠道内微生物平衡，提高动物抵抗力。

**1. 芽孢杆菌的主要生理功能及作用机制**

生物夺氧、生物拮抗，调节肠道微生态平衡。芽孢杆菌以孢子状态进入动物消化道后,迅速由休眠状态复活,并在短时间内大量繁殖成高含菌量的优势种群,可消耗大量的游离氧,创造一个有利于有益厌氧菌生长的微环境,促进肠道内乳酸杆菌、双歧杆菌和酪酸菌等的增殖;导致大肠杆菌和沙门氏菌等好氧致病菌的生长繁殖因缺氧而受到抑制(Knap et al.,2011;La Ragione et al.,2003;Chen et al.,2013)。此外,芽孢杆菌在形成芽孢过程中可分泌多种类抗生素物质,如多黏菌素、伊枯草菌素和短杆菌肽等,对沙门氏菌和产气荚膜梭菌等致病菌有明显的拮抗作用(Xing et al.,2015;Pelicano et al.,2005;Li et al.,2011),进而调节肠道微生态平衡。

**2. 产生多种酶类、改善肠道形态,促进营养物质消化吸收**

芽孢杆菌具有较强的脂肪酶、淀粉酶和蛋白酶活性,有助于降解植物性饲料中某些抗营养因子,补充动物内源酶的不足(Kerovuo et al.,1998;Ozcan et al.,2008);同时,芽孢杆菌能够促进消化酶的分泌,提高肠道中消化酶和二糖酶的活性,进而提高饲粮养分的消化率(谢鹏 等,2014;Gao et al.,2017;张泽楠 等,2016)。小肠黏膜形态结构影响动物肠道对营养物质的消化和吸收功能,芽孢杆菌能通过产生抗菌物质减少肠道病原菌和毒素对肠绒毛的损害;同时,良好的肠道微生态环境也有利于肠绒毛再生(Chichlowski et al.,2007)。研究证实,芽孢杆菌可以改善小肠黏膜形态,例如提高肠道绒毛高度、降低隐窝深度,增加营养物质与小肠的接触面积,更利于其消化吸收(Forte et al.,2016;Xing et al.,2015;张名爱 等,2017;张爱武 等,2010;谢鹏 等,2015;Min et al.,2016)。此外,芽孢杆菌可通过促进饲粮中营养物质的消化,使肠腔中小分子营养物质浓度提高,增加肠上皮细胞中营养物质吸收转运载体的数量和活性,进而促进营养物质的吸收(周玲 等,2013)。

**3. 生成营养素、降低肠道 pH 值,提高养分利用率**

芽孢杆菌合成多种营养素如氨基酸、多肽和多种维生素等,这些养分可直接被机体利用。芽孢杆菌在肠道中能够产生乙酸、丙酸和丁酸等挥发性脂肪酸,降低肠道 pH 值(朱沛霁,2017),一方面可抑制病原菌生长,为有益菌的增殖创造有利条件;另一方面有益于动物尤其幼龄动物对营养物质的消化吸收,提高饲粮的利用率(李卫芬 等,2014)。

**4. 提高机体抗氧化能力,缓解氧化应激**

由于自由基生成系统与机体的抗氧化防御系统之间的不平衡引起氧化应激,其可产生多种活性氧(ROS)。体内过量的 ROS 可以通过多种途径破坏细胞和组织,从而导致疾病发生(Bandyopadhyay et al.,1998)。机体的抗氧化酶系统在清除体内多余的 ROS 和减少脂质过氧化反应中扮演重要角色。芽孢杆菌能够增强机体抗氧化酶的活性，提高抗氧化防御能力，进而缓解氧化应激。相关研究指出芽孢杆菌可通过调控核转录因子 E2 相关因子 2（Nrf2）/抗氧化反应元件（ARE）信号通路，上调其下游二相抗氧化酶基因 mRNA 的表达，提高体内抗氧化酶活性，进而发挥抗氧化作用。

**5. 增强机体免疫功能，减少肠道炎症发生**

研究证实，芽孢杆菌具有一定的免疫调节活性，可促进机体免疫器官、组织发育成熟，激活巨噬细胞，刺激宿主建立完备的免疫系统（Chen et al.，2013；张爱武 等，2010；Huang et al.，2008）。芽孢杆菌可作用于肠道集合淋巴结的抗原结合位点，促进肠道相关淋巴组织生长，促使 T、B 淋巴细胞数量增多，发挥免疫佐剂的作用，使黏膜表面分泌型免疫球蛋白 A（sIgA）和血液中免疫球蛋白（Ig）抗体分泌增加，增强动物的免疫机能（Rajput et al.，2013；朱沛霁 等，2017；Min et al.，2016；Fathi et al.，2018）。机体过度的免疫反应会带来损伤机体的炎症反应，通常这种有害的炎症反应是由于 Toll 样受体 4（TLR4）/髓样分化因子 D88（MyD88）/核转录因子-κB（NF-κB）信号通路中信号传导分子过度活化引起的。芽孢杆菌可通过改善肠道微生态环境、提高肠黏膜屏障功能，减少肠道外源和内源抗原，降低抗原（如脂多糖）与 TLR4 的特异性结合，减少 TLR4 的活化，进而抑制 NF-κB 核移位诱导产生的促炎细胞因子，减少肠道炎症发生（Rajput et al.，2013；Xing et al.，2015；Li et al.，2015）。

**6. 减少有害气体产生，改善养殖环境**

芽孢杆菌能够促进营养物质的消化与吸收，养分消化率的提高可使大肠中微生物发酵的底物减少，改变排泄物中挥发性脂肪酸的组成，减少粪便中丙酸盐的浓度；增强畜禽后段消化道中微生物的代谢活动，降低可产生恶臭气味物质的排泄，增加粪便中能分解粪便的微生物数量，加速畜舍中粪便的分解。降低养殖过程中恶臭气体的排放，改善畜舍环境。

## （三）酵母

酵母可产生淀粉酶、纤维素酶、植酸酶等胞外酶，对具有复杂的细胞壁结构的物质具有较强的降解性。同时酵母本身是动物可利用的蛋白质，还含有丰富的维生素 B，谷胱甘肽和多种微量元素。其作为饲料添加剂可为畜禽提供营养，促进动物生长，有助于消化，提高饲料转化效率（王宏浩，2022）。

目前发现超过1 500种的酵母，其中已鉴定700多种，但只有一少部分在工业中使用（聂琴 等，2018）。酵母菌具有优良的发酵特性和营养特性。工业上常用的酵母种类有酿酒酵母、黏红酵母（施安辉，2003）、热带假丝酵母（赵国群，2017）、产朊假丝酵母（郭照宙，2016）、解脂假丝酵母（卢翠文，2009）、巴斯德毕赤酵母（唐元家，2002）等。目前酵母及酵母衍生物已广泛应用于食品（酿酒、烘焙与中式发酵、调味品生产等）、医药和化工（即食营养酵母：酵母谷胱甘肽、核糖核酸、B族维生素、酵母多糖、麦角固醇等）、农业（单细胞蛋白饲料、农业肥料、益生菌等）、生物能源（燃料乙醇）、生物工程（基因工程的受体菌）等领域。以酵母为生物饲料或载体，利用生物技术结合微生物发酵而获得的一系列饲料原料及饲料添加剂产品，统称为酵母源生物饲料。欧盟饲料原料目录（EU）No68/2013中规定，可以在饲料中使用的11种酵母为酿酒酵母、卡氏酵母、乳酸克鲁维酵母、脆壁克鲁维酵母、戴尔有孢圆酵母、产朊假丝酵母、杰丁毕赤酵母、葡萄汁酵母、路德酵母、酒香酵母属、解脂耶氏酵母。而目前由我国农业农村部批准在饲料原料和添加剂中可以合法使用的酵母主要有酿酒酵母、产朊假丝酵母、红法夫酵母。

**1. 酿酒酵母**

酿酒酵母属于兼性厌氧菌，可通过消耗胃肠道的氧气造成厌氧环境，从而促进有益菌群的繁殖，改善动物消化道微生态平衡（潘宝海，2010；王学东，2006）。体外试验研究表明，酿酒酵母还可以有效吸附肠道病原菌（鼠伤寒沙门氏菌）（Tiago，2012）。布拉迪酵母是酵母属、酿酒酵母亚种，大部分酿酒酵母最适生长温度为30℃，而布拉迪酵母在37℃生长良好，具有天然耐热性。目前布拉迪酵母已作为一种非毒性酵母菌，在欧洲、南美洲、非洲等地区广泛应用于腹泻治疗（McCullough，1998）。布拉迪酵母菌还具有良好耐酸性，在pH值为2条件下1小时存活率达75%（Edwardsingram，2007）。布拉迪酵母可以分泌多胺物质（腐胺、精胺和亚精胺），促进动物肠道成熟，增强肠道对营养物质的吸收能力（Tovar-Ramaez，2004）。在妊娠和泌乳日粮中添加布拉迪酵母，可有效降低母猪后肠微生物菌群大肠杆菌和产气荚膜梭菌总数（龙广，2015）。

酿酒酵母可以作为发酵菌剂使用，或与其他益生菌复配，对饲用原料进行固态发酵，可提升原料价值。如利用酿酒酵母固态发酵白酒糟生产蛋白饲料（张轩，2012），与植物乳杆菌混合发酵玉米加工副产物（史俊祥，2016），对玉米浆中亚硫酸盐进行无机硫的转化，降低其亚硫酸盐含量（王

## 第三章 家禽减抗理论及微生态制剂的实践

楠,2015),与米曲霉(0.5%)复合菌种发酵豆粕,使发酵豆粕中粗蛋白质和酸溶蛋白分别提高21.27%、695.97%(史玉宁,2017)。

酿酒酵母具有金属元素富集能力,可以将无机态金属转化为有机态,已实现酵母铬、酵母硒、酵母铁、酵母锰、酵母铜的开发。目前在畜牧养殖中应用最为广泛的是酵母硒。酿酒酵母富含蛋白质、核酸、维生素、多糖等营养物质,且可以通过菌株筛选获得高营养成分的菌株(陈文明,2015)。将酵母细胞自溶或酶解,可以获得酵母水解物,可作为一种功能性蛋白饲料原料,其在诱食、促生长效果方面作用明显。

酿酒酵母的细胞壁呈三明治结构,内层为 β-1,3/1,6-葡聚糖,形成细胞壁的刚性结构,中间层为蛋白质,与甘露聚糖共价结合形成复合物,外层为磷酸甘露聚糖,决定了酵母细胞壁的多孔性。酿酒酵母 β-葡聚糖可以活化巨噬细胞、嗜中性粒细胞、自然杀伤细胞以及B、T淋巴细胞,增加细胞因子数量,从而发挥免疫调节功能(Cross,2001)。酿酒酵母甘露聚糖具有一定的免疫原性,能够刺激机体产生免疫应答(Halas,2012)。另外,酵母细胞壁的特殊空间结构可以通过氢键、离子键和疏水作用力等对霉菌毒素(如黄曲霉毒素和玉米赤霉烯酮)进行有效吸附(钱潘攀,2017;荣迪,2012)。目前,酵母细胞壁广泛应用于饲用霉菌毒素吸附剂产品开发。其他研究也表明,通过酿酒酵母菌株筛选、制备及提取工艺的优化,可以获得酵母葡聚糖及其衍生物,对金黄色葡萄球菌、沙门氏菌、大肠杆菌等均有抑制作用(胡骏鹏,2017;Khan,2016;苏亚平,2012)。

**2. 产朊假丝酵母**

产朊假丝酵母(*Candida utilis*)与酿酒酵母同为农业农村部批准使用的酵母益生菌,其属于真菌界、真菌门、半知菌亚门、芽孢纲、隐球酵母目、隐球酵母科、假丝酵母属。产朊假丝酵母细胞呈圆形、椭圆形或腊肠形,大小一般为(3.5~4.5)微米×(7.0~13.0)微米,用麦芽汁固体培养基培养的产朊假丝酵母菌落乳白色,表面光滑湿润,边缘整齐或呈菌丝状。以多边出芽方式进行无性繁殖,形成假菌丝,无有性繁殖或有性孢子。产朊假丝酵母可利用多种碳源,例如,五碳糖和六碳糖既能利用糖蜜,也可以利用造纸工业的亚硫酸纸浆废液、马铃薯淀粉废料、木材水解液等。

产朊假丝酵母菌体蛋白质占菌体干物质的32%~75%,因菌种、培养条件不同存在较大差异。产朊假丝酵母含有细胞壁、核酸、B族维生素、酶等成分。基于这些特性,产朊假丝酵母在酵母工业中常被用于生产多种具有功能性的生物物质,例如生产谷胱甘肽(卫功元,2006)、尿酸酶(武文明,

2008）。在饲料工业中，产朊假丝酵母主要是以活菌形式作益生菌和饲用发酵菌剂使用或作为单细胞蛋白原料使用。研究表明，日粮中添加产朊假丝酵母，可提高雏鹅生长性能，优化了其盲肠菌群（王劲松，2009）。使产朊假丝酵母与其他益生菌复配混合发酵农副产物，利用其他益生菌将农副产品的结构性碳水化合物进行降解为单糖、双糖等简单糖类物质，产朊假丝酵母再利用这些物质用于菌体生长和谢产，可以提高农副产物作为饲料原料的营养价值。产朊假丝酵母与白地霉混合发酵豆渣，可去除不良气味、降低pH值、提高粗蛋白质含量（张文佳，2015）。产朊假丝酵母蛋白质含量丰富，可用来替代蛋白饲料原料。

**3. 红法夫酵母**

红法夫酵母（*Phaffia rhodozyma*）是农业农村部批准的用于饲料添加剂开发的第3种酵母，其属于真菌界、真菌门、半知菌亚门、担子菌纲、隐球酵母科、法夫酵母属。红法夫酵母主要营养成分为粗蛋白质20%～30%、总碳水化合物40%、脂类17%，其中油酸与亚油酸是最主要的脂肪酸（Rose and Harrison，1993）。红法夫酵母可通过发酵产生类胡萝卜素，野生菌株产生的类胡萝卜素总量为200～500微克/克干细胞，其中虾青素占40%～95%。红法夫酵母具有很高的应用价值，2010年美国食品和药物管理局（FDA）增补红法夫酵母（21CFR73.355）用作动物饲料的添加剂。

# 四、工艺

目前益生菌制剂广泛应用于动物养殖等生产过程中，但还存在一些问题。一是益生菌易失活，货架期短；二是在饲料加工过程中的稳定性问题；三是在动物体内抗逆性问题。益生菌在肠道的存活率是评价其功效的一个重要指标，菌剂在实验室条件下虽具有良好效果；但在现行的生产条件下往往很难达到预期效果。为了提高益生菌剂的利用率，人们正在积极开发稳定益生菌制剂的方法。

## （一）微囊化包被

微囊化技术是把分散的固体物质颗粒、液滴或气体包覆在囊材中，形成的球状微胶囊的一种技术（刘袖洞，2000）。目前针对微生物细胞的微囊化包被技术多为发酵后包被，即先获得微生物菌体，再将其与壁材混合，得到发酵后包被产品。后包被的益生菌分散在微胶囊中。发酵前包被是指先在微囊内包埋少量的微生物细胞作为种子液，使微生物在微胶囊形成的微环境中继续增殖代谢，得到发酵前包被益生菌微胶囊。发酵前包被与发酵后包被相比，前包被益生菌具有更强的活性。王婷婷等（2009）采用发酵前包被的工艺，对屎肠球菌进行微胶囊化，结果显示发酵前包被微胶囊粒径大小合适，形态较好，与游离培养状态相比，屎肠球菌可以在微胶囊中较好地生长与繁殖，对大肠杆菌 K99 有较强的抑制作用，能够较好地抵制高铜、模拟胃液的能力。微囊化技术将胶囊内的物质与外界环境隔离，有效避免外界不良环境的影响。保证了胶囊内物质的活性，在适当的条件下，被包裹的物质将会释放出来。

利用微胶囊技术可以在很大程度上延长益生菌剂产品的货架期，提高其活性，减少菌剂产品使用量，并且能充分发挥益生菌的作用（李辉玉，2023），微胶囊包被技术在畜牧业中具有十分重要的作用和良好的应用前景。

### （二）冷冻干燥

在益生菌的工业化生产过程中，由于产品运输、储存等环节的环境条件均不利于微生物生存，导致益生菌活性难以维持。干燥是保持菌株活力的重要因素之一，而将益生菌制成菌粉是目前维持其稳定性最有效的方法（Wang et al., 2021; Wang et al., 2020）。冷冻干燥（冻干）是一种基于冰晶升华的原理，利用物质升华脱水的特性干燥物质的技术。在冻干过程中，益生菌细胞将面临机械应力、逆境胁迫等多种压力。研究表明，益生菌在干燥过程中的生理状况是其实现高生存率的关键因素（Shin et al., 2016）。研究指出，调节不饱和脂肪酸与饱和脂肪比例以保持细胞膜流动性，上调应激蛋白的活性和合成以保护细胞结构，促进抗氧化物防御物质的积累以提高抗逆性等均对益生菌菌剂稳定性有积极作用（Hernández et al., 2019）。此外，在冻干前使菌株进入胁迫状态、诱导生物被膜形成以及增加菌株细胞膜不饱和脂肪酸含量的生理状态，均有利于提高冻干后益生菌的存活率。

### （三）喷雾干燥

冷冻干燥技术是保存益生菌的首选技术（Gao et al., 2022），但其工艺耗时长且价格昂贵，与之相比，喷雾干燥技术是乳制品行业中最常用的技术之一（Liu et al., 2019），其是通过热交换和质交换，使溶剂气化或熔融物固化来实现（曲微，2008）。使用喷雾干燥技术成本远低于冷冻干燥，喷雾干燥制备的粉末更利于常温储存，运输成本低（Tang et al., 2020）。因此，从商业角度考虑，喷雾干燥更适用于益生菌的菌粉制备，但在干燥过程中，其高温作用容易导致益生菌在死亡，因而驯化出耐高温菌株和开发保护益生菌的辅料配方是比较急需的技术（王丽，2023）。

### （四）流化床干燥

采用流化床制粒，主要流程为将蔗糖、麦芽糖醇、低聚半乳糖、麦芽糊精等辅料过筛，然后按照配方比例混合、过筛，投入流化床一步制粒机中进行制粒。同时，也可以聚丙烯酸树脂为外壁材，双层包埋益生菌微胶囊，可有效提高微胶囊的常温保存和肠溶能力。在化学药品领域采用流化床包衣技术进行药物包衣已经非常成熟，但将这一技术应用于益生菌微胶囊制备尚未规模化，国外的相关研究主要侧重于包衣材料的选择，很少涉及制备工艺优化研究（罗清华，2022）。

## 五、允许使用的微生物原料和添加剂与使用方式

### （一）作为饲料原料使用

根据农业农村部第1773号公告及后续发布的修订公告，现行《饲料原料目录》允许微生物发酵产品及副产品作为饲料原料。一类是单细胞蛋白，包括产朊假丝酵母蛋白、啤酒酵母粉、啤酒酵母泥、食品酵母粉、酵母水解物、酿酒酵母培养物、酿酒酵母提取物、酿酒酵母细胞壁。另一类是利用特定微生物和特定培养基培养获得的菌体蛋白类产品，要求微生物细胞须经休眠或灭活，包括谷氨酸渣（味精渣）、核苷酸渣、赖氨酸渣、辅酶Q10渣、乙醇梭菌蛋白、荚膜甲基球菌蛋白。上述原料产品均为利用指定的不同微生物菌株，经过发酵得到目标产物后剩余的固体残渣。菌体应灭活，可进行干燥处理，用于不同畜禽使用（表3.1）。

表3.1 饲料原料目录——微生物发酵产品及副产品

| 原料名称 | 特征描述 | 强制性标识要求 |
| --- | --- | --- |
| **单细胞蛋白** | | |
| 产朊假丝酵母蛋白 | 以玉米浸泡液、葡萄糖、葡萄糖母液等为培养基，利用产朊假丝酵母液体发酵，经喷雾干燥制成的粉末状产品 | 粗蛋白质<br>粗灰分 |

（续表）

| 原料名称 | 特征描述 | 强制性标识要求 |
| --- | --- | --- |
| **单细胞蛋白** | | |
| 啤酒酵母粉 | 啤酒发酵过程中产生的废弃酵母，以啤酒酵母细胞为主要组分，经干燥获得的产品 | 粗蛋白质<br>粗灰分 |
| 啤酒酵母泥 | 啤酒发酵中产生的泥浆状废弃酵母，以啤酒酵母细胞为主且含有少量啤酒 | 粗蛋白质<br>粗灰分 |
| 食品酵母粉 | 食品酵母生产过程中产生的废弃酵母经干燥获得的产品，以酿酒酵母细胞为主要组分 | 粗蛋白质<br>粗灰分 |
| 酵母水解物 | 以酿酒酵母（Saccharomyces cerevisiae）为菌种，经液体发酵得到的菌体，再经自溶或外源酶催化水解后，浓缩或干燥获得的产品。酵母可溶物未经提取，粗蛋白质含量不低于35% | 粗蛋白质（以干基计）<br>粗灰分<br>水分<br>甘露聚糖<br>氨基酸态氮 |
| 酿酒酵母培养物 | 以酿酒酵母为菌种，经固体发酵后，浓缩、干燥获得的产品 | 粗蛋白质<br>粗灰分<br>水分<br>甘露聚糖 |
| 酿酒酵母提取物 | 酿酒酵母经液体发酵后得到的菌体，再经自溶或外源酶催化水解，或机械破碎后，分离获得的可溶性组分浓缩或干燥得到的产品 | 粗蛋白质<br>粗灰分 |
| 酿酒酵母细胞壁 | 酿酒酵母经液体发酵后得到的菌体，再经自溶或外源酶催化水解，或机械破碎后，分离获得的细胞壁浓缩、干燥得到的产品 | 水分<br>甘露聚糖 |
| **利用特定微生物和特定培养基培养获得的菌体蛋白类产品（微生物细胞经休眠或灭活）** | | |
| 谷氨酸渣（味精渣） | 利用谷氨酸棒杆菌和由蔗糖、糖蜜、淀粉或其水解液等植物源成分及铵盐（或其他矿物质）组成的培养基发酵生产 L-谷氨酸后剩余的固体残渣。菌体应灭活。可进行干燥处理 | 粗蛋白质<br>粗灰分<br>铵盐<br>水分 |
| 核苷酸渣 | 利用谷氨酸棒杆菌和由蔗糖、糖蜜、淀粉或其水解液等植物源成分及铵盐（或其他矿物质）组成的培养基发酵生产 5'-肌苷酸二钠、5'-鸟苷酸二钠后剩余的固体残渣。菌体应灭活。可进行干燥处理 | 粗蛋白质<br>粗灰分<br>铵盐<br>水分 |

（续表）

| 原料名称 | 特征描述 | 强制性标识要求 |
|---|---|---|
| 利用特定微生物和特定培养基培养获得的菌体蛋白类产品（微生物细胞经休眠或灭活） | | |
| 赖氨酸渣 | 利用谷氨酸棒杆菌和由蔗糖、糖蜜、淀粉或其水解液等植物源成分及铵盐（或其他矿物质）组成的培养基发酵生产 L-赖氨酸后剩余的固体副产物。菌体应灭活。可进行干燥处理 | 粗蛋白质<br>粗灰分<br>铵盐<br>水分 |
| 辅酶 Q10 渣 | 利用类球红细菌和由葡萄糖、玉米浆、无机盐等组成的主要原料发酵生产辅酶 Q10 后的固体副产物。菌体应灭活并经干燥处理。该产品仅限于畜禽和水产饲料使用 | 粗蛋白质<br>粗灰分<br>铵盐<br>水分 |
| 乙醇梭菌蛋白 | 以乙醇梭菌（*Clostridium autoethanogenum* CICC 11088s）为发酵菌种，以钢铁工业转炉气中的 CO 为主要原料，采用液体发酵，生产乙醇后的剩余物，经分离、喷雾干燥等工艺制得。终产品不含生产菌株活细胞。该产品仅限于仔猪、肉禽、鱼类饲料使用 | 粗蛋白质<br>粗灰分<br>水分<br>铵盐 |
| 荚膜甲基球菌蛋白 | 以荚膜甲基球菌（*Methylococcus capsulatu*，CICC 11106s）为主要生产菌株，以 *Cupriavidus cauae*（CICC 11107s）、丹麦解硫胺素芽孢杆菌（*Aneurinibacillus danicu*，CICC 11108s）和土壤短芽孢杆菌（*Brevibacillus agri*，CICC 11109s）为辅助菌株，以天然气中的甲烷为主要原料，经液体连续发酵、固液分离和干燥等工艺制得。终产品不含生产菌株活细胞。适用于虾类、鱼类 | 粗蛋白质<br>粗灰分<br>水分 |

## （二）作为饲料添加剂使用

以原农业部第 2045 号公告《饲料添加剂品种目录（2013）》为基础，后经多次修订增补新饲料添加剂品种，目前允许使用的微生物菌种有普遍适用于养殖动物的地衣芽孢杆菌、枯草芽孢杆菌、两歧双歧杆菌、粪肠球菌、屎肠球菌、乳酸肠球菌、嗜酸乳杆菌、干酪乳杆菌、乳酸乳杆菌、植物乳杆菌、乳酸片球菌、戊糖片球菌、产朊假丝酵母、酿酒酵母、沼泽红假单胞菌、婴儿双歧杆菌、长双歧杆菌、短双歧杆菌、青春双歧杆菌、嗜热链球菌、罗伊氏乳杆菌、动物双歧杆菌、黑曲霉、米曲霉、迟缓芽孢杆菌、短小芽孢杆菌、纤维二糖乳杆菌、发酵乳杆菌、保加利亚乳杆菌 29 种菌种，在反刍动物青贮饲料、牛饲料上使用的产丙酸丙酸杆菌、布氏乳杆菌和仅限青贮饲料使用的

# 第三章 家禽减抗理论及微生态制剂的实践

副干酪乳杆菌，可同时用于肉鸡、生长育肥猪的凝结芽孢杆菌，满足肉鸡、肉鸭、猪、虾使用的侧孢芽孢杆菌，用于幼龄动物断奶仔猪、肉仔鸡使用的丁酸梭菌和适用断奶仔猪、蛋雏鸡的约氏乳杆菌，以及目前仅供肉仔鸡使用的马克斯克鲁维酵母，一共37个菌种可做不同功能使用（表3.2）。

表 3.2 微生物饲料添加剂品种目录

| 通用名称 | 适用范围 |
| --- | --- |
| 地衣芽孢杆菌、枯草芽孢杆菌、两歧双歧杆菌、粪肠球菌、屎肠球菌、乳酸肠球菌、嗜酸乳杆菌、干酪乳杆菌、乳酸乳杆菌、植物乳杆菌、乳酸片球菌、戊糖片球菌、产朊假丝酵母、酿酒酵母、沼泽红假单胞菌、婴儿双歧杆菌、长双歧杆菌、短双歧杆菌、青春双歧杆菌、嗜热链球菌、罗伊氏乳杆菌、动物双歧杆菌、黑曲霉、米曲霉、迟缓芽孢杆菌、短小芽孢杆菌、纤维二糖乳杆菌、发酵乳杆菌、保加利亚乳杆菌 | 养殖动物 |
| 产丙酸丙酸杆菌、布氏乳杆菌 | 青贮饲料、牛饲料 |
| 副干酪乳杆菌 | 青贮饲料 |
| 凝结芽孢杆菌 | 肉鸡、生长育肥猪 |
| 侧孢芽孢杆菌 | 肉鸡、肉鸭、猪、虾 |
| 丁酸梭菌 | 肉仔鸡 |
| 约氏乳杆菌 | 蛋雏鸡 |
| 马克斯克鲁维酵母 | 肉仔鸡 |

## （三）作为发酵剂发酵原料和饲料使用

团体标准 T/CSWSL 001—2018《生物饲料产品分类》对发酵饲料定义为：使用《饲料原料目录（2013）》和《饲料添加剂品种目录（2013）》等国家相关法规允许使用的饲料原料和添加剂，通过发酵工程技术生产、含有微生物或其代谢产物的单一饲料和混合饲料。

在益生微生物发酵的作用下，将饲料原料在体外进行预分解的饲料，种类包括原料发酵、全价料发酵和植物秸秆类发酵等，具有促进饲料的消化，改善饲料风味，补充益生菌和对饲料进一步脱毒的效果，常用于降低饲料应激，促进畜禽生长，调节肠道黏膜免疫等方面。发酵原料最常见的有豆粕、棉粕、棕榈粕、菜籽粕、米糠、木薯渣、酒糟、醋渣、酱渣、果渣等。微生物在利用饼粕中的营养物质增殖生长的过程中，这些渣粕中的蛋白、淀粉、纤维素等大分子营养物质会分解为多肽、氨基酸、小分子糖等，从而起到了体外预消化作用。相比于普通饲料，发酵饲料易消化，营养利用率高，适口性更好，还能补充益生菌，对消化道疾病具有一定的防治作用。

## 第三节　微生态制剂在家禽上的应用

微生态制剂确实可以有效替代复合酶和抗生素，从而提升鸡只体内的抗体浓度。不仅如此，将微生态制剂应用在规模化养鸡场中，还能有效提升鸡体内的局部免疫反应，还有降血脂效果。应用益生菌能提升肉仔鸡的局部免疫水平，降低肉仔鸡体内的胆固醇含量，在提升脂蛋白密度和含量的同时还能提高局部免疫水平和机体抗病力。也有试验研究将微生态制剂应用在雏鸡下痢的疾病治疗中，研究结果表明，治愈率高达92.16%。此治愈率相比其他的抗生素药物来说效果更加显著。传统的疾病治疗方案主要是采用氯霉素等药物，而应用氯霉素药物后，病鸡存活率只能提升41%，但微生态制剂可以从根源提升机体抗病能力，并且还能确保有益菌在动物肠道内的成长和发育，从根源上避免后续胃肠道疾病的暴发，也能有效提升动物消化系统对饲料中营养成分的消化利用（程义彬，2024）。

### 一、微生态制剂在鸡养殖中的应用

#### （一）育雏阶段应用效果

添加枯草芽孢杆菌显著降低蛋鸡第1～8周料重比，可使蛋鸡23～30周龄产蛋率均显著提高。添加枯草芽孢杆菌显著提高蛋鸡产蛋率和平均蛋重（$P<0.05$），枯草芽孢杆菌和屎肠球菌对蛋鸡产蛋率有极显著交互作用。同时，两菌的合用可使蛋鸡血清雌二醇（E2）含量、血清促卵泡素（FSH）、抗米勒管激素（AMH）和孕酮含量显著提高，枯草芽孢杆菌可使血清中AMH含量更加显著提高。屎肠球菌可使育雏期和育成期血清中IgM含量提高，而枯草芽孢杆菌可使育成期血清中IgM含量提高，屎肠球菌和枯草芽孢杆菌可使育雏期和育成期血清中IgA、IgG、IgM含量提高；这两种益生菌对雏鸡育雏期、育成期盲肠微生物多样性均没有显著差异；其中，枯草芽孢杆菌育雏期盲肠变形菌门（Proteobacteria）和育成期脱硫菌门（Desulfobacterota）相对丰度降低，而屎肠球菌使育雏期蓝菌门（Cyanobacteria）相对丰度提高。总体上看，

这两种菌能够改善育雏育成期蛋鸡免疫性能，提高育成期生殖激素水平；且添加枯草芽孢杆菌提高了育成期蛋鸡体重，降低耗料增重比，改善肠道微生物组成（齐梦迪，2023）。

将枯草芽孢杆菌加入感染产气荚膜梭菌的肉鸡饲粮中，可降低感染肉雏鸡的病变评分，使 Occludin 基因和 ZO-1 基因的表达上调，并且 ZO-1 表达量的增加可能与饲喂后肉鸡肠道内链球菌丰度的增加有关。同时，可降低 TNF-a 基因的表达。雏鸡饲粮添加枯草芽孢杆菌还能够减轻沙门氏菌感染雏鸡肝脏的病理变化，降低沙门氏菌对肝脏和脾脏的侵袭，感染雏鸡存活率提升34%，并促进唾液乳杆菌在鸡盲肠中的增殖（Liu et al.，2021）。

有研究表明，饲喂罗氏乳杆菌能够上调核心蛋白轴蛋白2（Axin2）、低密度脂蛋白受体相关蛋白5（LRP5）表达量，通过激活 Wnt/β-catenin 信号通路促进肠道干细胞（ISCs）增殖，使肠道隐窝中增殖细胞核抗原（PCNA）阳性细胞增多，同时具有抑制 Notch 信号通路的趋势，促进 ISCs 向杯状细胞分化，使雏鸡肠道内杯状细胞数量增加（祁凤华，2015）。类似地，添加15克/千克嗜酸乳杆菌制剂能够显著提高雏鸡小肠黏膜中杯状细胞数量，改善黏膜免疫水平。有研究表明，嗜酸乳杆菌对健康和攻毒模型肉鸡空肠黏膜中部分促炎因子表达量都有下调作用（Xie et al.，2019）。

## （二）蛋鸡上的应用效果

目前，我国蛋鸡存栏量和鸡蛋产量处于世界领先水平。随着畜牧业机械化和现代化的推进，蛋鸡笼养密度增大，引发产蛋率下降、料蛋比上升以及淘汰日龄提前等问题，尤其是产蛋后期，蛋鸡生理机能出现退化，生产性能下降、抗病能力下降使蛋鸡产蛋性能无法得到有效发挥。在目前饲料端禁抗、养殖端减抗的形势下，保证鸡蛋产量、保障鸡蛋品质和安全尤为重要。益生菌在提高饲料利用率、提升产蛋率及调节免疫系统等方面的优势使其有潜力成为高效、安全、无残留的抗生素替代品（张静博，2022）。单一菌株的作用有限，在实际应用中效果也不稳定。研究表明，益生菌复合制剂整合了不同菌株的特性，结合使用不同的益生菌菌株比使用单一菌株更有效（张琳，2016；范莉，2024）。

在蛋鸡饲料中加入0.2%贝莱斯芽孢杆菌，蛋鸡平均产蛋率与产蛋品质均得到了显著提升。唾液乳杆菌、乳酸球菌等均是蛋鸡常用的益生菌，在饲料中添加上述益生菌，不仅可以有效提升蛋鸡的饲料转化率，还可以改变鸡蛋中的一些营养物质含量，提升蛋鸡的品质。例如，可以提高鸡蛋的脂肪、胆固醇含量，增加鸡蛋中的亚油酸、亚麻酸等不饱和脂肪酸含量，让鸡蛋更有营养价值，蛋黄颜色变得金黄，使鸡蛋在营养价值以及外观上变得更有市场竞争力（徐明霞，2021）。

在京红1号蛋鸡产蛋后期饲粮补充 $5×10^7$ CFU/千克的丁酸梭菌，发现蛋鸡的产蛋率和产蛋质量（平均日产蛋重×产蛋率）提高；在海兰褐蛋鸡饲粮中添加不同浓度梯度的丁酸梭菌（$1×10^6$ CFU/克、$5×10^6$ CFU/克、$10×10^6$ CFU/克）均可以显著提高产蛋率，显著降低料蛋比和死淘率（李铁，2024）；在10周龄京白1号蛋鸡饲粮中添加 $5×10^8$ CFU/千克复合芽孢杆菌（解淀粉芽孢杆菌和枯草芽孢杆菌），复合芽孢杆菌提高了蛋鸡的平均蛋重、蛋壳强度和蛋壳厚度，但对蛋鸡体重、各器官指数和各级卵泡数量无显著影响；可显著提高血清中磷和催产素的含量，钙含量呈上升趋势，并显著提高卵巢中促卵泡激素受体的基因相对表达量；可显著提高血清中总抗氧化能力（T-AOC）以及肝脏和卵巢组织中谷胱甘肽过氧化物酶（GSH-Px）活性，显著降低卵巢中丙二醛（MDA）含量和Kelch样环氧氯丙烷相关蛋白1（KEAP1）的基因相对表达量；可显著降低肝脏中白细胞介素-2（IL-2）、白细胞介素-8（IL-8）和卵巢中IL-2的基因相对表达量，同时显著提高卵巢中IL-8的基因相对表达量（金茜，2024）。

### （三）肉鸡上的应用效果

芽孢杆菌产生的蛋白酶、脂肪酶、淀粉酶等可降解饲料中各种抗营养因子，从而提高饲料利用率，促进机体对营养物质的吸收，提高机体的生产性能。在鸡饲料加微生态制剂可抵抗沙门氏菌的感染。肠道菌群和肉鸡生长、健康密切相关，肠道菌群的改变可直接影响肉鸡的消化吸收、免疫水平等。益生菌可提高肉鸡的饲料利用效率，提高肉鸡生产性能。添加微生态制剂可使肉鸡的平均日增重、末重、免疫性能、总抗氧化能力等均有所提高。据研究证实，微生态制剂可有效控制家禽疾病的发病率，减少肠道病害菌的生长（张静博，2022）。

在肉鸡饲喂过程中加入植物乳杆菌、丁酸梭菌等，除了能够增加肉鸡的体质量外，肉鸡的食欲也得到了增强，饲料转化率提升，平均日增重增加。加入复合益生菌，肉鸡的生长性能提升效果更加显著。在肉鸡饲料中加入单一的乳酸菌（加入量为0.5%）进行饲喂，与加入复合益生菌（乳酸菌和枯草芽孢杆菌各加入0.5%）进行对比，后者对鸡的生长性能促进效果更佳。

在AA肉鸡基础饲粮中添加1 000毫克/千克丁酸梭菌能显著提高平

均日采食量和平均日增重，并显著降低料重比。丁酸梭菌不仅可以促进肠道乳酸菌、双歧杆菌等有益菌的生长繁殖，还可以抑制一些常见肠道致病菌（大肠杆菌、沙门氏菌和幽门螺杆菌等）生长，在机体肠道微生态平衡的调节方面发挥重要作用（巨玉鑫，2024）。在饲粮中添加 $2\times10^7$CFU/千克、$3\times10^7$CFU/千克丁酸梭菌可增加雄性岭南黄羽肉鸡盲肠乳酸杆菌及双歧杆菌的数量，促进肉鸡肠道菌群平衡；在白羽肉鸡饲粮中添加 200 克/吨丁酸梭菌可显著降低肠道大肠杆菌和沙门氏菌的数量（Yang et al.，2012）。添加 $5\times10^4$CFU/克丁酸梭菌显著减少了京红 1 号蛋鸡产蛋后期盲肠中大肠杆菌菌群的数量，显著增加了双歧杆菌的数量（Zhan et al.，2019）；添加 1 000 毫克/千克丁酸梭菌，可使海兰褐蛋用仔公鸡 42 日龄盲肠乳杆菌数量增加了 6.05%，对肠道微生态有一定改善作用（刘亭婷，2012）。添加枯草芽孢杆菌 DSM32315 能够降低肉鸡坏死性肠炎的病死率，降低肠炎对生产性能造成的负面影响，维护肠道结构完整性，并稳定肠道微生物群结构，降低 *Ruminococcus* spp. 等与炎症相关的菌群数量，防止空肠弯曲菌、大肠杆菌和各种沙门氏菌等机会性致病菌引起的肠道疾病（刘叶青，2023）。

而选用的复合益生菌（乳酸杆菌、枯草芽孢杆菌、酵母菌、乳双歧杆菌等有益菌，活菌总数 $\geq 4\times10^9$CFU/克）制剂添加到 AA 肉鸡饲料中，脾脏指数、胸腺指数、法氏囊指数、十二指肠绒毛高度、绒毛隐窝比均得到提高。

## 二、微生态制剂在鸭养殖中的应用

### （一）蛋鸭上的应用效果

益生菌在肠道生长繁殖过程中可产生有机酸，能够促进钙和磷等矿物质的吸收，从而改善蛋壳质量。饲粮添加凝结芽孢杆菌可显著降低鸭蛋蛋壳厚度，当添加 150 毫克/千克和 200 毫克/千克时，差异达极显著水平，凝结芽孢杆菌还可显著提高鸭蛋蛋黄颜色、蛋白高度和哈氏单位。日粮中添加乳酸粪肠球菌或复合益生菌，鸭蛋在短径、蛋白高度方面均明显提高。益生菌对鸭蛋蛋质量、蛋壳质量及蛋白质量增加的影响效果显著。在饮水和池水中添加枯草芽孢杆菌和光合菌，可使蛋白高度和哈夫单位得到显著提高。

复合益生菌（凝结芽孢杆菌、枯草芽孢杆菌、乳酸菌、丁酸梭菌和海洋红酵母等组成，活菌总数 $\geq 5.0\times10^8$CFU/克）能显著降低料蛋比，增强蛋鸭抗氧化性能，改善脂质代谢，提高免疫球蛋白分泌量。当复配辣木叶提取物后，可有效进一步提高蛋壳强度，使血清和蛋黄丙二醛（MDA）、黄甘油三酯（TG）、总胆固醇（TC）和低密度脂蛋白胆固醇（LDL-C）含量显著降低，使血清和蛋黄超氧化物歧化酶（SOD）活性显著增加，高密度脂蛋白胆固醇（HDL-C）含量显著增加和低密度脂蛋白胆固醇（LDL-C）含量显著降低。辣木叶提取物和复合益生菌联用综合效果优于单独使用复合益生菌（饶体宇，2020）。

### （二）肉鸭上的应用效果

凝结芽孢杆菌可通过竞争和置换方式阻止一部分大肠杆菌 O1 与 HT-29 细胞的黏附。罗伊氏乳杆菌能抑制大肠杆菌、伤寒沙门菌、单增李斯特菌和粪肠球菌对 Caco-2 细胞的黏附作用。在抑制有害菌的同时，益生菌也可以促进肠道有益菌群的增殖。酵母菌细胞壁中的多糖类成分可以有效促进双歧杆菌和乳杆菌等有益菌群的增殖（付文娟，2021）。

在饲粮中添加 $5×10^8$ CFU/千克的丁酸梭菌可显著提高 28 日龄雏鸭的平均日增重，显著降低料重比；添加 0.03% 丁酸梭菌可显著提高 60 日龄高邮鸭的体重并改善饲料转化率（林思雨，2024）。

有研究表明，在樱桃谷鸭基础日粮中分别添加丁酸梭菌、凝结芽孢杆菌、地衣芽孢杆菌、枯草芽孢杆菌均能有效增加出栏体重和平均日增重，降低料重比，具有一定的经济效益，其中枯草芽孢杆菌的效果更佳。枯草芽孢杆菌能在肉鸭肠道内定植，通过平衡肉鸭肠道微生物菌群，发挥益生作用。乳酸菌的添加可在一定程度上缓解肠道功能紊乱，提高肠道健康水平（张萌慧，2022）。

芽孢杆菌与其他益生菌混合可显著提高肉鸭生长性能。酵母菌、乳酸菌、枯草芽孢杆菌混合微生态制剂可以提高生长期三穗鸭血清免疫能力和血清抗氧化能力及提高三穗鸭血清中总蛋白、白蛋白、免疫球蛋白（IgA、IgM、IgG）的含量，增强三穗鸭免疫能力；添加复合微生态制剂对 GSH-Px 含量无显著影响，但可显著降低 MDA 含量，对三穗鸭抗氧化能力提高有一定作用。

在饲料中添加枯草芽孢杆菌、嗜酸乳杆菌、植物乳杆菌可促进肉鸭的干物质、粗脂肪、粗灰分的表观消化率均显著升高。提高平均日增重，降低料重比。可使不饱和脂肪酸含量的提升，进而提高樱桃谷鸭胸肌风味。复合微生态制剂提高肉鸭免疫能力，使 IgA、IgM 含量上升以及细胞因子 IL-1β、IL-2、TNF-α 浓度的减少，盲肠和空肠大肠杆菌数量显著降低；提高肉鸭血

# 第三章 家禽减抗理论及微生态制剂的实践

清的总蛋白和球蛋白含量，增强机体的生理功能（郭耀，2023）。

## 三、微生态制剂在鹅养殖中的应用

### （一）雏鹅上的应用效果

饲粮中添加乳酸菌能够维持雏鹅肠道菌群平衡，改善其肠道形态结构，提高其免疫能力。植物乳杆菌、乳酸片球菌可有效抑制雏鹅盲肠中大肠杆菌和沙门氏菌数量。益生菌饲喂后鹅空肠、回肠的绒毛高度、隐窝深度得到显著提高，空肠pH值显著降低。可使雏鹅的胸腺指数和法氏囊指数、脾脏指数显著提高。这两种益生菌均可以提高雏鹅平均日增重，降低耗料增重比，提高血清中总蛋白和球蛋白含量，降低血清中尿素含量和碱性磷酸酶活性；提高粪便中乳酸菌数量，降低粪便中大肠杆菌和沙门氏菌的数量。乳酸片球菌的效果较植物乳杆菌更优（白长胜，2023）。

枯草芽孢杆菌可使雏鹅血清白细胞介素-2（IL-2）、白细胞介素-6（IL-6）、白细胞介素-10（IL-10）、肿瘤坏死因子-α（TNF-α）、α-干扰素（IFN-α）、γ-干扰素（IFN-γ）的含量均发生显著变化。具有提高雏鹅血清中细胞因子浓度及提高雏鹅免疫机能的功能。

### （二）肉鹅上的应用效果

在鄱阳鹅基础饲粮中添加0.06%的枯草芽孢杆菌制剂可增加鹅的采食量、日增重，提高饲料转化率和存活率，降低发病率。将饲粮中单一添加植物乳杆菌可显著提高肉鹅平均日增重和平均日采食量，改善肉品质。而植物乳杆菌与糖萜素进行复配，血清中高密度脂蛋白胆固醇（HDL-C）含量显著升高，胸肌剪切力显著升高。并改变胸肌不饱和脂肪酸组成，胸肌单不饱和脂肪酸（MUFA）含量显著升高、饱和脂肪酸（SFA）含量显著降低（钱旺，2023）。

### （三）蛋鹅上的应用效果

铜与枯草芽孢杆菌协同能促进种鹅空肠组织发育，显著改善种鹅肠道益生菌优势菌群丰度，维持肠道内环境微生态平衡。纳豆芽孢杆菌、凝结芽孢杆菌和粪肠球菌）与多糖（含甘露聚糖和葡聚糖）等进行复配可明显提高种鹅产蛋率、平均蛋重，降低料蛋比、破畸蛋率，但对鹅产种蛋受精率和出雏率的影响不显著（代国滔，2023）。

在菌酶协同发酵工艺探究方面，选用枯草芽孢杆菌、产朊假丝酵母和植物乳杆菌配合纤维素酶、植酸酶和酸性蛋白酶联合固态发酵麦麸。麦麸经菌酶协同发酵后粗蛋白质、总氨基酸含量提高，植酸磷和中心洗涤纤维含量降低。研究表明，6%的发酵麦麸添加量可提高鹅对营养物质利用率，提高1～63日龄雏鹅的生长性能，改善雏鹅血清激素含量和血清抗氧化性能、调节机体免疫机能、改善肠道组织形态、提高消化酶活力和盲肠挥发性脂肪酸浓度、维持盲肠微生物区系稳定（王旭，2023）。

## 四、微生态制剂在肉鸽养殖中的应用

### （一）在乳鸽上的应用效果

在日粮中添加屎肠球菌和枯草芽孢杆菌，屎肠球菌可显著提高12～28日龄乳鸽平均日增重。屎肠球菌处理可显著提高十二指肠胰蛋白酶活性，枯草芽孢杆菌及混合处理添加可显著提高十二指肠中淀粉酶活性。益生菌单独或混合添加处理组乳鸽的十二指肠、空肠、回肠绒毛高度显著升高，均显著提高空肠、回肠的绒毛高度与隐窝深度比值；16S rRNA分析结直肠微生物区系结果表明，单独或混合添加屎肠球菌、枯草芽孢杆菌可提高结直肠奇异菌属、分节丝状菌、芽孢杆菌丰度，这些益生菌具有肠道改善功能。表明屎肠球菌和枯草芽孢杆菌可改善乳鸽肠道形态，提高消化酶活性，增加肠道有益菌数量，进而促进乳鸽生长性能（Ma et al.，2024）。

### （二）在肉鸽上的应用效果

肉鸽具有较短的肠道，饲料的营养还没有消化吸收完全就排出体外，同时在喂养过程中由于肉鸽嘴喙短部分饲料会撒落到鸽粪中，因此鸽粪中含有大量动物所需要的营养物质和矿物质（颜国庆，2023），是很理想的生产饲料的原料。益生菌也可用于发酵鸽粪生产饲料。使用复合益生菌（枯草芽孢杆菌、酵母菌、乳酸菌、放线菌等）、鸽粪、玉米粉、麸皮和豆粕混合发酵。经过复合益生菌发酵后粪臭味变成酸香味，消除鸽粪异味；质地变松软，pH值下降，改善鸽粪适口性，并维持鸽粪营养价值。并为生产廉价鸽粪蛋白质饲料提供新思路。

## 五、微生态制剂在鹌鹑养殖中的应用

产蛋鹌鹑饲粮中添加不同比例复合微生态制剂（乳酸菌、酵母菌、光合菌、放线菌等）能在提高生产性能、饲料转化率及肠道营养物质消化吸收的同时，可以改善蛋品质，降低氧化反应损伤及蛋黄中胆固醇含量（郝隽毅，2021）。

在饲粮中添加不同比例复合微生态制剂（主要含乳酸菌、酵母菌），能显著降低料蛋比，提高蛋壳厚度和蛋黄比例。可显著提高粗脂肪、钙表观代谢率，并显著降低粗纤维表观代谢率。能显著降低血清中谷丙转氨酶、白蛋白、碱性磷酸酶、天冬氨酸转移酶含量，显著提高血清中甘油三酯含量，显著降低血清总胆固醇含量（郝隽毅，2022）。

添加益生菌可降低鹌鹑料重比。饲喂益生菌对鹌鹑健康有积极作用，降低了死亡率。研究表明，每天限饲 4~8 小时的情况下，在鹌鹑日粮中添加益生菌可以提高其生长性能。

# 第四节　微生态制剂的发展趋势

## 一、我国微生态产业面临的问题

微生态制剂应用广泛，兼有养生和保护功能，能起到"已病辅治、未病防病、无病保健"的重要作用。目前，对微生态制剂的开发和研究，国外已具备较为成熟的体系，并且形成强大的产业，市场前景相当可观。而我国的微生态制剂产业发展相对缓慢，较国外有很大的差距。初步分析有以下原因。

（1）我国微生态产业起步较晚，许多微生态制剂尚处在开发和试验阶段，未能投入批量生产和实际应用当中去，所以市场上成熟的产品种类较少。

（2）我国目前批准使用的微生物菌种种类太少，仍需开发新的菌种，或利用分子生物学等方法改良现有菌种，使之具有新的特性与功效。

（3）关于微生态制剂作用机制的研究不够全面，对于各种畜禽肠道正常菌群的组成和互作关系研究不够清楚，这都延缓了微生态制剂的开发和应用。

（4）微生态制剂的生产工艺和后处理技术有待提升，对不同种类的微生态制剂应根据目标产品的要求，使用不同的发酵和后处理手段，控制好生产成本，同时保证微生态制剂的安全稳定性。

（5）饲料中添加的兽药对微生态饲料添加剂有杀灭和抑制作用，导致使用效果不佳。

（6）缺少完整的综合性应用推广措施。因为微生态制剂的使用有很严格的要求，使用不当会导致其效果减弱或消失。如果没有专业的技术服务和综合解决方案相配套，会给微生态制剂的推广带来很大的困难。

## 二、微生态制剂使用注意事项

动物消化道的微生物具有多样性和特异性，不同畜禽种类对菌种的要求也不同。同一菌种不同菌株用于相同的动物或者同一菌株用于不同的动物，往往产生的效果差异较大。使用时一定要了解菌种（菌株）的性能和作用，选用合适的菌株。

### （一）使用时间与对象

使用时间要早，新生或幼龄畜禽使用更佳，另外，相对长时间连续饲喂效果更理想。当畜禽处于健康状态、生产性能良好时，添加微生态制剂对进一步提高动物的生产性能没有明显效果，可以起到一定的保健作用；当机体处于疾病状态，尤其是发生胃肠道疾病时，添加微生态制剂能起到较好的防治作用，并改善动物的生产性能。畜禽的种类、生长阶段也会影响微生态制剂的使用效果。

### （二）剂量与浓度

有效的活菌数是影响作用效果的关键因素之一。产品中必须含有相当数量的活菌数才能达到效果，但是添加过量不仅会造成养殖成本上升，有时会出现适得其反的效果，降低动物的生长性能。大部分研究表明，根据添加的菌种种类不同，加入微生态制剂其含菌量在 $10^5 \sim 10^8$ 个/克饲料范围内会有较好的使用效果。也有研究灭活后的死菌在对调节动物肠道面膜免疫方面的作用具有活菌同样的效果，但是在生长性能、肠道益生菌定植等方面无明显效果。

## 第三章　家禽减抗理论及微生态制剂的实践

### （三）保存条件和时间

微生态制剂产品随着保存时间的延长，活菌数量不断减少，其衰亡速度因菌种和保存条件而异。微生态制剂低温保藏比常温保藏的货架期要长，芽孢杆菌和酵母可以常温保藏，而乳酸菌需低温保藏。有的产品会通过包被处理或者采用真空包装延缓活菌衰减，所以在打开包装后应在规定的时间内尽快用完。

### （四）与抗生素和抗球虫药物等的配伍

由于微生态制剂一般都是活菌，抗生素、化学合成的抗菌药物以及具有抑菌作用的中草药或植物提取物对其均有杀灭作用，因此最好避免同时使用。另外，有报道动物在使用抗生素治疗疾病后，使用微生态制剂尤其乳酸菌产品可以快速恢复胃肠道功能，且效果很明显。

## 三、微生态制剂的发展趋势及应用前景

### （一）政策变化促进微生态产业迅速发展

自2016年以来，我国政府相继出台了《遏制细菌耐药国家行动计划（2016—2020年）》《全国遏制动物源细菌耐药行动计划（2017—2020年）》和《遏制微生物耐药国家行动计划（2022—2025年）》等重要文件。2019年7月10日，农业农村部发布了第194号公告：为维护我国动物源性食品安全和公共卫生安全，决定停止生产、进口、经营、使用部分药物饲料添加剂，并对相关管理政策作出调整。自2020年1月1日起，退出除中药外的所有促生长类药物饲料添加剂品种。农业农村部令2022年第2号对《农业转基因生物安全评价管理办法》进行了修订，根据安全性评价的需要，将转基因微生物分为植物用、动物用和其他用途三类进行管控。同年11月，农业农村部发布第614号公告，批准两个经过基因工程改造的益生菌代谢产物作为新饲料添加剂使用。分别是用于肉鸡的枯草三十七肽（枯草芽孢杆菌）和供断奶仔猪使用的腺苷七肽（约氏乳杆菌），标志着抗菌肽产品的合法性，开启了抗菌肽应用的新纪元。

这些政策的出台为微生态制剂行业提供了有利的发展环境。对抗生素的限制使用也为微生物饲料添加剂行业提供了重要发展机遇。随着饲料中全面

禁止使用抗生素，我国微生态制剂的产量逐年增加。

中国饲料工业协会官方发布的2018—2023年《全国饲料工业发展概况》数据显示，微生物饲料添加剂产品从2018年15万吨的年产量，每年分别以19.3%、22.7%、17.4%、6.7%、10.8%的速度增长，快速发展。在产业发展过程中，微生态制剂技术不断完善，产品迭代升级日趋成熟，未来对其使用量将持续增长，市场规模也将持续攀升。但是值得关注的是，全球范围内排名前10位的动物用益生菌成分生产商主要有丹麦科汉森（Chr. Hansen）、丹麦诺维信（Novozymes）、美国杜邦（DuPont）、美国礼蓝动保（Elanco）、德国绍曼（Schaumann）、Animal Probiotics、安琪酵母（Angie's yeast）、山东宝来利来（Baolaililai）、山东蔚蓝生物（Azure Bio）、江苏奕农（Jiangsu Yinong）等。据统计2021年，全球前五大厂商占有约41%的市场份额，呈现出几乎被外企产品垄断的格局。我国微生态制剂企业仍需大力投入研发，提升产品质量，争取早日打破国外垄断的局面。

### （二）需求变化推动微生态产业规模升级

我国畜牧养殖业一直面临饲料蛋白过度依赖进口的巨大挑战，造成我国粮食安全问题存在重大隐患。尤其近年来，国际市场豆粕价格飞涨且不稳定，给国内养殖业带来一定困扰，开发多元配方、实行豆粕减量势在必行。在此背景下，微生物蛋白、微藻蛋白因富含粗蛋白质、必需氨基酸、磷脂、维生素及其他功能性化合物等优点，成为典型代表的非土地依赖型蛋白来源去填补饲料蛋白缺口。因此，在国内畜禽养殖业爆发式增长的前提下，单细胞微生物蛋白也出现了供不应求的局面。而目前用于人类和动物营养的微藻蛋白总量为22 000~25 000吨，其中约30%用于饲料生产。随着饲料原料的多元化以及"减抗替抗"政策的实施，功能性饲料添加剂需求会进一步增加，而传统原料比例下降，非传统原料种类增加，配方会越来越复杂，营养性、功能性添加剂种类和比例会进一步增加。

通过对微生态制剂在理论和应用方面不断深入、全面地研究，结果表明饲用微生态制剂可以平衡禽类肠道的微生物菌群、改善胃肠道环境、促进饲料的消化和吸收、增强禽类的抗病能力、调节机体免疫力、提高生长性能、改善肉制品品质、减少养殖环境污染等，产品种类也将随着功能逐步细分为营养、免疫、抗感染、环境等方面，同时也将细化产品使用阶段与使用周期，具有广阔的应用前景，适用动物品种也从传统的家禽逐步延伸至经济价值更高的特种禽类，大大拓宽了微生态制剂的应用范围。

此外，随着人们生活水平不断提高，对动物蛋白的需求不断增加，同时对质量的要求有所提高，尤其更加关注食品安全问题，为了满足人民日益增长的消费需求，微生态制剂因其无毒副作用、不耐药、不残留、对环境友好等特点，使用率也将不断提高。

### （三）微生态制剂研究和开发趋势

从国内外开发和使用效果来看，将芽孢杆菌、乳酸菌、酵母菌等多菌种复配，形成复合菌剂是微生态制剂发展的一种趋势。或者与酶制剂、植物提取物、有机酸、益生元等其他活性功能物质协同使用，较单一菌株的作用效果要更好。未来会加强益生菌、益生元、酶制剂等互作机理的研究，为养殖终端客户提供精准的产品与解决问题的综合方案。

将微生态制剂研发与基因编辑、合成生物学、分子生物学等先进的技术相结合，利用基因工程技术定向改造有益菌株，将目的基因转入微生物细胞中，进行高效表达，使菌株具有耐酸、耐热及在畜禽肠道内可长期生存或产生特定功能的有效代谢产物等特性。深入研究微生态制剂对畜禽免疫功能的影响及其作用机制，根据不同动物品种、不同生长阶段，开发专用型的和多功能型的微生态制剂，同时提供完善的技术服务，以保证其使用效果。

将微生态制剂领域与药学交叉结合，开发具有多重耐药的新菌株，同时确保耐药基因不会通过细菌质粒传播至正常的肠道菌群中。广泛应用微囊工艺、缓释技术等新技术，保护益生菌通过胃部顺利到达肠道，可控制的释放速度和释放量，更好地发挥功效。

# 第四章 健康养殖禽场生物安全与防控

## 第一节 禽场生物安全要求

家禽产业是我国畜牧业的重要组成部分,在保障全国"菜篮子"、稳产保供、增加农民收入方面发挥着重要且不可替代的作用。养禽业快速发展的同时也带来了一系列问题,如粪污导致的环境污染,抗菌药物的问题及疫病高发等,解决主要途径就是建立禽场生物安全体系,加强生物安全管理,推行健康生态养殖模式。禽场生物安全体系的构建,主要应着眼于养殖环境的净化,投入品的管理,人员培训和执行力,确保家禽的健康,减少和控制疫病发生。

目前,我国的家禽生物安全水平还有待完善,龙头企业和中小型养殖场生物安全水平的差距较大,特别是中小型养殖场缺乏早期监测预警技术,缺乏风险评估机制,缺乏高水平的社会化技术支持,部分养殖场不能开展抗体监测或者监测水平较低。加上候鸟迁徙和外来疫病的不断侵袭,家禽疫病区域化管理体制机制还不完善。以上种种都造成家禽疫病压力持续增加。

规模化家禽场生物安全的实施,也是全面提高国家生物安全治理能力之一。同时,生物安全水平提升也是为积极应对微生物耐药带来的挑战,深入落实《遏制微生物耐药国家行动计划(2022—2025年)》,坚持预防为主、防治结合、综合施策的原则,只有不断提升生物安全水平,才能全面提升家禽健康养殖水平,促进畜牧业高质量发展。

# 第四章 健康养殖禽场生物安全与防控

## 一、养殖场的生物安全概念

广义生物安全一般指避免危险生物因子造成人员暴露、向外扩散并导致危害的综合措施，在人类活动中避免由病原微生物直接或间接地给人或动物带来的影响或损伤。狭义的生物安全，指切断传染病的传播途径所采取的一切措施，主要措施包括饲养场与外界的隔离、卫生与消毒、杀虫与灭鼠、人员与物品出入控制等。

本书定义的禽场生物安全为阻断病原体（病毒、细菌、真菌、寄生虫等）侵入家禽群体，保障家禽健康，确保生物资源、生态系统和人类健康而采取的一系列综合防范措施。

## 二、养殖场的生物安全体系

生物安全体系就是防止疫病在地域之间和动物之间的传播所采取的措施。是为阻断致病病原（病毒、细菌、真菌、寄生虫）侵入畜（禽）群体、为保证畜禽等动物健康安全而采取的一系列疫病综合防范措施，是较经济、有效的疫病控制手段。一般生物安全差等于高疾病压力。良好生物安全等于低疾病压力。这么多年来疫情尤其是烈性疾病（禽流感H5N1）发生表明，有生物安全意识并管理良好的禽场很少造成暴发性的损失，说明良好的生物安全措施对家禽传染性疾病的控制是非常有效的。

生物安全体系主要着眼于为家禽生长提供一个舒适的生活环境，从而提高家禽机体的抵抗力，同时尽可能地使家禽远离病原体的攻击。对一个养殖场而言，生物安全包括两个方面，一是外部生物安全，防止病原菌水平传入，将场外的病原微生物进入场内的可能降至最低。二是内部生物安全，防止病原菌水平传播，降低病原微生物在场内从患病动物向易感动物传播的可能。

## 三、养殖场生物安全体系的组成部分

组成部分包括家禽养殖场建设、投入品管理、饲养管理、人员管理、设施管理、消毒管理、防疫管理、无害化处理方面的要求。主要分为以下3部分。

**1. 禽场的选址与建设**

建立一个科学的选址、结构的合理布局及舍内外环境的合理控制是养好家禽的前提，定能给养殖场（户）带来良好的效益。

**2. 健全养殖场管理制度**

主要包括人员管理制度、饲料安全管理制度、生产安全管理制度等。

**3. 健全的疫病控制体系**

主要包括加强疫病监测水平、建立健全隔离和免疫制度、控制疫病扩散、人员和车辆的管理、消毒和卫生管理、严格科学的杀虫灭鼠制度、安全的种群管理体系等。

## 第二节　禽场选址与规划

作为健康养殖的生物安全，首先在选址和规划上，严格按照生物安全要求，按照3个有利于控制传染性疾病的3个原则。有利于消灭/远离传染源：病死家禽、污染的分泌物、排泄物、康复带毒家禽、野鸟、蚊蝇、老鼠等。有利于切断传播途径：空气、人员交叉、车辆进出、器具（蛋盘/托、禽笼）、饮水污染、疫苗/免疫污染、垂直污染（来自禽蛋）。有利于保护易感动物：没有免疫过的家禽、抵抗力低下家禽、营养不良家禽等。

2022年9月，农业农村部公布了新修订的《动物防疫条件审查办法》，调整了动物饲养场、隔离场所、屠宰加工场所、无害化处理场所4类场所的选址距离规定，完善了相关场所的人员配备、布局、设施设备及制度等动物防疫条件要求，并根据动物防疫工作实际，综合考虑有关因素，完善了相关概念的表述。

### 一、家禽养殖场的选址

家禽养殖场场址选择不合理，规划布局不科学，可能成为制约家禽养殖场长期健康发展的关键因素；相反，科学合理的选址与规划布局会为养殖场长远发展奠定良好的基础。为了避免或减少外环境对养殖场的制约性影响，一般在场址选择中应避免外环境可能产生或存在的污染因素，如远离屠宰场、医院、居民区、工业污染区等。

# 第四章 健康养殖禽场生物安全与防控

## （一）选址原则

家禽养殖场场址选择应遵循环境良好、交通便利、水电等配套基础完善的基础原则。

（1）场址地势平坦干燥、以阳坡为优，坡度控制在20°左右。

（2）靠近主干公路，距离应控制在1千米之内，交通便利。

（3）位置位于居民区下风向，距离其他家禽养殖场区的距离应大于2千米。

（4）水源充足便利，且水质应符合畜禽饮用水标准，以及具备就地处理和纳污的基本条件。

（5）用电方便，供电稳定等。

## （二）选址符合原则

2022年，我国出台了GB/T 41441.1—2022《规模化畜禽场良好生产环境 第1部分 场地要求》基本要求如下：应符合当地土地利用总体规划、城乡发展规划和环境保护规划；应符合当地畜牧业发展规划；不应占用基本农田；应与种植业结合，对畜禽粪便进行资源利用。不应在下列区域内建设畜禽养殖场，一是生活饮用水的水源保护区、风景名胜区以及自然保护区的核心区和缓冲区；二是城镇居民区、文化教育科学研究区等人口集中区域。应距离铁路、高速公路、主要交通干线500米以上，与其他养殖场、养殖小区的距离在500米以上，距离地表功能水体400米以上。

# 二、家禽养殖、隔离及无害化的布局

**1. 家禽饲养场布局应当符合的条件**

（1）场区周围建有围墙等隔离设施。

（2）场区出入口处设置与门同宽，长4米、深0.3米以上的消毒池，或者设置消毒通道。

（3）场区出入口处单独设置人员消毒通道。

（4）生产区与生活办公区分开，并有隔离设施。

（5）生产区入口处设置更衣消毒室，各养殖栋舍出入口设置消毒池或者消毒垫。

（6）生产区内清洁道、污染道分设。

（7）生产区内各养殖栋舍之间距离在 5 米以上或者有隔离设施。禽类饲养场内的孵化间与养殖区之间应当设置隔离设施，并配备种蛋熏蒸消毒设施，孵化间的流程应当单向，不得交叉或者回流。

**2. 家禽养殖场动物隔离场所布局应当符合的条件**

（1）场区周围有围墙等隔离设施。

（2）场区出入口处设置与门同宽，长 4 米、深 0.3 米以上的消毒池，或者设置消毒通道。

（3）场区出入口处单独设置人员消毒通道。

（4）饲养区与生活办公区分开，并有隔离设施。

（5）饲养区内设置兽医室。

（6）饲养区内清洁道、污染道分设。

（7）饲养区入口设置人员更衣消毒室。

**3. 动物和动物产品无害化处理场所布局应当符合的条件**

（1）场区周围建有围墙等隔离设施。

（2）场区出入口处设置与门同宽，长 4 米、深 0.3 米以上的消毒池，或者设置消毒通道。

（3）场区出入口处单独设置人员消毒通道。

（4）无害化处理区与生活办公区分开，并有隔离设施。

（5）无害化处理区内设置无害化处理间、冷库等。

（6）无害化处理间入口处设置人员更衣室，出口处设置消毒室。

（7）有专门的车辆消毒区域，并配有清洗、消毒设备。

# 三、对选址进行评估

一是关于基于风险评估确定选址问题，动物饲养场选址应当按照《动物防疫条件审查办法》规定，符合对相关场所距离的要求。但是，对于人口集中区域等特殊地方建立动物饲养场可以根据所选选址与周边场所的地理和人工屏障等情况，经所在地省级兽医主管部门组织开展风险评估，确认能够有效防止动物疫病传播的，可以对动物饲养场与周边场所的距离要求做适当技术性调整。

二是关于动物饲养场围墙，种禽场区周围应当建有实体围墙，其他家禽饲养场场区周围应当建有能够防止家禽出入的围墙、围栏等隔离设施。

第四章 健康养殖禽场生物安全与防控

## 第三节 禽场卫生与消毒

卫生和消毒是禽场生物安全核心内容，做好卫生消毒措施是坚持预防为主，实现动物疫病预防控制有效有力的重要手段，也是家禽安全生产的基础。进一步规范禽场卫生与消毒行为，以期实现家禽场防控安全和生产安全。建立综合的消毒技术体系，分区分类实施卫生消毒。通过科学、合理使用消毒剂，有效杀灭外源病原微生物，切断疫病的传播途径保护家禽群体的健康。

### 一、建立健全的管理制度

一般而言，家禽养殖管理制度包含有饲养管理制度、消毒管理制度、防疫管理制度、监测管理制度、财务管理制度、业绩考核管理制度、物资管理制度等。如饲养管理制度需要根据季节及家禽群状况来调节室内温度，同时还需要做好室内湿度调节，需要根据家禽群体的年龄、体重状况做好饲料精准投放，定期观察禽群觅食状况，发现异常及时汇报。在进行饲养管理时，还需要注重水管有无漏水或堵塞现象，密切观察禽群整体状况，分析家禽的羽毛状况、形状变化，还需要观察蛋壳颜色、生长情况有无明显变化，做好汇总和整理。

### 二、建立完善的消毒制度

一些家禽场的消毒制度不够完善，使用的消毒物品非常单一，浓度配比并不够准确。为了更好地确保家禽场的安全生态，首先需要在家禽入场前1周做好彻底的家禽舍冲洗，可以使用4%的消碱溶液喷洒到地面，1天后可以用抗毒威按照1:400的比例稀释后进行均匀喷洒，2天后可使用醛乐按照1:400的比例稀释后自上而下全面喷洒，在家禽入场前1天可以用百毒灭按照1:400的比例进行稀释喷洒。通过以上方式可以对家禽舍内的空气微生物做好杀灭工作。

## 三、根据疫病流行情况做好防疫工作

饲养管理过程之中可以根据家禽生理特点进一步加强饲养管理，可以采取有效的疫苗来预防，及时做好监测，确保家禽群健康，减轻家禽群防疫负担，不断提高各项指标。

第一，建立起场外防疫屏障。在种禽场附近可以建立起以家禽场为中心的防疫屏障，制定出疫病流行5千米的防御措施，控制人与家禽、家禽与空气与其他物品的传播途径，最大限度地阻碍外界流行疾病传入家禽场。还需要动物疫控中心做好宣传工作，各镇的畜牧兽医站防疫员做好具体防疫保障工作。

第二，由于家禽大部分都存在潜在传染病等疫情风险，为此，需要进一步加大对主要疫情的监测。家禽进场时可以选择50只健康雏禽，在无任何污染或疾病干扰的条件下进行饲养，在饲养过程中不注射任何疫苗，也不使用任何药品，可以在1个月内分别每隔1天对其进行采血，观察这些雏禽的抗体消长状况。一般而言，如果雏禽体内的抗体水平达到5log2以上就有很好的抵御病毒侵害的能力，如果低于5log2以下，其抵抗病毒侵害能力较差。

# 第四节　禽场生物安全的评估和提升

禽场生物安全是一个动态管理系统，生物安全规范是禽群健康的重要支柱。目标是遵照祖代、父母代场及商品场的生物安全原则，执行一个切实可行的评估方案。基于科学的理论对不同禽场生物安全方面存在的优点或缺点进行评估，通过评估提出需要改进的方面，使结果更有价值，建议开展一场一评估，发现生物安全存在短板，组织开展技术攻关，制定从种源、运输家禽、进雏、淘汰家禽及人、车、物料的生物安全管理和监测体系。

禽场生物安全评估中良好的记录非常重要，以反映真实情况并持续改进。为提高家禽群体健康水平关键环节，生物安全体系是持续改善的系统工程，严格监控，分析数据，控制风险。总之，生物安全水平提升没有最好，只有更好。生物安全评估工作方法如下。

# 第四章 健康养殖禽场生物安全与防控

## 一、申请与受理

### （一）申请开展生物安全评估的养殖场，须同时具备以下条件

符合条件的养殖场按照本地区养殖场生物安全评估工作总体安排和相关申请要求，可以向所在县（区）农业农村局提出申请，并提交《家禽养殖场生物安全评估申请表》（附录中附件1）和《家禽养殖场生物安全评估申请书》（附录中附件2）。《家禽养殖场生物安全评估申请书》应包括以下内容材料：

（1）养殖场防疫条件合格证复印件。

（2）养殖场布局平面图，应包括场址位置平面图和场内各功能区平面布局，要求标注各分区及栋舍号。

（3）按照《家禽养殖场所生物安全评估表（试行）》，逐项自评，并填写家禽养殖场基本信息（附录中附件3）。

### （二）受理

（1）县（区）农业农村局在收到申请之日起5个工作日内对材料进行初审，材料需要补充或者修改的，应当通知养殖场5日内补齐。初审合格的在《家禽养殖场生物安全评估申请表》（附录中附件1）对应位置签署受理意见。

（2）县（区）农业农村局受理后，应于5个工作日内指派专家进行评估。

### （三）专家组成

（1）县（区）农业农村局从养殖场生物安全评估认证专家库中随机抽取不少于3名专家组成评估专家组，赴养殖场实施评估认证。根据各区请求，市级指导组委派1～2名专家指导和支持各区评估工作。

（2）专家组由组长1名和组员4名共5人组成。

（3）县（区）农业农村局应于评估前2日告知养殖场，同时将养殖场申请材料，交由评估专家审阅。

## 二、评估程序

现场评估由材料审查和现场检查两部分组成，按照《养殖场生物安评

估报告》要求（附录中附件4）完成评估报告的各项内容。评估工作主要程序如下。

（1）县（区）农业农村局介绍评估事由及在场各方人员，宣布评估专家组组长。专家组组长组织专家启动评估工作。

（2）养殖场负责人介绍本场生物安全建设总体情况，根据评估标准和评估表，逐项开展自评。

（3）专家组核实相关材料，进场检查。

（4）就养殖场汇报及现场评估相关内容进行质询和沟通。

（5）专家组讨论并得出评估结论，提出相关建议。现场评估结论分"达标"或者"不达标"两种。

（6）专家组组长现场宣读评估意见，并由养殖场负责人签字确认。《养殖场生物安全评估意见》一式两份，分别由养殖场、县（区）农业农村局保存。

## 三、整改与材料上报

（1）经评估需整改的，养殖场应依据专家整改意见，在现场评估后1周内完成整改，并提交必要的验证材料由专家组组长确认。养殖场整改材料不能按时提交专家组组长确认，或专家组组长认为整改不符合要求的，现场评估认证自动视为不达标。

（2）专家组组长应当在现场评估结束或确认养殖场整改材料后5个工作日内，将现场评估相关记录和养殖场整改材料一并报县（区）农业农村局。

## 四、开展生物安全评估

本书根据家禽养殖场实际生产特点，以蛋鸡养殖场为例，制定13大项64小项的《某某市蛋鸡规模场所生物安全评估表（试行）》评分细则。主要从13个方面对蛋鸡养殖场生物安全评估进行了明确（表4.1）。

外部生物安全；场外非生产车辆、人员生物安全；运输禽肉禽蛋车辆、进雏、淘汰鸡的车辆生物安全；与生产区不共用进场通道的生活办公区生物安全；与生产区共用进场通道的生活办公区生物安全；进场车辆、人员的生物安全；生产区入口的生物安全；生产区内部生物安全等13大项64小项。采取场区自评，各地区评审、省市级指导的方式，开展家禽养殖场生物安全评估工作，重点服务新建或者改建的规模家禽养殖场。

# 第四章 健康养殖禽场生物安全与防控

表 4.1 某某县（区）蛋鸡规模场所的生物安全评估表（建议稿）

企业名称：　　　　　　　联系人：

| 类别 | 编号 | 项目 | 评估标准 | 评估方法 | 合格 | 不合格 | 分值 | 得分 | 备注 |
|---|---|---|---|---|---|---|---|---|---|
| 一级生物安全管控区 | 1 | 1. 外部生物安全 | 1.1 距离种鸡场、屠宰加工厂、销售市场、非本厂专用鸡粪肥收集处理场所 1 000 米以上。距其他蛋鸡养殖场 1 000 米以上。周边 1 000 米范围内无开放式生活垃圾堆放场点 | 验收查现场 | | | 3 | | |
| | 2 | | 1.2 距离无害化处理场所 3 000 米以上 | 验收查现场 | | | 1 | | |
| | 3 | | 1.3 距离城乡居民区、文化教育科研等人口集中区域 500 米以上。距离公路、铁路等主要交通干线 500 米以上 | 验收查现场 | | | 1 | | |
| | 4 | | 1.4 蛋鸡场应建有封闭的围墙和门禁，能够有效控制人员、车辆和动物进入 | 验收查现场 | | | 5 | | |
| | 5 | | 1.5 在围墙开设的排水口等开口处应当安装栅栏，能够有效防止犬、猫、鼠等动物通过开口进入 | 验收查现场 | | | 1 | | |
| | 6 | 2. 场外非生产车辆、人员生物安全 | 2.1 建立消毒制度，出入人员、车辆进行人口消毒 | 查制度和现场 | | | 1 | | |
| | 7 | | 2.2 饲料运输车辆须进入养殖场内的，必须在场外对车辆消毒，进行场外消毒 | 验收查现场 | | | 1 | | |
| | 8 | | 2.3 配备专用车辆从场内转运淘汰蛋鸡和鸡蛋，与外运车辆不接触不交叉 | 验收查现场 | | | 1 | | |
| | 9 | | 2.4 若生活区、办公区与养殖生产区隔离设立的，非生产车辆停车区可设在生活区和办公区 | 验收查现场 | | | 1 | | |

（续表）

| 类别 | 编号 | 项目 | 评估标准 | 评估方法 | 合格 | 不合格 | 分值 | 得分 | 备注 |
|---|---|---|---|---|---|---|---|---|---|
| 一级生物安全管控区 | 11 | 3.运输禽肉禽蛋车辆、淘汰鸡雏鸡的运输车辆生物安全 | 3.1 中转台配备消毒设施设备，每次转运回场前车辆消毒 | 验收查现场 | | | 3 | | |
| | 12▲ | | 3.2 淘汰鸡和全进全出完成后对中转设施分区隔离，保证蛋鸡只不回流。确保外面运输车辆不接触内部通道 | 验收查现场 | | | 2 | | |
| | 13▲ | | 3.3 每次进鸡和淘汰完成后，对出鸡通道及外部车辆作业区进行全面消毒 | 查现场、查制度 | | | 1 | | |
| | 14▲ | | 3.4 蛋库和出鸡通道配备监控设备，对出蛋鸡过程生物安全操作进行监控 | 查现场 | | | 2 | | |
| 二级生物安全管控区 | 15 | 4.与生产区不共用进场通道的生活办公区生物安全 | 4.1 外部车辆与生产区不共用车，物料入口和内部道路 | 查现场 | | | 1 | | |
| | 16 | | 4.2 除人员隔离区外，与生产区之间无直接通道 | 查设计、查现场 | | | 1 | | |
| | 17▲ | | 4.3 设有人、车消毒通道。种鸡场人员进行外表消毒，鞋靴消毒，手部消毒后方可进入。车辆经外部消毒后方可进入。驾驶人员下车后须进行相应消毒处理 | 查设计、查制度、查现场 | | | 1 | | |
| | 18▲ | | 4.4 有室内外环境定期消毒制度 | 查制度、查现场 | | | 1 | | |
| | 19▲ | | 4.5 祖代种禽场门口设有人员分区隔离式消毒通道，所有人员必须更换工作服，鞋靴并通过全身（包括手）消毒后进场 | 查制度 | | | 1 | | |

# 第四章 健康养殖禽场生物安全与防控

（续表）

| 类别 | 编号 | 项目 | 评估标准 | 评估方法 | 合格 | 不合格 | 分值 | 得分 | 备注 |
|---|---|---|---|---|---|---|---|---|---|
| 二级生物安全管控区 | 21 ▲ | 5. 与生产区共用进场通道的生活办公区生物安全 | 5.1 消毒通道设监控设备 | 查制度、查现场 | | | 1 | | |
| | 22 | | 5.2 生产和生活通道之间有隔离 | 查制度、查现场 | | | 1 | | |
| | 23 ▲ | | 5.3 人员的箱包等个人物品应当进行表面消毒后才能带入 | 查制度、查现场 | | | 1 | | |
| | 24 ▲ | 6. 进场车辆、人员的生物安全 | 6.1 袋装饲料运输车，一律采取在场外一定距离由场内车辆转运的方式运入。在场外对饲料外包装进行消毒处理 | 查制度 | | | 1 | | |
| | 25 ▲ | | 6.2 养殖场门口设物品消毒设施，对需要运入场内的器具、疫苗、药品等进行消毒处理。种鸡场将进场物品拆至最小包装消毒处理 | 查制度、查现场 | | | 3 | | |
| | 26 | | 6.3 种鸡场人员必须经人员隔离消毒严格消毒后方可进入生产区 | 查制度、查现场 | | | 1 | | |
| 三级生物安全管控区 | 27 ▲ | 7. 生产区入口的生物安全 | 7.1 在不同生产区人员入口设有身份识别的监控设备 | 查制度、查现场 | | | 1 | | |
| | 28 ▲ | | 7.2 场区出入口处设置与门同宽，长4米，深0.3米以上的消毒池 | 查制度、查现场 | | | 3 | | |
| | 29 ▲ | | 7.3 种鸡场生产区内各养殖栋舍之间距离在5米以上或者有隔离设施 | 查制度、查现场 | | | 1 | | |
| | 30 ▲ | | 7.4 生产区入口设物料消毒间，建立生产区物料消毒制度 | 查制度、查现场 | | | 1 | | |
| | 31 ▲ | | 7.5 各功能区应当分区设立，特别是育雏区应与产蛋区隔离设置，保持一定间隔 | 查设计、查现场 | | | 4 | | |

(续表)

| 类别 | 编号 | 项目 | 评估标准 | 评估方法 | 合格 | 不合格 | 分值 | 得分 | 备注 |
|---|---|---|---|---|---|---|---|---|---|
| 三级生物安全管控区 | 32 | 8.生产区内部生物安全 | 8.1 生产区内应当划分净道、污道，每个功能区也应当划分净道、污道，不能交叉 | 查设计、查制度、查现场 | | | 2 | | |
| | 33 ▲ | | 8.2 病鸡隔离库、死鸡暂存库、粪污处理设施均应在污区和下风口相关处理和转运活动均应通过污道 | 查设计、查制度、查现场 | | | 3 | | |
| | 34 ▲ | | 8.3 种鸡场人员分舍分区生产作业。人员进入污区，必须经消毒、更衣方可返回原生产区域。器具必须消毒后，才能带回原生产区域 | 查制度、查现场 | | | 5 | | |
| | 35 ▲ | | 8.4 有完善的生产区卫生及消毒管理制度 | 查制度 | | | 1 | | |
| | 36 ▲ | | 8.5 全生产区监控，特别是在污区，污道实现监控覆盖 | 查现场 | | | 1 | | |
| | 37 | | 8.7 需要引种，应当设立空调入隔离区。隔离观察21天以上，方可转到其他生产区 | 查制度、查现场 | | | 1 | | |
| | 38 ▲ | | 8.7 种鸡场每个舍单有人员消毒制度，配备鞋靴、手部消毒设施设备。并能对入舍人员进行有效管控 | 查制度、查现场 | | | 1 | | |
| 四级生物安全管控区 | 39 ▲ | 9.鸡舍通用生物安全 | 9.1 鸡场具有有效防止犬、猫、鸟、鼠、蝇进入措施 | 查设计、查现场 | | | 4 | | |
| | 40 ▲ | | 9.2 鸡场内部适当小单元化隔离，即以实体隔离 | 查设计、查现场 | | | 1 | | |
| | 41 | | 9.3 免疫接种疫苗由本场人员负责实施，至少按换针头。禁止未经隔离的外部防疫服务机构人员进场免疫 | 查制度 | | | 1 | | |

第四章 健康养殖禽场生物安全与防控

(续表)

| 类别 | 编号 | 项目 | 评估标准 | 评估方法 | 合格 | 不合格 | 分值 | 得分 | 备注 |
|---|---|---|---|---|---|---|---|---|---|
| 四级生物安全管控区 | 42 | 9.鸡舍通用生物安全 | 9.4 种蛋鸡舍实行单元化设施和措施，采取物理隔离、饮水饲料分区隔离，粪污处理无交叉污染隔离 | 查制度 | | | 1 | | |
| | 43▲ | | 9.5 孵化同与养殖区之间应当设置隔离设施，并配备种蛋熏蒸消毒设施，孵化间的流程应当单向，不得交叉或者回流 | 查现场 | | | 1 | | |
| | 44 | 10.病死鸡无害化处理生物安全 | 10.1 建立病死鸡无害化处理生物安全制度。有病死鸡检查结果和处理记录 | 查制度 | | | 1 | | |
| | 45▲ | | 10.2 设立病死鸡无害化处理暂存冷库 | 查制度、查现场 | | | 1 | | |
| | 46▲ | | 10.3 每栋蛋鸡舍配备专用病死鸡转运器具，不交叉使用 | 查制度、查现场 | | | 1 | | |
| | 47 | | 10.4 实行病死鸡统一收运的，收运人员不能进入蛋鸡舍 | 查现场 | | | 1 | | |
| | 48▲ | | 10.5 无害化处理暂存点设立消毒点，人员返回前要进行消毒、器具须经消毒处理 | 查制度 | | | 1 | | |
| | 49▲ | | 10.6 病死鸡无害化处理暂存库外部开口，清运时由生产区外人员操作，生产区人员禁止参与病死鸡外运作业 | 查制度 | | | 1 | | |
| | 50 | | 10.7 无害化处理暂存点设监视监控设备，能够监视清运及消毒操作 | 查制度、查现场 | | | 1 | | |
| | 51 | | 10.8 统一回收，在远离蛋鸡场的适当地点设立外无害化处理清运车辆停留点，实行蛋鸡场人员（非生产区人员）将死蛋鸡转运至清运车辆的方式操作。严禁外部无害化处理运输车辆接近蛋鸡场作业 | 查设计、查制度、查现场 | | | 1 | | |

（续表）

| 类别 | 编号 | 项目 | 评估标准 | 评估方法 | 合格 | 不合格 | 分值 | 得分 | 备注 |
|---|---|---|---|---|---|---|---|---|---|
| 四级生物安全管控区 | 54 ▲ | 10. 病死鸡无害化处理生物安全 | 10.9 利用监控系统或智能设备实行远程保查勘、祖代种鸡场严禁保险人员进鸡场作业 | 查制度、查现场 | | | 1 | | |
| | 55 ▲ | | 10.10 设置单独的兽医室，配备必要的诊断、监测仪器设备，能够开展常见疫病的抗体监测和常规化验 | 查制度 | | | 1 | | |
| | 56 ▲ | 11. 饲料和饮水生物安全 | 11.1 应有安全的饮水措施，具有水消毒处理设施设备，定期开展水源病原污染检测 | 查制度 | | | 2 | | |
| | 57 | | 11.2 制定完善的生物安全计划、培训计划和奖惩制度。对所有员工实施生物安全培训、考核反复培训考核 | 查制度 | | | 5 | | |
| 生物安全计划与管理 | 58 ▲ | 12. 生物安全计划和监督管理 | 12.1 全场生物安全人员智能化管控系统，在关键管控点实行人脸识别等身份鉴别，准入和记录 | 查制度、查现场 | | | 1 | | |
| | 59 | | 12.2 全场可建立生物安全智能监控系统，根据生物安全监控计划，对全场关键控制点和各类区域进行智能化监控 | 查制度、查现场 | | | 1 | | |
| | 60 ▲ | | 12.3 在关键控制点，将警示、生物安全操作要求、流程和标准在明显位置警示标识，实行可视化警示管理。根据工作岗位、管控区域级别实行对人员工作服实行标识化管理 | 查制度、查现场 | | | 1 | | |
| | 61 ▲ | | 12.4 有新建（改扩建）期间的生物安全管理制度及执行情况。应当采取眼制人员外出、控制车辆等措施 | 查制度 | | | 1 | | |
| | 62 | | 12.5 疫病净化、落实重点动物疫病（人兽共患病、垂直传播疫病）净化措施。高致病性禽流感、白血病、白痢不得检出 | 查制度 | | | 1 | | |

第四章 健康养殖禽场生物安全与防控

（续表）

| 类别 | 编号 | 项目 | 评估标准 | 评估方法 | 合格 | 不合格 | 分值 | 得分 | 备注 |
|---|---|---|---|---|---|---|---|---|---|
| 生物安全计划与管理 | 63 | 12.生物安全计划和监督管理 | 12.6 具有国家规定的疫病净化、疫情报告制度；对垂直传染的白痢、白血病等疫病建立系统的净化程序并保留存相关记录；疫病监测结果符合国家和北京市的相关规定 | 查制度 | | | 5 | | |
| | 64▲ | 13.新建（改扩建）过程及前期生物安全 | 13.1 有增加存栏（投产）计划，包括终末消毒、人员隔离、进蛋鸡隔离计划、进蛋鸡隔离等。做好施工前全场清洗消毒及效果监测情况 | 查计划、查结果 | | | 5 | | |
| 总分数 | 100分 | | | | | | | | |

注：▲表示需要重点关注。

# 第五章 健康养殖禽场投入品和疫病的管理

## 第一节 禽场饲料的管理

饲料费用支出是畜禽养殖过程中占比最大的支出项目，占养殖成本的60%～70%。饲料产品的质量与畜禽动物的健康生产息息相关，在家禽生产养殖过程中，饲料产品质量与家禽生长和产蛋密切相关，当饲料营养成分能够满足动物需求时，可以促进动物的生长、增加产蛋量、延长产蛋期，当饲料中营养成分不能满足动物需求时，会降低动物生长速度，缩短产蛋期等不良影响。同时当饲料中有毒有害物质含量过高或因贮藏不当导致饲料腐败变质，都会影响动物体生长，甚至导致生病和死亡等。在禽场养殖过程中饲料的管理至关重要，在商品饲料和饲料原料购买、饲料配制、饲料贮存等方面做好管理，另外，在养殖过程中要严格遵守休药期规定。

### 一、家禽饲料的分类

目前我国家禽养殖场养殖过程中，饲料可分为自配料和商品饲料两种不同类型，其中自配料为是养殖场自己配置的饲料，由饲料原料豆粕、玉米等与复合预混合饲料混合而成，可以根据家禽不同的生长阶段适当调整饲料配方。商品饲料为配合饲料，是直接购买于饲料企业，可以根据家禽不同的生长阶段购买适应的配合饲料。目前，在我国规模化养殖场采用自配料的比较多，原料可亲自挑选，看得见，摸得着，配方可根据情况自己掌握，可以节约成本；小型养殖场受场地等因素限制，大多采用商品饲料。无论是自配料和商品饲料，都必须满足营养均衡，才能满足家禽的健康和生产，畜禽饲料中最重要的饲料类型主要包括以下几种。

**1. 蛋白质饲料**

由于蛋白质对身体机能和产蛋等诸多方面至关重要，因此，营养学家在选择蛋鸡饲料时通常认为蛋白质是最重要的。膳食蛋白质用于激素和酶的生成、维持免疫细胞功能、进行组织维护、氧气运输等，也是鸡蛋的主要构成成分（尤其是蛋白或蛋清）。大多数家禽饲料中蛋白质的主要来源是大豆粉（大豆加工副产品）。一些饲料中也可能含有少量动物蛋白，如家禽副产品粉、肉骨粉或鱼粉。产蛋母鸡应摄入粗蛋白质含量18%的蛋鸡饲料，用以维持良好的产蛋量。常见的家禽用蛋白质饲料包括以下几种。

（1）豆粕或豆饼。大豆榨油后成为豆饼，使用溶剂提取后成为豆粕，是营养价值很高的养鸡常用饲料组成部分。因为其适口性好，成为鸡蛋白质饲料的最佳选择。

（2）花生饼或花生粕。花生仁榨油后的产物，蛋白质含量较高，营养价值仅次于豆饼。但喂养时要注意，它们容易感染霉菌，如黄曲霉毒素，雏鸡对该毒素尤其敏感，所以雏鸡一般不选用花生饼或粕。

（3）棉籽饼或棉籽粕棉籽脱油后的产物。蛋白质含量不比豆饼豆粕少，但蛋白质质量较差，赖氨酸、钙含量较低，还有棉籽中的棉酚对鸡有害，所以养鸡户要慎重选择。一般棉籽饼常与菜籽饼搭配使用。

（4）芝麻饼或芝麻粕芝麻榨油后的产物。其缺点跟棉籽饼（粕）比较像，也是赖氨酸含量低。另外，芝麻饼中植酸含量高，会影响鸡对钙、镁、锌等元素的吸收利用。

（5）菜籽饼或者菜籽粕菜籽榨油后得到菜籽饼。优点是蛋白质含量不低，氨基酸含量高；缺点是味道不好，鸡不喜欢吃，另外，里面含有一些有毒成分，需要控制用量，一般用量不应超过5%。

（6）玉米蛋白粉、玉米油和玉米淀粉的同步产品。其营养物质含量较为丰富，但蛋白质含量参差不齐，有高有低，同时粗纤维、赖氨酸混合是生产配料中确保配合饲料质量的主要环节。

（7）玉米淀粉渣或豆腐渣等这些糟渣的蛋白质含量高，成本较低，但获取不易。如有渠道低价获取的养鸡户可以作为日粮中蛋白质和能量的补充。

**2. 能量饲料**

家禽为了维持自身的生命活动以及产蛋和精子的形成，需要从外界环境或饲料中摄取足够的能量，不同饲料成分的有效能值与营养物质的种类和数量密切相关，主要的能量饲料有如下几种。

（1）玉米。大多数市售家禽饲料中的首要能量物质是玉米。玉米是以淀粉形式存在的极佳碳水化合物来源。玉米是动物生产的基础饲料，全世界玉米70%～75%用作饲料，被称为"饲料之王"。

（2）大麦。大麦是世界上种植最广泛的谷物，也是一种应用广泛的能量饲料，大麦的能量水平位于中等，蛋白质含量高于玉米，氨基酸品质也优于玉米，氨基酸生物利用率的较高。但大麦蛋白质品质较差，营养价值受其中含有的非淀粉多糖 β－葡聚糖含量变化的影响，可导致家禽生产性能下降，排出黏性粪便。

（3）小麦。小麦有效能值低于玉米，蛋白质含量却较高。但是，小麦缺乏赖氨酸，B族维生素和维生素E较多，可替代部分的玉米。

（4）油脂。油脂种类很多，有动物油脂、植物油脂、饲料级水解油脂和粉末状油脂等。油脂通常用于饲料中能量补充，还可以增加饲料适口性，改善其他营养物质的吸收，减少饲料配制时的粉尘。油脂的用量一般可占日粮的1%～5%。

### 3. 矿物质饲料

矿物质饲料指可供饲用的天然矿物质和来源于动物性饲料的矿物质的总称，用于补充动物矿物质元素需求。在目前封闭式笼养的饲养方式中，仅靠日粮获取的矿物质元素已经不能满足肉用种鸡的生长和生产需求，补充矿物质饲料才能满足其营养需要。常见的矿物质饲料主要包括石粉、贝壳粉、磷酸氢钙、过磷酸钙、骨粉等。

## 二、饲料采购

饲料的质量安全是饲料的核心。选购饲料时要保证饲料的质量安全，也要保证家禽吃了之后产出的肉、蛋对人体无害。所以，各种有毒有害、发霉变质或被污染的饲料都不应让家禽食用。

家禽养殖最主要的成本是饲料，在养殖成本里占六七成。因此要保证饲料质优价廉。建议最好选择当地出产的、存量大且价格便宜的饲料作为原料。饲料采购包括全价饲料采购和原料采购。

### 1. 全价饲料的采购

通常情况下，全价饲料采购很容易受到多方面因素的影响。为此，饲料采购的供应商必须仔细地选择，选择有资质和有品牌的供应商，才能保证饲料的品质，最好不要随意更换合作伙伴，否则会导致饲料的适口性下降，会影响饲料品质。

**2. 饲料原料采购**

做好自配料饲料原料的采购环节管理很关键，一旦该环节出现问题会严重影响饲料的品质。必须要加强对采购环节的管理，保证采购的规范化和精细化。

（1）选择正规的厂家。在采购之前要做好原料供应商的调查工作，确保供应商的质量可靠，养殖户才能够有稳定的货源，最好选择与品牌的供应商合作，才能保证饲料的品质。在达成合作意向之后，应该签订的合同当中必须有饲料的详细信息，包括饲料的品质和名称等，同时也应该包括饲料的生产场地和规格型号。另外，在饲料入库之前，要做好色泽和杂质的检查工作，没有任何问题之后还要进行理化检验，符合质量标准才能够入库。针对玉米和鱼粉等要进行水分含量的检测工作，提示鱼粉中的蛋白质含量必须符合国家关于饲料规定的要求，保证饲料的品质。

（2）制定科学的采购计划。科学的采购也是饲料管理的重要环节，要做好采购的规划工作，避免饲料采购过多而造成的发霉变质等情况，并且保证饲料的新鲜度。采购之前要了解饲料的库存情况，库存太多，应该推迟采购计划，保证饲料采购的科学化。

（3）明确管理责任。在饲料采购过程中，明确各环节的负责人。另外，针对饲料和原料的保管，在入库之前要做好明确的记录，并且定期检测饲料的质量，保证之后的投喂管理质量。

## 三、自配料的配制

家禽的营养需求与其生理状态、日龄、生产水平等因素密切相关，主要包括对能量、蛋白质、氨基酸、维生素和矿物质等方面的需求。在家禽的生长期阶段，需要充足的能量来支持其生长和发育，能量的来源主要是碳水化合物和脂肪。此时还需要适量的蛋白质来支持身体组织的合成，因此蛋白质的含量应适宜，过高过低都会对生长效果产生负面影响，并且家禽在生长阶段对于各种氨基酸的需求量也较高，特别是限制性氨基酸，如赖氨酸、蛋氨酸、色氨酸等。同时，家禽在此时还需要适量的矿物质，包括钙、磷、铁、锌等，这些矿物质对于骨骼生长、肌肉发育、免疫功能等起着重要作用。进入产蛋期后，蛋鸡的能量需求会有所增加，以满足蛋黄合成和卵巢功能的需要。产蛋期蛋鸡还需要适量的钙和磷来支持蛋壳的形成，以避免蛋壳质量的下降。同时该阶段蛋鸡还有一定的维生素需求,维生素 D、维生素 E、维生素 K 等对于钙的吸收和利用起着重要作用,B 族维生素对于蛋白质代谢和能量利用也很关键。

## (一)日常饲料的配方设计原则

配合饲料的配方设计需考虑蛋鸡在不同生长阶段的营养需求。产蛋初期是蛋鸡从育成期过渡到产蛋期的关键时期,需要保证鸡只的体重增长和生殖系统发育。一般推荐使用专门的产蛋前期饲料,日粮中的钙含量应由 1% 逐渐增加到 2.5%。产蛋高峰期是蛋鸡生产性能的最佳时期,此阶段的饲喂管理对鸡群生产效益至关重要。饲料应以全价、稳定为原则,日粮中的钙含量应保持在 2.5%,蛋白质含量也要保持稳定,以确保蛋鸡的营养需求,避免在 8:00—10:00 鸡群产蛋集中的时间喂料,减少应激,以维持鸡群的高产蛋率。产蛋末期蛋鸡的生产性能逐渐下降,此时需调整饲料配比,适应蛋鸡的营养需求,可以适当降低钙含量,避免钙质过多导致输卵管钙化,并保证蛋白质和能量的供给,以延长蛋鸡的生产周期。

**1. 饲料配比原则需要严格遵守饲料配比原则**

确保饲料中营养成分的含量、比例平衡,以满足蛋鸡正常生长发育和生产的需要。根据饲料配比原则,应该按照以下要求。

(1)要根据日龄阶段选择配料比例,以满足其营养需求。

(2)要选择优质的饲料原料,根据营养成分、含量、价格等因素进行合理的组合和配比。

(3)选择的饲料原料应该具有良好的稳定性和适口性。

**2. 饲料添加剂的选择**

饲料添加剂是能够优化饲料的营养成分,可对家禽的生长发育和生产性能起到积极的作用。常见的饲料添加剂有维生素类、矿物质类、酸化剂类、抗氧化剂类、酶制剂类等。在选择饲料添加剂时,应该考虑以下几个方面。

(1)添加剂的种类和用量应该根据家禽的生长发育阶段和生产性能进行选择。

(2)选择的添加剂应该是通过科学研究证明对蛋鸡生长和生产有益的,且符合相关法律法规和安全标准。

(3)添加剂的添加方法和时间应该根据其特性和进行调整,以确保其添加效果。

第五章 健康养殖禽场投入品和疫病的管理

## （二）混合均匀度与夏季高温饲料配制

在饲料配制过程中要注意一些特殊情况，如混合均匀度、夏季高温天气饲料配制注意。

混合均匀度是衡量饲料产品质量的一个重要指标。如果饲料混合不均匀，将会对畜禽的生长发育造成影响，轻则降低饲料利用率，重则可能导致畜禽出现中毒现象，甚至死亡。在混合过程中，混合均匀度会随着混合时间延长而升高，直至达到最佳混合状态；再继续混合则会出现物料分离的现象，饲料的混合均匀度反而降低，这样不仅降低了饲料质量，还降低了生产效率，影响企业的经济效益。玉米是常见原料，很多不良商贩也有掺假方法，玉米中主要是掺杂质，用筛子筛，浮在上面的以及漏出下面的都是杂质。

**1. 适当增加饲料营养浓度**

夏季环境温度超过25℃时，家禽的采食量会相应降低，营养物质摄取量也相应减少，导致蛋鸡产蛋性能下降，鸡蛋质量也较差，这就需要饲用含较高营养浓度的日粮。高温季节，蛋鸡的能量需要比平常的饲养标准每千克饲料代谢能减少0.966兆焦。于是，有些专家认为，夏季应当适当降低饲料的能量浓度；但是，蛋鸡开产后，高温时常因采食量减少而使能量摄入不足，影响产蛋率。试验证明，夏季高温期间饲料中添加1.5%熟豆油，其产蛋率可显著提高。为此，要适当减少谷物类饲料（如玉米）的用量，一般不超过55%，同时适当增加饲料的营养浓度，如可在饲料中添加1%～3%油脂，提高饲料能量水平，增加采食量，以确保其生产性能的正常发挥。

**2. 酌情增加蛋白饲料供应**

夏季天气炎热，鸡采食量减少，只有酌情增加饲料蛋白质含量，并保证氨基酸平衡，才可能满足蛋鸡对蛋白质的需要。夏季产蛋鸡饲料中蛋白质含量应比其他季节提高1%～2%，达到18%以上。因此，要增加配合饲料中豆粕、棉仁饼等饼粕类饲料，用量在20%～25%，鱼粉等动物蛋白饲料的用量要适当减少，以增加适口性，提高采食量。

**3. 适当使用饲料添加剂**

为避免高温等因素引起蛋鸡应激反应及产蛋性能下降，在饲料或饮水中添加一些有抗应激作用的添加剂是十分必要的。如在饮水中添加0.1%～0.4%维生素C和0.2%～0.3%氯化铵，可明显缓解热应激。据报道，在日粮中添加0.04%杆菌肽锌，可维持肠道内菌群平衡，促进营养吸收，提高饲料转化率，同时也有抗应激作用。在饲料或饮水中添加0.1%延胡索酸能有效缓解热应激，使鸡增加采食量和提高产蛋率。在高温高湿等应激状态下，在饲料中添加 0.3% 碳酸氢钠（溶于清水后拌料，10 分钟后饲喂），可显著提高蛋鸡抗热能力和产蛋率，同时又可以大大降低鸡蛋破损率。

#### 4. 合理使用矿物饲料

夏季应适当提高日粮中磷的含量（磷可起到缓解热应激作用），同时产蛋鸡日粮中钙含量可增加到 3.8%～4%，尽量做到钙磷平衡，保持钙、磷比例为 4∶1。但是，配合饲料中钙含量过多，会影响适口性，因此，可以单独补充，让鸡自由采食以满足其生理需要。

#### 5. 注意添加调味饲料

饲料中添加一定的调味饲料对提高蛋鸡采食量大有帮助。因此，为提高饲料的适口性、增进食欲，应在保证饲料质量的前提下，选用化十香味素、对氨基苯甲酸、谷氨酸钠等安全有效的调味剂。

#### 6. 调整喂料时间

生产中可以适当增加饲喂次数，夏季早晚气温较低，此时，蛋鸡采食量也相应较大，可在早晨和晚上熄灯前各加喂 1 次料，以保证鸡只采食到足量的饲料。此外，还可使用一些中草药方剂来缓解或治疗热应激，如消暑散（由藿香、金银花、板蓝根、苍术、龙胆草等混合碾末），按 1% 比例添加到饲料中，具有清热解暑、解毒化湿等作用。

## 四、饲料存放

饲料存放的环境直接影响饲料存放的时间与饲料质量，特别是夏季雨水多、气温又高，空气相对湿度较大，加上真菌、细菌等微生物的作用，在贮存过程中容易发生氧化、结块、发霉等。饲料存放环境对饲料的质量至关重要，对于禽场来说要做好以下几方面。

#### 1. 正确选择贮存地点并做好准备工作

饲料贮存仓库必须选择地势高、干燥、阴凉、通风良好且排水方便的地方，四周墙壁及地面用水泥抹好，以防漏、防鼠和防止地面返潮。贮存仓库清扫干净后关闭门窗进行熏蒸消毒，盛放饲料的包装要用高温水蒸气消毒。料缸和料桶用 1∶3 000 的百毒杀溶液消毒，存放时饲料不能和地面、墙壁直接接触，要用木板支架隔离开。

#### 2. 控制好饲料及其原料的含水量

饲料及原料的含水量高低直接关系到饲料的贮存效果，水分高，饲料易发热氧化、结块、霉变。据试验，饲料含水量在 15% 以上最易发生霉变，而且随水分含量增加饲料霉变速度也相应加快，因此，贮存时应严格控制饲料含水量。

**3. 控制好温湿度并加强通风**

低温、低湿和良好的通风条件有利于饲料的贮存，能防止饲料氧化、发霉。一般来讲，饲料贮存室内相对湿度要低于 60%，并保持良好的通风换气，尽可能降低贮存室内温度，有条件的可安装温度表和湿度计，以便及时检查。相反，高温、高湿则不利于饲料的贮存，据试验，气温在 10℃ 以下时霉菌生长繁殖缓慢，气温在 30℃ 以上且湿度适宜时霉菌会迅速繁殖，饲料内霉菌数量大增，从而造成饲料发霉变质。

**4. 饲料存放及安全贮存期**

饲料贮存时间较长时，应定期检查，及时上下翻动和通风换气，发现饲料或原料发热要及时摊开散热，受潮或发热的饲料应马上使用或分开贮存，防止其余饲料结块、霉变。使用时，应遵循先陈后新的原则，不可新陈饲料混用。此外，由于夏天气温高且湿度大这一特殊原因，一次购料、配料不宜过多，饲料或原料也不要贮存太久，散装料以 3 天左右用完为宜，袋装料最好不超过 7 天，最迟也应在 10～12 天内使用完。

**5. 及时灭鼠杀虫**

鼠和虫不仅消耗饲料，造成额外浪费，而且其活动还消耗氧气、产生二氧化碳和水、释放出热量，导致饲料局部温度升高、湿度加大，引起饲料结块、发霉。老鼠还能在墙壁及屋顶处掏洞，并向外偷运饲料；更严重的是下雨时雨水会从鼠洞灌入贮存室，导致较多饲料受潮发霉。所以，应利用灭鼠药、捕鼠器进行灭鼠。发现饲料生虫要立即把生虫饲料挑出，用安全高效的杀虫剂进行杀虫处理，其余饲料加入防虫药物，以防止虫害再次发生。

**6. 应用高效饲料防霉剂**

尽管饲料或原料经过干燥处理，但其中总是含有一定数量的霉菌，一旦条件适宜，它们会迅速生长繁殖，造成饲料霉败，所以防霉是夏季饲料贮存工作的重点，应使用高效饲料防霉剂。

## 五、饲料中禁止非法添加物使用

2019 年农业农村部发布 194 号公告，公告指出全面禁止饲料中抗生素使用，退出除中药外的所有促生长类药物饲料添加剂品种。同时，养殖户自配料不得添加饲料原料、添加剂品种目录以外物质。具体明细见农业农村部公告 第307号、农业农村部公告 第194号和《禁止在饲料和动物饮用水中使用的药物品种目录》。

## （一）农业农村部公告 第307号（节选）

为规范养殖者自行配制饲料的行为，保障动物产品质量安全，按照《饲料和饲料添加剂管理条例》有关要求，我部规定如下。

（1）养殖者自行配制饲料的，应当利用自有设施设备，供自有养殖动物使用。

（2）养殖者自行配制的饲料（以下简称"自配料"）不得对外提供；不得以代加工、租赁设施设备以及其他任何方式对外提供配制服务。

（3）养殖者应当遵守我部公布的有关饲料原料和饲料添加剂的限制性使用规定，除当地有传统使用习惯的天然植物原料（不包括药用植物）及农副产品外，不得使用我部公布的《饲料原料目录》《饲料添加剂品种目录》以外的物质自行配制饲料。

（4）养殖者应当遵守我部公布的《饲料添加剂安全使用规范》有关规定，不得在自配料中超出适用动物范围和最高限量使用饲料添加剂。严禁在自配料中添加禁用药物、禁用物质及其他有毒有害物质。

（5）自配料使用的单一饲料、饲料添加剂、混合型饲料添加剂、添加剂预混合饲料和浓缩饲料应为合法饲料生产企业的合格产品，并按其产品使用说明和注意事项使用。

（6）养殖者在日常生产自配料时，不得添加我部允许在商品饲料中使用的抗球虫和中药类药物以外的兽药。因养殖动物发生疾病，需要通过混饲给药方式使用兽药进行治疗的，要严格按照兽药使用规定及法定兽药质量标准、标签和说明书购买使用，兽用处方药必须凭执业兽医处方购买使用。含有兽药的自配料要单独存放并加标识，要建立用药记录制度，严格执行休药期制度，接受县级以上畜牧兽医主管部门监管。

（7）自配料原料、半成品、成品等应当与农药、化肥、化工有毒产品以及有可能危害饲料产品安全与养殖动物健康的其他物质分开存放，并采取有效措施避免交叉污染。

（8）反刍动物自配料的生产设施设备不得与其他动物自配料生产设施设备共用。反刍动物自配料不得添加乳和乳制品以外的动物源性成分。

（9）养殖者违反本规定的，由县级以上饲料主管部门依照《饲料和饲料

第五章 健康养殖禽场投入品和疫病的管理

添加剂管理条例》《兽药管理条例》《国务院关于加强食品等产品安全监督管理的特别规定》等予以处罚。涉嫌犯罪的,移送司法机关依法追究刑事责任。

本规定自 2020 年 8 月 1 日起施行。

## (二)农业农村部公告第 194 号(节选)

根据《兽药管理条例》《饲料和饲料添加剂管理条例》有关规定,按照《遏制细菌耐药国家行动计划(2016—2020 年)》和《全国遏制动物源细菌耐药行动计划(2017—2020 年)》部署,为维护我国动物源性食品安全和公共卫生安全,我部决定停止生产、进口、经营、使用部分药物饲料添加剂,并对相关管理政策作出调整。现就有关事项公告如下:

(1)自 2020 年 1 月 1 日起,退出除中药外的所有促生长类药物饲料添加剂品种,兽药生产企业停止生产、进口兽药代理商停止进口相应兽药产品,同时注销相应的兽药产品批准文号和进口兽药注册证书。此前已生产、进口的相应兽药产品可流通至 2020 年 6 月 30 日。

(2)自 2020 年 7 月 1 日起,饲料生产企业停止生产含有促生长类药物饲料添加剂(中药类除外)的商品饲料。此前已生产的商品饲料可流通使用至 2020 年 12 月 31 日。

(3)2020 年 1 月 1 日前,我部组织完成既有促生长又有防治用途品种的质量标准修订工作,删除促生长用途,仅保留防治用途。

(4)改变抗球虫和中药类药物饲料添加剂管理方式,不再核发"兽药添字"批准文号,改为"兽药字"批准文号,可在商品饲料和养殖过程中使用。2020 年 1 月 1 日前,我部组织完成抗球虫和中药类药物饲料添加剂品种质量标准和标签说明书修订工作。

(5)2020 年 7 月 1 日前,完成相应兽药产品"兽药添字"转为"兽药字"批准文号变更工作。

(6)自 2020 年 7 月 1 日起,原农业部公告第 168 号和第 220 号废止。

## (三)禁止在饲料和动物饮用水中使用的药物品种目录

**1. 肾上腺素受体激动剂**

(1)盐酸克仑特罗(Clenbuterol Hydrochloride):中华人民共和国药典(以下简称药典)2000 年二部 P605。β2 肾上腺素受体激动药。

(2)沙丁胺醇(Salbutamol):药典 2000 年二部 P316。β2 肾上腺素受体激动药。

（3）硫酸沙丁胺醇（Salbutamol Sulfate）：药典 2000 年二部 P870。β2 肾上腺素受体激动药。

（4）莱克多巴胺（Ractopamine）：一种 β 兴奋剂，美国食品和药物管理局（FDA）已批准，中国未批准。

（5）盐酸多巴胺（Dopamine Hydrochloride）：药典 2000 年二部 P591。多巴胺受体激动药。

（6）西马特罗（Cimaterol）：美国氰胺公司开发的产品，一种 β 兴奋剂，FDA 未批准。

（7）硫酸特布他林（Terbutaline Sulfate）：药典 2000 年二部 P890。β2 肾上腺受体激动药。

**2. 性激素**

（1）己烯雌酚（Diethylstibestrol）：药典 2000 年二部 P42。雌激素类药。

（2）雌二醇（Estradiol）：药典 2000 年二部 P1005。雌激素类药。

（3）戊酸雌二醇（Estradiol Valerate）：药典 2000 年二部 P124。雌激素类药。

（4）苯甲酸雌二醇（Estradiol Benzoate）：药典 2000 年二部 P369。雌激素类药。中华人民共和国兽药典（以下简称兽药典）2000 年版一部 P109。雌激素类药。用于发情不明显动物的催情及胎衣滞留、死胎的排出。

（5）氯烯雌醚（Chlorotrianisene）药典 2000 年二部 P919。

（6）炔诺醇（Ethinylestradiol）药典 2000 年二部 P422。

（7）炔诺醚（Quinestrol）药典 2000 年二部 P424。

（8）醋酸氯地孕酮（Chlormadinone acetate）药典 2000 年二部 P1037。

（9）左炔诺孕酮（Levonorgestrel）药典 2000 年二部 P107。

（10）炔诺酮（Norethisterone）药典 2000 年二部 P420。

（11）绒毛膜促性腺激素（绒促性素）（Chorionic Gonadotrophin）：药典 2000 年二部 P534。促性腺激素药。兽药典 2000 年版一部 P146。激素类药。用于性功能障碍、习惯性流产及卵巢囊肿等。

（12）促卵泡生长激素（尿促性素主要含卵泡刺激 FSHT 和黄体生成素 LH）（Menotropins）：药典 2000 年二部 P321。促性腺激素类药。

**3. 蛋白同化激素**

（1）碘化酪蛋白（Iodinated Casein）：蛋白同化激素类，为甲状腺素的前驱物质，具有类似甲状腺素的生理作用。

（2）苯丙酸诺龙及苯丙酸诺龙注射液（Nandrolone phenylpropionate）药

典 2000 年二部 P365。

**4. 精神药品**

（1）（盐酸）氯丙嗪（Chlorpromazine Hydrochloride）：药典 2000 年二部 P676。抗精神病药。兽药典 2000 年版一部 P177。镇静药。用于强化麻醉以及使动物安静等。

（2）盐酸异丙嗪（Promethazine Hydrochloride）：药典 2000 年二部 P602。抗组胺药。兽药典 2000 年版一部 P164。抗组胺药。用于变态反应性疾病，如荨麻疹、血清病等。

（3）安定（地西泮）（Diazepam）：药典 2000 年二部 P214。抗焦虑药、抗惊厥药。兽药典 2000 年版一部 P61。镇静药、抗惊厥药。

（4）苯巴比妥（Phenobarbital）：药典 2000 年二部 P362。镇静催眠药、抗惊厥药。兽药典 2000 年版一部 P103。巴比妥类药。缓解脑炎、破伤风、士的宁中毒所致的惊厥。

（5）苯巴比妥钠（Phenobarbital Sodium）。兽药典 2000 年版一部 P105。巴比妥类药。缓解脑炎、破伤风、士的宁中毒所致的惊厥。

（6）巴比妥（Barbital）：兽药典 2000 年版一部 P27。中枢抑制和增强解热镇痛。

（7）异戊巴比妥（Amobarbital）：药典 2000 年二部 P252。催眠药、抗惊厥药。

（8）异戊巴比妥钠（Amobarbital Sodium）：兽药典 2000 年版一部 P82。巴比妥类药。用于小动物的镇静、抗惊厥和麻醉。

（9）利血平（Reserpine）：药典 2000 年二部 P304。抗高血压药。

（10）艾司唑仑（Estazolam）。

（11）甲丙氨酯（Meprobamate）。

（12）咪达唑仑（Midazolam）。

（13）硝西泮（Nitrazepam）。

（14）奥沙西泮（Oxazepam）。

（15）匹莫林（Pemoline）。

（16）三唑仑（Triazolam）。

（17）唑吡旦（Zolpidem）。

（18）其他国家管制的精神药品。

**5. 各种抗生素滤渣**

该类物质是抗生素类产品生产过程中产生的工业"三废"，因含有微量抗生素成分，在饲料和饲养过程中使用后对动物有一定的促生长作用。但对养殖业的危害很大，一是容易引起耐药性，二是由于未做安全性试验，存在各种安全隐患。

# 第二节　禽场兽药的管理

## 一、兽药的选购

养殖场在购买或使用兽药时，如何判断是否是假劣兽药？质量是否失效变质？除用理化或生物学方法检验外，简单的方法是从外观上来识别。

**1. 查看兽药产品有无批准文号和扫描二维码**

兽药的批准文号是兽药产品的法律许可凭证，无批准文号的产品按假兽药处理。

**2. 查看兽药包装是否有标签**

按兽药管理条例规定，兽药包装必须贴有标签，并注明"兽用"字样。标签上写明兽药的成分及含量，用途、用法和数量等。

**3. 查看兽药的有效期和储存条件**

购买的兽药需要检查是否在有效期内和符合储存条件。如生物制品、动物制品等，置于冰箱、冷库中保存。

**4. 查看不同剂型的外观有无变化**

（1）水针剂。

①查看比色。拿5支水针剂进行比色，如果发生色泽变化，说明此剂已变质或超过了有效使用期。

②看澄明度。注射剂除了混悬剂和特殊的种类有特定说明外，不得有肉眼可见的混浊和异物，反之则为劣药。

③溶液不得有结晶、沉淀及发霉现象，否则即为劣药和变质。

（2）片剂。外观应完整光洁，色泽均匀，有适宜的硬度。如果表面出现斑点、疏松、受潮、粘边、发霉或有游离结晶析出，说明药片已变质，不能再用。

（3）散剂。散剂一般为色泽均匀、干燥疏松的干粉，如有变色、发霉、结块、发黏等现象发生，都属于变质药物，不能使用。

（4）粉针剂。不应有裂瓶、封口漏气、瓶盖松动。如发现崩盖、松盖、歪盖。瓶口有裂缝或渗液现象的药品不应使用。在自然光亮处反复旋转检查，药品色泽应一致，不得有变色。如发现其中有色点或变色，瓶内药粉出现潮解、结块或粘瓶壁等现象，均属过期失效变质药品，不能继续使用。

（5）中药材。主要查看有无吸潮霉变，虫蛀、鼠咬。出现上述现象不宜使用。

## 二、正确储存与保管兽药

用户在通过上述检查后购进合格兽药后，还应注意根据各种兽药的特性进行合理保管，否则药品会因不当保管而失效，从而使用时达不到应有的效果。药品保管的方法有密封保存、避光保存、低温保存、防止过期失效等。

### 1. 密封保存

凡易吸潮发霉变质的药品如原料药、片剂、粉剂等应密封保存。胶塞铝盖包装的粉针剂，应注意防潮，贮存干燥处，且不得倒置。

### 2. 避光保存

凡见光可发生化学变化生成有色物质，出现变色物质，导致药效降低或毒性增加的药品如维生素，则必须盛装在棕色瓶等避光的容器内，避光保存。

### 3. 低温保存

受热易分解失效的原料药如抗生素及受热易挥发的药品如酒精则应存放于低温阴凉处，这里特别要注意用于免疫预防的疫苗在运输过程中应按要求采用冷链运输，在保存中应按相应疫苗保存的要求进行冷藏或冷冻。

### 4. 防止过期失效

药品一般来说有一个有效使用期，凡超过有效期的药品不应使用。在生产实践中应建立药品过期的预警制度，凡将要失效的药品，在同类药中应优先使用。

## 三、假、劣兽药的识别

### 1. 假兽药

假兽药形式主要包括以下几种：以非兽药冒充兽药的；兽药所含成分的种类、名称与国家标准、行业标准或者地方标准不符合的；未取得批准文号的；国务院畜牧兽医行政管理部门明文规定禁止使用的。

**2. 劣兽药**

劣兽药的限定范围主要包括：兽药成分含量与国家标准、行业标准或者地方标准规定不符合的；超过有效期的；因变质不能药用的；因被污染不能药用的；其他与兽药标准规定不符合，但不属于假兽药的。

**3. 假兽药的辨别**

如何识别真假兽药一般来说可以通过药物包装的检查、标签或说明书检查、药品的批号和有效期检查、药物表观质量的检查，药物疗效对比、防伪标识检查等方法来作出判断。

（1）包装的检查。药物的包装必须符合药品质量的要求，如需避光的则应采用避光的包装，需防潮的则应采用防潮包装，大包装内应有小包装；包装上必须按规定贴有或印有标签并附具说明书，检查内包装上是否附有检验合格标志，包装箱内有无检验合格证。用瓶包装应检查瓶盖是否密封，封口是否严密，有无松动现象，检查有无裂缝或药液释出，并应对外层大包装、内层小包装及容器上三者的标签内容逐一检查，看是否一致。

（2）标签或说明书。标签是兽药生产企业对药品质量和数量承担法律责任的标志之一。药品说明书是药品生产企业向兽药使用者宣传介绍药品特性、作用与用途、指导药品使用者合理使用药物的科学依据。按《兽药管理条例》的规定：标签或说明书必须注明商标、药品名称、规格、生产企业名称、产品批号和批准文号，写明兽药的主要成分、含量、作用、用途、用法、用量、有效期和注意事项等，并特别注意有无兽药生产批准文号，并且药品名称里必须标识兽药产品通用名称（特别是要包含兽药主要成分的化学名），兽用药品要注明"兽用"字样，要通过 GMP（良好生产规范）认证且要标注 GMP 字样，而养殖户应选择 GMP 兽药。

（3）药品的批号和有效期。批号是表示兽药生产日期和批次的一种编号，一个批号为同一生产工艺、一次投料量所得的产品。批号常为6位数字表示，即前两位表示年份，中间两位表示月份，后两位表示日期，若同一日期生产几批，则可加分号来表示不同的批次。如 980905-2，即表示该药品是 1998 年 9 月 5 日生产的第二批药品。药物的有效期是在规定的贮藏条件下，能够保证药品质量的期限。标签上的有效期，表示当月仍有效，下月则过期失效。而有的以有效期来表示，则应以生产日期加上有效期年数则为该药品的有效年限。凡超过有效期的药品则不要购买。

（4）批准文号。兽药批准文号是有关部门根据《兽药管理条例》，对特定的兽药生产企业按照兽药法定标准、生产工艺和生产条件生产某一兽药产品

第五章 健康养殖禽场投入品和疫病的管理

的法律许可凭证，具有专一性，不允许随意改变。兽药批准文号必须按农业农村部规定的统一编号格式，如果使用文件号或其他编号代替，冒充兽药生产批准文号，该产品视为无批准文号产品，则为假兽药。

（5）药品制剂（含生物制品）的表观质量检查。

①注射剂、水针剂：注射剂（针剂）、水针剂（注射液）主要检查其澄明度、色度、色泽、裂瓶、漏气、混浊、沉淀、装量差异。粉针剂主要检查色泽、粘瓶、裂瓶、溶化、结块、漏气、混浊、沉淀、装量差异及溶解后的澄明度。

②水剂、酊剂、乳剂：水剂、酊剂、乳剂主要检查其不应有的混浊、沉淀、渗漏、挥发、分层、发霉、酸败、变色和装量。

③片剂、丸剂、胶囊剂：片剂、丸剂、胶囊剂主要检查起色泽、斑点、潮解、发霉、溶化、粘瓶、裂片、片的均匀度，胶囊剂还应检查有无漏粉、漏油。

④散剂：主要检查其有无结块、异常黑点、霉变、重量差异等。

⑤软膏：主要检查有无变质、变色、溶化、分层、硬结、漏油。

⑥中药材：主要看其有无吸潮霉变、虫蛀、鼠咬等，出现上述现象不宜继续使用。

（6）疗效检查。养殖户选购兽药应选购信誉好，质量稳定的厂家的兽药，或购药后按照说明书用药后的效果来决定是否再次购买该药，或根据其他养殖户的使用效果选用。凡疗效不佳的兽药则不要选用。

（7）防伪标识检查。在兽药生产企业中有些企业做有防伪标识以防假，购买时应根据其提供的防伪方法进行识别，以保证购买到正货、真货。

## 四、兽药管理条例的各项法律法规

为进一步加强兽药使用质量管理，保证兽药使用安全，保障动物健康和产品质量安全，根据《中华人民共和国动物防疫法》《中华人民共和国畜牧法》《饲料和饲料添加剂管理条例》《兽药管理条例》的规定。兽药使用单位和个人，从事兽药使用活动应遵守上述规定。兽药使用单位指动物养殖场、动物诊疗机构、饲料和饲料添加剂生产企业、科研机构试验场。兽药使用个人为养殖户、执业兽医和乡村兽医。

上市销售的兽药分为兽用处方药和非处方药。根据兽药的安全性、有效性和使用者自行使用的风险程度确定兽药分类。其中兽用处方药为特殊管理的兽用处方药和一般管理的兽用处方药。特殊管理的兽用处方药包括兽用麻醉药品、精神药品、毒性药品、放射性药品等兽药使用者凭执业兽医师开具的处方方可使用兽用处方药。兽用麻醉药品、精神药品、毒性药品、放射性药品等特殊管理的兽用处方药，依照国家有关规定管理。兽药使用者可以根据专业人员的指导，自行选择、购买和使用兽用非处方药。

## 五、休药期规定

为加强对兽药使用环节的管理，促进养殖业健康发展，保护人体健康，根据《兽药管理条例》及农业农村部有关规定制定兽药安全使用规范如下，兽药使用者必须遵守。

兽药使用单位及个人必须遵守《兽药管理条例》的有关规定；兽药使用单位，应当遵守国务院兽医行政管理部门制定的兽药安全使用规定，并建立用药记录；禁止使用假、劣兽药以及国务院兽医行政管理部门规定禁止使用的药品和其他化合物。

有休药期（表5.1）规定的兽药用于食用动物时，养殖者应当向购买者或者屠宰者提供准确、真实的用药记录；购买者或者屠宰者应当确保动物及其产品在用药期、休药期内不被用于食品消费；禁止在饲料和动物饮用水中添加激素类药品和国务院兽医行政管理部门规定的其他禁用药品；经批准可以在饲料中添加的中兽药，应当由兽药生产企业制成药物饲料添加剂后方可添加。禁止将原料药直接添加到饲料及动物饮用水中或者直接饲喂动物；禁止销售含有违禁药物或者兽药残留量超过标准的食用动物产品。

2003年农业部公告第278号规定，为了加强兽药使用管理，保证动物性产品质量安全，根据《兽药管理条例》规定，制定了兽药国家标准和专业标准中部分品种的停药期规定（表5.2），并确定了部分不需制定停药期规定的品种（表5.3）。2017年，中华人民共和国农业部令2017年第8号，修改和废止了部分规章、规范性文件中，兽药停药期规定（2003年5月22日农业部公告第278号）的部分兽药品种条款被废止。2015年和2016年农业部分别发布的禁限用兽药清单、兽药休药期规定和兽用处方药品种目录公告中禁止洛美沙星、培氟沙星、氧氟沙星、诺氟沙星4种人兽共用的抗菌药用于动物抗病，禁止硫酸粘菌素预混剂用于动物促生长。家庭养殖场禁止使用的兽药及常用药物的休药期见表5.4和表5.5。

## 第五章 健康养殖禽场投入品和疫病的管理

表 5.1　家禽常用抗菌药物休药期规定一览

| 兽药名称 | 产品名称 | 参考来源 | 休药期 |
|---|---|---|---|
| 杆菌肽 | 杆菌肽锌预混剂 | 中国兽药典 | 0 日 |
| | 亚甲基水杨酸杆菌肽预混剂 | 农业农村部公告 | 0 日 |
| | 亚甲基水杨酸杆菌肽可溶性粉 | 农业农村部公告 | 0 日 |
| 黄霉素 | 黄霉素预混剂 | 兽药质量标准 | 0 日 |
| 沙拉沙星 | 盐酸沙拉沙星可溶性粉 | 兽药质量标准 | 0 日 |
| 大观霉素 | 盐酸大观霉素盐酸林可霉素可溶性粉 | 中国兽药典 | 0 日 |
| 阿维拉霉素 | 阿维拉霉素预混剂 | 农业农村部公告 | 0 日 |
| 头孢噻呋 | 注射用头孢噻呋钠 | 中国兽药典 | 无 |
| 二氟沙星 | 盐酸二氟沙星粉 | 兽药质量标准 | 1 日 |
| | 盐酸二氟沙星溶液 | 兽药质量标准 | 1 日 |
| 泰乐菌素 | 酒石酸泰乐菌素可溶性粉 | 中国兽药典 | 1 日 |
| 维吉尼亚霉素 | 维吉尼亚霉素预混剂 | 农业农村部公告 | 1 日 |
| 磺胺嘧啶 | 复方磺胺嘧啶混悬液 | 兽药质量标准 | 1 日 |
| 氟甲喹 | 氟甲喹可溶性粉 | 兽药质量标准 | 2 日 |
| 磺胺氯达嗪 | 复方磺胺氯达嗪钠粉 | 中国兽药典 | 2 日 |
| 红霉素 | 硫氰酸红霉素可溶性粉 | 中国兽药典 | 3 日 |
| 四环素 | 四环素片 | 兽药质量标准 | 4 日 |
| 土霉素 | 盐酸土霉素可溶性粉 | 兽药质量标准 | 5 日 |
| 大观霉素 | 盐酸大观霉素可溶性粉 | 中国兽药典 | 5 日 |
| 达氟沙星 | 甲磺酸达氟沙星粉 | 兽药质量标准 | 5 日 |
| | 甲磺酸达氟沙星溶液 | 兽药质量标准 | 5 日 |
| 林可霉素 | 盐酸林可霉素可溶性粉 | 兽药质量标准 | 5 日 |
| 氟苯尼考 | 氟苯尼考可溶性粉 | 中国兽药典 | 5 日 |
| | 氟苯尼考溶液 | 中国兽药典 | 5 日 |
| 泰万菌素 | 酒石酸泰万菌素可溶性粉 | 兽药质量标准 | 5 日 |
| | 酒石酸泰万菌素预混剂 | 农业农村部公告 | 5 日 |
| 泰乐菌素 | 磷酸泰乐菌素预混剂 | 中国兽药典 | 5 日 |

（续表）

| 兽药名称 | 产品名称 | 参考来源 | 休药期 |
| --- | --- | --- | --- |
| 泰妙菌素 | 延胡索酸泰妙菌素可溶性粉 | 中国兽药典 | 5日 |
| | 延胡索酸泰妙菌素可溶性粉 | 农业农村部公告 | 5日 |
| 硫酸新霉素 | 硫酸新霉素溶液 | 兽药质量标准 | 5日 |
| | 硫酸新霉素预混剂 | 农业部公告 | 5日 |
| 土霉素 | 土霉素片 | 中国兽药典 | 5日 |
| | 土霉素预混剂 | 兽药质量标准 | 5日 |
| 林可霉素 | 盐酸林可霉素硫酸大观霉素可溶性粉 | 农业部公告 | 5日 |
| | 盐酸林可霉素硫酸大观霉素预混剂 | 农业部公告 | 5日 |
| 硫酸新霉素 | 硫酸新霉素可溶性粉 | 中国兽药典 | 5日，火鸡14日 |
| | 硫酸新霉素可溶性粉 | 农业部公告 | 5日，火鸡14日 |
| 吉他霉素 | 吉他霉素片 | 中国兽药典 | 7日 |
| | 吉他霉素预混剂 | 中国兽药典 | 7日 |
| | 酒石酸吉他霉素可溶性粉 | 中国兽药典 | 7日 |
| 安普霉素 | 硫酸安普霉素可溶性粉 | 中国兽药典 | 7日 |
| 那西肽 | 那西肽预混剂 | 兽药质量标准 | 7日 |
| 阿莫西林 | 阿莫西林可溶性粉 | 中国兽药典 | 7日 |
| 阿莫西林+克拉维酸 | 复方阿莫西林粉 | 兽药质量标准 | 7日 |
| 金霉素 | 金霉素预混剂 | 兽药质量标准 | 7日 |
| | 盐酸金霉素可溶性粉 | 兽药质量标准 | 7日 |
| 恩拉霉素 | 恩拉霉素预混剂 | 农业农村部公告 | 7日 |
| 氨苄西林 | 氨苄西林可溶性粉 | 兽药质量标准 | 7日 |
| | 氨苄西林钠可溶性粉 | 兽药质量标准 | 7日 |
| 氨苄西林+海他西林 | 复方氨苄西林粉 | 兽药质量标准 | 7日 |
| 黏菌素 | 硫酸黏菌素可溶性粉 | 中国兽药典 | 7日 |
| | 硫酸黏菌素预混剂（发酵） | 兽药质量标准 | 7日 |
| | 硫酸黏菌素预混剂 | 兽药质量标准 | 7日 |
| 土霉素 | 土霉素钙预混剂 | 兽药质量标准 | 7日 |
| 阿莫西林 | 阿莫西林硫酸黏菌素可溶性粉 | 农业农村部公告 | 8日 |

第五章 健康养殖禽场投入品和疫病的管理

（续表）

| 兽药名称 | 产品名称 | 参考来源 | 休药期 |
|---|---|---|---|
| 恩诺沙星 | 恩诺沙星片 | 中国兽药典 | 8日 |
|  | 恩诺沙星可溶性粉 | 兽药质量标准 | 8日 |
|  | 恩诺沙星溶液 | 中国兽药典 | 8日 |
|  | 恩诺沙星混悬液 | 农业农村部公告 | 8日 |
| 环丙沙星 | 乳酸环丙沙星可溶性粉 | 兽药质量标准 | 8日 |
| 替米考星 | 替米考星可溶性粉 | 兽药质量标准 | 10日 |
| 磺胺二甲嘧啶 | 复方磺胺二甲嘧啶钠可溶性粉 | 兽药质量标准 | 10日 |
| 磺胺二甲嘧啶 | 磺胺二甲嘧啶片 | 中国兽药典 | 10日 |
| 磺胺对甲氧嘧啶 | 磺胺对甲氧嘧啶二甲氧苄啶预混剂 | 兽药质量标准 | 10日 |
| 恩诺沙星 | 盐酸恩诺沙星可溶性粉 | 兽药质量标准 | 11日 |
| 替米考星 | 替米考星溶液 | 中国兽药典 | 12日 |
|  | 磷酸替米考星可溶性粉 | 农业农村部公告 | 15日 |
| 喹烯酮 | 喹烯酮预混剂 | 兽药质量标准 | 14日 |
| 环丙沙星 | 盐酸环丙沙星可溶性粉 | 兽药质量标准 | 28日 |
| 磺胺甲噁唑 | 磺胺甲噁唑可溶性粉 | 兽药质量标准 | 28日 |
| 磺胺脒 | 磺胺脒片 | 中国兽药典 | 28日 |
| 磺胺间甲氧嘧啶 | 磺胺间甲氧嘧啶钠可溶性粉 | 兽药质量标准 | 28日 |
|  | 复方磺胺间甲氧嘧啶预混剂 | 兽药质量标准 | 28日 |
|  | 复方磺胺间甲氧嘧啶钠粉 | 兽药质量标准 | 28日 |
|  | 复方磺胺间甲氧嘧啶钠溶液 | 兽药质量标准 | 28日 |
|  | 磺胺间甲氧嘧啶预混剂 | 兽药质量标准 | 28日 |
|  | 复方磺胺间甲氧嘧啶钠可溶性粉 | 兽药质量标准 | 28日 |
| 卡那霉素 | 单硫酸卡那霉素可溶性粉 | 兽药质量标准 | 28日 |
| 甲砜霉素 | 甲砜霉素可溶性粉 | 兽药质量标准 | 28日 |
|  | 甲砜霉素颗粒 | 兽药质量标准 | 28日 |
| 庆大霉素 | 硫酸庆大霉素可溶性粉 | 兽药质量标准 | 28日 |
| 泰乐菌素 | 酒石酸泰乐菌素磺胺二甲嘧啶可溶性粉 | 兽药质量标准 | 28日 |

（续表）

| 兽药名称 | 产品名称 | 参考来源 | 休药期 |
|---|---|---|---|
| 多西环素 | 盐酸多西环素可溶性粉 | 中国兽药典 | 28 日 |
| 庆大-小诺霉素 | 硫酸庆大-小诺霉素注射液 | 兽药质量标准 | 40 日 |

表 5.2　兽药停药期规定

| 序号 | 兽药名称 | 执行标准 | 停药期 |
|---|---|---|---|
| 1 | 乙酸甲喹片 | 兽药规范 1992 版 | 牛、猪 35 日 |
| 2 | 二氢吡啶 | 部颁标准 | 牛、肉鸡 7 日，弃奶期 7 日 |
| 3 | 二硝托胺预混剂 | 兽药典 2000 版 | 鸡 3 日，产蛋期禁用 |
| 4 | 土霉素片 | 兽药典 2000 版 | 牛、羊、猪 7 日，禽 5 日，弃蛋期 2 日，弃奶期 3 日 |
| 5 | 土霉素注射液 | 部颁标准 | 牛、羊、猪 28 日，弃奶期 7 日 |
| 6 | 马杜霉素预混剂 | 部颁标准 | 鸡 5 日，产蛋期禁用 |
| 7 | 双甲脒溶液 | 兽药典 2000 版 | 牛、羊 21 日，猪 8 日，弃奶期 48 小时，禁用于产奶羊 |
| 8 | 巴胺磷溶液 | 部颁标准 | 羊 14 日 |
| 9 | 水杨酸钠注射液 | 兽药规范 1965 版 | 牛 0 日，弃奶期 48 小时 |
| 10 | 四环素片 | 兽药典 1990 版 | 牛 12 日、猪 10 日、鸡 4 日，产蛋期禁用，产奶期禁用 |
| 11 | 甲砜霉素片 | 部颁标准 | 28 日，弃奶期 7 日 |
| 12 | 甲砜霉素散 | 部颁标准 | 28 日，弃奶期 7 日，鱼 500 度日 |
| 13 | 甲基前列腺素 F2α 注射液 | 部颁标准 | 牛 1 日，猪 1 日，羊 1 日 |
| 14 | 甲硝唑片 | 兽药典 2000 版 | 牛 28 日 |
| 15 | 甲磺酸达氟沙星注射液 | 部颁标准 | 猪 25 日 |
| 16 | 甲磺酸达氟沙星粉 | 部颁标准 | 鸡 5 日，产蛋鸡禁用 |
| 17 | 甲磺酸达氟沙星溶液 | 部颁标准 | 鸡 5 日，产蛋鸡禁用 |
| 18 | 甲磺酸培氟沙星可溶性粉 | 部颁标准 | 28 日，产蛋鸡禁用 |
| 19 | 甲磺酸培氟沙星注射液 | 部颁标准 | 28 日，产蛋鸡禁用 |
| 20 | 甲磺酸培氟沙星颗粒 | 部颁标准 | 28 日，产蛋鸡禁用 |

第五章 健康养殖禽场投入品和疫病的管理

（续表）

| | 兽药名称 | 执行标准 | 停药期 |
|---|---|---|---|
| 21 | 亚硒酸钠维生素E注射液 | 兽药典2000版 | 牛、羊、猪28日 |
| 22 | 亚硒酸钠维生素E预混剂 | 兽药典2000版 | 牛、羊、猪28日 |
| 23 | 亚硫酸氢钠甲萘醌注射液 | 兽药典2000版 | 0日 |
| 24 | 伊维菌素注射液 | 兽药典2000版 | 牛、羊35日，猪28日，泌乳期禁用 |
| 25 | 吉他霉素片 | 兽药典2000版 | 猪、鸡7日，产蛋期禁用 |
| 26 | 吉他霉素预混剂 | 部颁标准 | 猪、鸡7日，产蛋期禁用 |
| 27 | 地西泮注射液 | 兽药典2000版 | 28日 |
| 28 | 地克珠利预混剂 | 部颁标准 | 鸡5日，产蛋期禁用 |
| 29 | 地克珠利溶液 | 部颁标准 | 鸡5日，产蛋期禁用 |
| 30 | 地美硝唑预混剂 | 兽药典2000版 | 猪、鸡28日，产蛋期禁用 |
| 31 | 地塞米松磷酸钠注射液 | 兽药典2000版 | 牛、羊、猪21日，弃奶期3日 |
| 32 | 安乃近片 | 兽药典2000版 | 牛、羊、猪28日，弃奶期7日 |
| 33 | 安乃近注射液 | 兽药典2000版 | 牛、羊、猪28日，弃奶期7日 |
| 34 | 安钠咖注射液 | 兽药典2000版 | 牛、羊、猪28日，弃奶期7日 |
| 35 | 那西肽预混剂 | 部颁标准 | 鸡7日，产蛋期禁用 |
| 36 | 吡喹酮片 | 兽药典2000版 | 28日，弃奶期7日 |
| 37 | 芬苯哒唑片 | 兽药典2000版 | 牛、羊21日，猪3日，弃奶期7日 |
| 38 | 芬苯哒唑粉（苯硫苯咪唑粉剂） | 兽药典2000版 | 牛、羊14日，猪3日，弃奶期5日 |
| 39 | 苄星邻氯青霉素注射液 | 部颁标准 | 牛28日，产犊后4天禁用，泌乳期禁用 |
| 40 | 阿司匹林片 | 兽药典2000版 | 0日 |
| 41 | 阿苯达唑片 | 兽药典2000版 | 牛14日，羊4日，猪7日，禽4日，弃奶期60小时 |
| 42 | 阿莫西林可溶性粉 | 部颁标准 | 鸡7日，产蛋鸡禁用 |
| 43 | 阿维菌素片 | 部颁标准 | 羊35日，猪28日，泌乳期禁用 |
| 44 | 阿维菌素注射液 | 部颁标准 | 羊35日，猪28日，泌乳期禁用 |
| 45 | 阿维菌素粉 | 部颁标准 | 羊35日，猪28日，泌乳期禁用 |
| 46 | 阿维菌素胶囊 | 部颁标准 | 羊35日，猪28日，泌乳期禁用 |
| 47 | 阿维菌素透皮溶液 | 部颁标准 | 牛、猪42日，泌乳期禁用 |

（续表）

| | 兽药名称 | 执行标准 | 停 药 期 |
|---|---|---|---|
| 48 | 乳酸环丙沙星可溶性粉 | 部颁标准 | 禽8日，产蛋鸡禁用 |
| 49 | 乳酸环丙沙星注射液 | 部颁标准 | 牛14日，猪10日，禽28日，弃奶期84小时 |
| 50 | 乳酸诺氟沙星可溶性粉 | 部颁标准 | 禽8日，产蛋鸡禁用 |
| 51 | 注射用三氮脒 | 兽药典2000版 | 28日，弃奶期7日 |
| 52 | 注射用苄星青霉素（注射用苄星青霉素G） | 兽药规范1978版 | 牛、羊4日，猪5日，弃奶期3日 |
| 53 | 注射用乳糖酸红霉素 | 兽药典2000版 | 牛14日，羊3日，猪7日，弃奶期3日 |
| 54 | 注射用苯巴比妥钠 | 兽药典2000版 | 28日，弃奶期7日 |
| 55 | 注射用苯唑西林钠 | 兽药典2000版 | 牛、羊14日，猪5日，弃奶期3日 |
| 56 | 注射用青霉素钠 | 兽药典2000版 | 0日，弃奶期3日 |
| 57 | 注射用青霉素钾 | 兽药典2000版 | 0日，弃奶期3日 |
| 58 | 注射用氨苄青霉素钠 | 兽药典2000版 | 牛6日，猪15日，弃奶期48小时 |
| 59 | 注射用盐酸土霉素 | 兽药典2000版 | 牛、羊、猪8日，弃奶期48小时 |
| 60 | 注射用盐酸四环素 | 兽药典2000版 | 牛、羊、猪8日，弃奶期48小时 |
| 61 | 注射用酒石酸泰乐菌素 | 部颁标准 | 牛28日，猪21日，弃奶期96小时 |
| 62 | 注射用喹嘧胺 | 兽药典2000版 | 28日，弃奶期7日 |
| 63 | 注射用氯唑西林钠 | 兽药典2000版 | 牛10日，弃奶期2日 |
| 64 | 注射用硫酸双氢链霉素 | 兽药典1990版 | 牛、羊、猪18日，弃奶期72小时 |
| 65 | 注射用硫酸卡那霉素 | 兽药典2000版 | 28日，弃奶期7日 |
| 66 | 注射用硫酸链霉素 | 兽药典2000版 | 牛、羊、猪18日，弃奶期72小时 |
| 67 | 环丙氨嗪预混剂（1%） | 部颁标准 | 鸡3日 |
| 68 | 苯丙酸诺龙注射液 | 兽药典2000版 | 28日，弃奶期7日 |
| 69 | 苯甲酸雌二醇注射液 | 兽药典2000版 | 28日，弃奶期7日 |
| 70 | 复方水杨酸钠注射液 | 兽药规范1978版 | 28日，弃奶期7日 |
| 71 | 复方甲苯咪唑粉 | 部颁标准 | 鳗150度日 |
| 72 | 复方阿莫西林粉 | 部颁标准 | 鸡7日，产蛋期禁用 |
| 73 | 复方氨苄西林片 | 部颁标准 | 鸡7日，产蛋期禁用 |
| 74 | 复方氨苄西林粉 | 部颁标准 | 鸡7日，产蛋期禁用 |

第五章 健康养殖禽场投入品和疫病的管理

（续表）

| | 兽药名称 | 执行标准 | 停药期 |
|---|---|---|---|
| 75 | 复方氨基比林注射液 | 兽药典 2000 版 | 28 日，弃奶期 7 日 |
| 76 | 复方磺胺对甲氧嘧啶片 | 兽药典 2000 版 | 28 日，弃奶期 7 日 |
| 77 | 复方磺胺对甲氧嘧啶钠注射液 | 兽药典 2000 版 | 18 日，弃奶期 7 日 |
| 78 | 复方磺胺甲噁唑片 | 兽药典 2000 版 | 28 日，弃奶期 7 日 |
| 79 | 复方磺胺氯哒嗪钠粉 | 部颁标准 | 猪 4 日，鸡 2 日，产蛋期禁用 |
| 80 | 复方磺胺嘧啶钠注射液 | 兽药典 2000 版 | 牛、羊 12 日，猪 20 日，弃奶期 48 小时 |
| 81 | 枸橼酸乙胺嗪片 | 兽药典 2000 版 | 28 日，弃奶期 7 日 |
| 82 | 枸橼酸哌嗪片 | 兽药典 2000 版 | 牛、羊 28 日，猪 21 日，禽 14 日 |
| 83 | 氟苯尼考注射液 | 部颁标准 | 猪 14 日，鸡 28 日，鱼 375 度日 |
| 84 | 氟苯尼考粉 | 部颁标准 | 猪 20 日，鸡 5 日，鱼 375 度日 |
| 85 | 氟苯尼考溶液 | 部颁标准 | 鸡 5 日，产蛋期禁用 |
| 86 | 氟胺氰菊酯条 | 部颁标准 | 流蜜期禁用 |
| 87 | 氢化可的松注射液 | 兽药典 2000 版 | 0 日 |
| 88 | 氢溴酸东莨菪碱注射液 | 兽药典 2000 版 | 28 日，弃奶期 7 日 |
| 89 | 洛克沙胂预混剂 | 部颁标准 | 5 日，产蛋期禁用 |
| 90 | 恩诺沙星片 | 兽药典 2000 版 | 鸡 8 日，产蛋鸡禁用 |
| 91 | 恩诺沙星可溶性粉 | 部颁标准 | 鸡 8 日，产蛋鸡禁用 |
| 92 | 恩诺沙星注射液 | 兽药典 2000 版 | 牛、羊 14 日，猪 10 日，兔 14 日 |
| 93 | 恩诺沙星溶液 | 兽药典 2000 版 | 禽 8 日，产蛋鸡禁用 |
| 94 | 氧阿苯达唑片 | 部颁标准 | 羊 4 日 |
| 95 | 氧氟沙星片 | 部颁标准 | 28 日，产蛋鸡禁用 |
| 96 | 氧氟沙星可溶性粉 | 部颁标准 | 28 日，产蛋鸡禁用 |
| 97 | 氧氟沙星注射液 | 部颁标准 | 28 日，弃奶期 7 日，产蛋鸡禁用 |
| 98 | 氧氟沙星溶液（碱性） | 部颁标准 | 28 日，产蛋鸡禁用 |
| 99 | 氧氟沙星溶液（酸性） | 部颁标准 | 28 日，产蛋鸡禁用 |
| 100 | 氨苯胂酸预混剂 | 部颁标准 | 5 日，产蛋鸡禁用 |
| 101 | 氨茶碱注射液 | 兽药典 2000 版 | 28 日，弃奶期 7 日 |
| 102 | 海南霉素钠预混剂 | 部颁标准 | 鸡 7 日，产蛋期禁用 |

（续表）

| | 兽药名称 | 执行标准 | 停药期 |
|---|---|---|---|
| 103 | 烟酸诺氟沙星可溶性粉 | 部颁标准 | 28日，产蛋鸡禁用 |
| 104 | 烟酸诺氟沙星注射液 | 部颁标准 | 28日 |
| 105 | 烟酸诺氟沙星溶液 | 部颁标准 | 28日，产蛋鸡禁用 |
| 106 | 盐酸二氟沙星片 | 部颁标准 | 鸡1日 |
| 107 | 盐酸二氟沙星注射液 | 部颁标准 | 猪45日 |
| 108 | 盐酸二氟沙星粉 | 部颁标准 | 鸡1日 |
| 109 | 盐酸二氟沙星溶液 | 部颁标准 | 鸡1日 |
| 110 | 盐酸大观霉素可溶性粉 | 兽药典2000版 | 鸡5日，产蛋期禁用 |
| 111 | 盐酸左旋咪唑 | 兽药典2000版 | 牛2日，羊3日，猪3日，禽28日，泌乳期禁用 |
| 112 | 盐酸左旋咪唑注射液 | 兽药典2000版 | 牛14日，羊28日，猪28日，泌乳期禁用 |
| 113 | 盐酸多西环素片 | 兽药典2000版 | 28日 |
| 114 | 盐酸异丙嗪片 | 兽药典2000版 | 28日 |
| 115 | 盐酸异丙嗪注射液 | 兽药典2000版 | 28日，弃奶期7日 |
| 116 | 盐酸沙拉沙星可溶性粉 | 部颁标准 | 鸡0日，产蛋期禁用 |
| 117 | 盐酸沙拉沙星注射液 | 部颁标准 | 猪0日，鸡0日，产蛋期禁用 |
| 118 | 盐酸沙拉沙星溶液 | 部颁标准 | 鸡0日，产蛋期禁用 |
| 119 | 盐酸沙拉沙星片 | 部颁标准 | 鸡0日，产蛋期禁用 |
| 120 | 盐酸林可霉素片 | 兽药典2000版 | 猪6日 |
| 121 | 盐酸林可霉素注射液 | 兽药典2000版 | 猪2日 |
| 122 | 盐酸环丙沙星、盐酸小檗碱预混剂 | 部颁标准 | 500度日 |
| 123 | 盐酸环丙沙星可溶性粉 | 部颁标准 | 28日，产蛋鸡禁用 |
| 124 | 盐酸环丙沙星注射液 | 部颁标准 | 28日，产蛋鸡禁用 |
| 125 | 盐酸苯海拉明注射液 | 兽药典2000版 | 28日，弃奶期7日 |
| 126 | 盐酸洛美沙星片 | 部颁标准 | 28日，弃奶期7日，产蛋鸡禁用 |
| 127 | 盐酸洛美沙星可溶性粉 | 部颁标准 | 28日，产蛋鸡禁用 |
| 128 | 盐酸洛美沙星注射液 | 部颁标准 | 28日，弃奶期7日 |
| 129 | 盐酸氨丙啉、乙氧酰胺甲酯、磺胺喹噁啉预混剂 | 兽药典2000版 | 鸡10日，产蛋鸡禁用 |

## 第五章 健康养殖禽场投入品和疫病的管理

（续表）

| | 兽药名称 | 执行标准 | 停药期 |
|---|---|---|---|
| 130 | 盐酸氨丙啉、乙氧酰胺甲酯预混剂 | 兽药典2000版 | 鸡3日，产蛋期禁用 |
| 131 | 盐酸氯丙嗪片 | 兽药典2000版 | 28日，弃奶期7日 |
| 132 | 盐酸氯丙嗪注射液 | 兽药典2000版 | 28日，弃奶期7日 |
| 133 | 盐酸氯苯胍片 | 兽药典2000版 | 鸡5日，兔7日，产蛋期禁用 |
| 134 | 盐酸氯苯胍预混剂 | 兽药典2000版 | 鸡5日，兔7日，产蛋期禁用 |
| 135 | 盐酸氯胺酮注射液 | 兽药典2000版 | 28日，弃奶期7日 |
| 136 | 盐酸赛拉唑注射液 | 兽药典2000版 | 28日，弃奶期7日 |
| 137 | 盐酸赛拉嗪注射液 | 兽药典2000版 | 牛、羊14日，鹿15日 |
| 138 | 盐霉素钠预混剂 | 兽药典2000版 | 鸡5日，产蛋期禁用 |
| 139 | 诺氟沙星、盐酸小檗碱预混剂 | 部颁标准 | 500度日 |
| 140 | 酒石酸吉他霉素可溶性粉 | 兽药典2000版 | 鸡7日，产蛋期禁用 |
| 141 | 酒石酸泰乐菌素可溶性粉 | 兽药典2000版 | 鸡1日，产蛋期禁用 |
| 142 | 维生素$B_{12}$注射液 | 兽药典2000版 | 0日 |
| 143 | 维生素$B_1$片 | 兽药典2000版 | 0日 |
| 144 | 维生素$B_1$注射液 | 兽药典2000版 | 0日 |
| 145 | 维生素$B_2$片 | 兽药典2000版 | 0日 |
| 146 | 维生素$B_2$注射液 | 兽药典2000版 | 0日 |
| 147 | 维生素$B_6$片 | 兽药典2000版 | 0日 |
| 148 | 维生素$B_6$注射液 | 兽药典2000版 | 0日 |
| 149 | 维生素C片 | 兽药典2000版 | 0日 |
| 150 | 维生素C注射液 | 兽药典2000版 | 0日 |
| 151 | 维生素C磷酸酯镁、盐酸环丙沙星预混剂 | 部颁标准 | 500度日 |
| 152 | 维生素$D_3$注射液 | 兽药典2000版 | 28日，弃奶期7日 |
| 153 | 维生素E注射液 | 兽药典2000版 | 牛、羊、猪28日 |
| 154 | 维生素$K_1$注射液 | 兽药典2000版 | 0日 |
| 155 | 喹乙醇预混剂 | 兽药典2000版 | 猪35日，禁用于禽、鱼、35千克以上的猪 |

（续表）

| | 兽药名称 | 执行标准 | 停 药 期 |
|---|---|---|---|
| 156 | 奥芬达唑片（苯亚砜哒唑） | 兽药典2000版 | 牛、羊、猪7日，产奶期禁用 |
| 157 | 普鲁卡因青霉素注射液 | 兽药典2000版 | 牛10日，羊9日，猪7日，弃奶期48小时 |
| 158 | 氯羟吡啶预混剂 | 兽药典2000版 | 鸡5日，兔5日，产蛋期禁用 |
| 159 | 氯氰碘柳胺钠注射液 | 部颁标准 | 28日，弃奶期28日 |
| 160 | 氯硝柳胺片 | 兽药典2000版 | 牛、羊28日 |
| 161 | 氰戊菊酯溶液 | 部颁标准 | 28日 |
| 162 | 硝氯酚片 | 兽药典2000版 | 28日 |
| 163 | 硝碘酚腈注射液（克虫清） | 部颁标准 | 羊30日，弃奶期5日 |
| 164 | 硫氰酸红霉素可溶性粉 | 兽药典2000版 | 鸡3日，产蛋期禁用 |
| 165 | 硫酸卡那霉素注射液（单硫酸盐） | 兽药典2000版 | 28日 |
| 166 | 硫酸安普霉素可溶性粉 | 部颁标准 | 猪21日，鸡7日，产蛋期禁用 |
| 167 | 硫酸安普霉素预混剂 | 部颁标准 | 猪21日 |
| 168 | 硫酸庆大-小诺霉素注射液 | 部颁标准 | 猪、鸡40日 |
| 169 | 硫酸庆大霉素注射液 | 兽药典2000版 | 猪40日 |
| 170 | 硫酸粘菌素可溶性粉 | 部颁标准 | 7日，产蛋期禁用 |
| 171 | 硫酸粘菌素预混剂 | 部颁标准 | 7日，产蛋期禁用 |
| 172 | 硫酸新霉素可溶性粉 | 兽药典2000版 | 鸡5日，火鸡14日，产蛋期禁用 |
| 173 | 越霉素A预混剂 | 部颁标准 | 猪15日，鸡3日，产蛋期禁用 |
| 174 | 碘硝酚注射液 | 部颁标准 | 羊90日，弃奶期90日 |
| 175 | 碘醚柳胺混悬液 | 兽药典2000版 | 牛、羊60日，泌乳期禁用 |
| 176 | 精制马拉硫磷溶液 | 部颁标准 | 28日 |
| 177 | 精制敌百虫片 | 兽药规范1992版 | 28日 |
| 178 | 蝇毒磷溶液 | 部颁标准 | 28日 |
| 179 | 醋酸地塞米松片 | 兽药典2000版 | 马、牛0日 |
| 180 | 醋酸泼尼松片 | 兽药典2000版 | 0日 |
| 181 | 醋酸氟孕酮阴道海绵 | 部颁标准 | 羊30日，泌乳期禁用 |
| 182 | 醋酸氢化可的松注射液 | 兽药典2000版 | 0日 |
| 183 | 磺胺二甲嘧啶片 | 兽药典2000版 | 牛10日，猪15日，禽10日 |

（续表）

| | 兽药名称 | 执行标准 | 停药期 |
|---|---|---|---|
| 184 | 磺胺二甲嘧啶钠注射液 | 兽药典 2000 版 | 28 日 |
| 185 | 磺胺对甲氧嘧啶、二甲氧苄氨嘧啶片 | 兽药规范 1992 版 | 28 日 |
| 186 | 磺胺对甲氧嘧啶、二甲氧苄氨嘧啶预混剂 | 兽药典 1990 版 | 28 日，产蛋期禁用 |
| 187 | 磺胺对甲氧嘧啶片 | 兽药典 2000 版 | 28 日 |
| 188 | 磺胺甲噁唑片 | 兽药典 2000 版 | 28 日 |
| 189 | 磺胺间甲氧嘧啶片 | 兽药典 2000 版 | 28 日 |
| 190 | 磺胺间甲氧嘧啶钠注射液 | 兽药典 2000 版 | 28 日 |
| 191 | 磺胺脒片 | 兽药典 2000 版 | 28 日 |
| 192 | 磺胺喹噁啉、二甲氧苄氨嘧啶预混剂 | 兽药典 2000 版 | 鸡 10 日，产蛋期禁用 |
| 193 | 磺胺喹噁啉钠可溶性粉 | 兽药典 2000 版 | 鸡 10 日，产蛋期禁用 |
| 194 | 磺胺氯吡嗪钠可溶性粉 | 部颁标准 | 火鸡 4 日、肉鸡 1 日，产蛋期禁用 |
| 195 | 磺胺嘧啶片 | 兽药典 2000 版 | 牛 28 日 |
| 196 | 磺胺嘧啶钠注射液 | 兽药典 2000 版 | 牛 10 日，羊 18 日，猪 10 日，弃奶期 3 日 |
| 197 | 磺胺噻唑片 | 兽药典 2000 版 | 28 日 |
| 198 | 磺胺噻唑钠注射液 | 兽药典 2000 版 | 28 日 |
| 199 | 磷酸左旋咪唑片 | 兽药典 1990 版 | 牛 2 日，羊 3 日，猪 3 日，禽 28 日，泌乳期禁用 |
| 200 | 磷酸左旋咪唑注射液 | 兽药典 1990 版 | 牛 14 日，羊 28 日，猪 28 日，泌乳期禁用 |
| 201 | 磷酸哌嗪片（驱蛔灵片） | 兽药典 2000 版 | 牛、羊 28 日、猪 21 日，禽 14 日 |
| 202 | 磷酸泰乐菌素预混剂 | 部颁标准 | 鸡、猪 5 日 |

表 5.3 不需制定停药期的兽药品种

| 序号 | 兽药名称 | 标准来源 |
|---|---|---|
| 1 | 乙酰胺注射液 | 兽药典 2000 版 |
| 2 | 二甲硅油 | 兽药典 2000 版 |
| 3 | 二巯丙磺钠注射液 | 兽药典 2000 版 |
| 4 | 三氯异氰脲酸粉 | 部颁标准 |

（续表）

| 序号 | 兽药名称 | 标准来源 |
| --- | --- | --- |
| 5 | 大黄碳酸氢钠片 | 兽药规范1992版 |
| 6 | 山梨醇注射液 | 兽药典2000版 |
| 7 | 马来酸麦角新碱注射液 | 兽药典2000版 |
| 8 | 马来酸氯苯那敏片 | 兽药典2000版 |
| 9 | 马来酸氯苯那敏注射液 | 兽药典2000版 |
| 10 | 双氢氯噻嗪片 | 兽药规范1978版 |
| 11 | 月苄三甲氯铵溶液 | 部颁标准 |
| 12 | 止血敏注射液 | 兽药规范1978版 |
| 13 | 水杨酸软膏 | 兽药规范1965版 |
| 14 | 丙酸睾酮注射液 | 兽药典2000版 |
| 15 | 右旋糖酐铁钴注射液（铁钴针注射液） | 兽药规范1978版 |
| 16 | 右旋糖酐40氯化钠注射液 | 兽药典2000版 |
| 17 | 右旋糖酐40葡萄糖注射液 | 兽药典2000版 |
| 18 | 右旋糖酐70氯化钠注射液 | 兽药典2000版 |
| 19 | 叶酸片 | 兽药典2000版 |
| 20 | 四环素醋酸可的松眼膏 | 兽药规范1978版 |
| 21 | 对乙酰氨基酚片 | 兽药典2000版 |
| 22 | 对乙酰氨基酚注射液 | 兽药典2000版 |
| 23 | 尼可刹米注射液 | 兽药典2000版 |
| 24 | 甘露醇注射液 | 兽药典2000版 |
| 25 | 甲基硫酸新斯的明注射液 | 兽药规范1965版 |
| 26 | 亚硝酸钠注射液 | 兽药典2000版 |
| 27 | 亚硫酸氢钠甲萘醌注射液 | 兽药典2000版 |
| 28 | 安络血注射液 | 兽药规范1992版 |
| 29 | 次硝酸铋（碱式硝酸铋） | 兽药典2000版 |
| 30 | 次碳酸铋（碱式碳酸铋） | 兽药典2000版 |
| 31 | 呋塞米片 | 兽药典2000版 |
| 32 | 呋塞米注射液 | 兽药典2000版 |
| 33 | 辛氨乙甘酸溶液 | 部颁标准 |

第五章 健康养殖禽场投入品和疫病的管理

（续表）

| 序号 | 兽药名称 | 标准来源 |
| --- | --- | --- |
| 34 | 乳酸钠注射液 | 兽药典 2000 版 |
| 35 | 注射用异戊巴比妥钠 | 兽药典 2000 版 |
| 36 | 注射用血促性素 | 兽药规范 1992 版 |
| 37 | 注射用抗血促性素血清 | 部颁标准 |
| 38 | 注射用垂体促黄体素 | 兽药规范 1978 版 |
| 39 | 注射用促黄体素释放激素 A2 | 部颁标准 |
| 40 | 注射用促黄体素释放激素 A3 | 部颁标准 |
| 41 | 注射用绒促性素 | 兽药典 2000 版 |
| 42 | 注射用硫代硫酸钠 | 兽药规范 1965 版 |
| 43 | 注射用解磷定 | 兽药规范 1965 版 |
| 44 | 苯扎溴铵溶液 | 兽药典 2000 版 |
| 45 | 青蒿琥酯片 | 部颁标准 |
| 46 | 鱼石脂软膏 | 兽药规范 1978 版 |
| 47 | 复方氯化钠注射液 | 兽药典 2000 版 |
| 48 | 复方氯胺酮注射液 | 部颁标准 |
| 49 | 复方磺胺噻唑软膏 | 兽药规范 1978 版 |
| 50 | 复合维生素 B 注射液 | 兽药规范 1978 版 |
| 51 | 宫炎清溶液 | 部颁标准 |
| 52 | 枸橼酸钠注射液 | 兽药规范 1992 版 |
| 53 | 毒毛花苷 K 注射液 | 兽药典 2000 版 |
| 54 | 氢氯噻嗪片 | 兽药典 2000 版 |
| 55 | 洋地黄毒苷注射液 | 兽药规范 1978 版 |
| 56 | 浓氯化钠注射液 | 兽药典 2000 版 |
| 57 | 重酒石酸去甲肾上腺素注射液 | 兽药典 2000 版 |
| 58 | 烟酰胺片 | 兽药典 2000 版 |
| 59 | 烟酰胺注射液 | 兽药典 2000 版 |
| 60 | 烟酸片 | 兽药典 2000 版 |
| 61 | 盐酸大观霉素、盐酸林可霉素可溶性粉 | 兽药典 2000 版 |
| 62 | 盐酸利多卡因注射液 | 兽药典 2000 版 |

（续表）

| 序号 | 兽药名称 | 标准来源 |
| --- | --- | --- |
| 63 | 盐酸肾上腺素注射液 | 兽药规范1978版 |
| 64 | 盐酸甜菜碱预混剂 | 部颁标准 |
| 65 | 盐酸麻黄碱注射液 | 兽药规范1978版 |
| 66 | 萘普生注射液 | 兽药典2000版 |
| 67 | 酚磺乙胺注射液 | 兽药典2000版 |
| 68 | 黄体酮注射液 | 兽药典2000版 |
| 69 | 氯化胆碱溶液 | 部颁标准 |
| 70 | 氯化钙注射液 | 兽药典2000版 |
| 71 | 氯化钙葡萄糖注射液 | 兽药典2000版 |
| 72 | 氯化氨甲酰甲胆碱注射液 | 兽药典2000版 |
| 73 | 氯化钾注射液 | 兽药典2000版 |
| 74 | 氯化琥珀胆碱注射液 | 兽药典2000版 |
| 75 | 氯甲酚溶液 | 部颁标准 |
| 76 | 硫代硫酸钠注射液 | 兽药典2000版 |
| 77 | 硫酸新霉素软膏 | 兽药规范1978版 |
| 78 | 硫酸镁注射液 | 兽药典2000版 |
| 79 | 葡萄糖酸钙注射液 | 兽药典2000版 |
| 80 | 溴化钙注射液 | 兽药规范1978版 |
| 81 | 碘化钾片 | 兽药典2000版 |
| 82 | 碱式碳酸铋片 | 兽药典2000版 |
| 83 | 碳酸氢钠片 | 兽药典2000版 |
| 84 | 碳酸氢钠注射液 | 兽药典2000版 |
| 85 | 醋酸泼尼松眼膏 | 兽药典2000版 |
| 86 | 醋酸氟轻松软膏 | 兽药典2000版 |
| 87 | 硼葡萄糖酸钙注射液 | 部颁标准 |
| 88 | 输血用枸橼酸钠注射液 | 兽药规范1978版 |
| 89 | 硝酸士的宁注射液 | 兽药典2000版 |
| 90 | 醋酸可的松注射液 | 兽药典2000版 |
| 91 | 碘解磷定注射液 | 兽药典2000版 |

第五章　健康养殖禽场投入品和疫病的管理

（续表）

| 序号 | 兽药名称 | 标准来源 |
| --- | --- | --- |
| 92 | 中药及中药成分制剂、维生素类、微量元素类、兽用消毒剂、生物制品类等五类产品（产品质量标准中有要求的除外） | |

表5.4　禁止使用的兽药及其他化合物名称（汇总）

| 序号 | 兽药及其他化合物名称 | 禁止用途 | 禁用动物 |
| --- | --- | --- | --- |
| 1 | β-兴奋剂类：克仑特罗、沙丁胺醇、西马特罗及其盐、酯及制剂 | 所有用途 | 所有食品动物 |
| 2 | 性激素类：己烯雌酚及其盐、酯及制剂 | 所有用途 | 所有食品动物 |
| 3 | 具有雌激素样作用的物质：玉米赤霉醇、去甲雄三烯醇酮、醋酸甲孕酮及制剂 | 所有用途 | 所有食品动物 |
| 4 | 氯霉素及其盐、酯（包括琥珀氯霉素）及制剂 | 所有用途 | 所有食品动物 |
| 5 | 氨苯砜及制剂 | 所有用途 | 所有食品动物 |
| 6 | 硝基呋喃类：呋喃唑酮、呋喃它酮、呋喃苯烯酸钠及制剂 | 所有用途 | 所有食品动物 |
| 7 | 硝基化合物：硝基酚钠、硝呋烯腙及制剂 | 所有用途 | 所有食品动物 |
| 8 | 催眠、镇静类：安眠酮及制剂 | 所有用途 | 所有食品动物 |
| 9 | 硝基咪唑类：替硝唑及其盐、酯及制剂 | 所有用途 | 所有食品动物 |
| 10 | 喹噁啉类：卡巴氧及其盐、酯及制剂 | 所有用途 | 所有食品动物 |
| 11 | 抗生素类：万古霉素及其盐、酯及制剂 | 所有用途 | 所有食品动物 |

表5.5　家禽养殖中常用药物的休药期汇总

| 序号 | 类别 | 药物名称 | 休药期 |
| --- | --- | --- | --- |
| 1 | 四环素类 | 四环素片 | 鸡4日，蛋鸡产蛋期禁用 |
| 2 | | 土霉素片 | 禽5日，弃蛋期2日 |
| 3 | | 金霉素预混剂 | 鸡7日，蛋鸡产蛋期禁用 |
| 4 | | 盐酸金霉素可溶性粉 | 鸡7日，蛋鸡产蛋期禁用 |
| 5 | | 盐酸多西环素可溶性粉 | 28日，蛋鸡产蛋期禁用 |

（续表）

| 序号 | 类别 | 药物名称 | 休药期 |
| --- | --- | --- | --- |
| 6 | β-内酰胺类 | 氨苄西林可溶性粉 | 鸡7日，蛋鸡产蛋期禁用 |
| 7 | | 氨苄西林钠可溶性粉 | 鸡7日，蛋鸡产蛋期禁用 |
| 8 | | 注射用青霉素钠 | 禽0日，蛋鸡产蛋期禁用 |
| 9 | | 阿莫西林可溶性粉 | 鸡7日，蛋鸡产蛋期禁用 |
| 10 | | 注射用头孢噻呋钠 | 雏鸡0日 |
| 11 | 氨基糖苷类 | 单硫酸卡那霉素可溶性粉 | 禽28日，弃蛋期7日 |
| 12 | | 硫酸庆大霉素可溶性粉 | 禽28日，蛋鸡产蛋期禁用 |
| 13 | | 硫酸安普霉素可溶性粉 | 鸡7日，蛋鸡产蛋期禁用 |
| 14 | | 硫酸新霉素可溶性粉 | 鸡5日，蛋鸡产蛋期禁用 |
| 15 | | 替米考星溶液 | 鸡12日，蛋鸡产蛋期禁用 |
| 16 | | 盐酸大观霉素可溶性粉 | 鸡5日，蛋鸡产蛋期禁用 |
| 17 | 氟喹诺酮类 | 乳酸环丙沙星可溶性粉 | 禽8日，蛋鸡产蛋期禁用 |
| 18 | | 乳酸环丙沙星注射液 | 禽28日，蛋鸡产蛋期禁用 |
| 19 | | 盐酸环丙沙星可溶性粉 | 禽28日，蛋鸡产蛋期禁用 |
| 20 | | 盐酸环丙沙星注射液 | 禽28日，蛋鸡产蛋期禁用 |
| 21 | | 恩诺沙星可溶性粉 | 鸡8日，蛋鸡产蛋期禁用 |
| 22 | | 恩诺沙星溶液 | 鸡8日，蛋鸡产蛋期禁用 |
| 23 | 大环内酯类 | 硫氰酸红霉素可溶性粉 | 鸡3日，蛋鸡产蛋期禁用 |
| 24 | | 注射用酒石酸泰乐菌素 | 禽28日 |
| 25 | | 酒石酸泰乐菌素可溶性粉 | 鸡1日，蛋鸡产蛋期禁用 |
| 26 | | 磷酸泰乐菌素预混剂 | 鸡5日，蛋鸡产蛋期禁用 |
| 27 | | 酒石酸泰万菌素可溶性粉 | 鸡5日，蛋鸡产蛋期禁用 |
| 28 | | 酒石酸泰万菌素预混剂 | 鸡5日，蛋鸡产蛋期禁用 |
| 29 | | 吉他霉素预混剂 | 鸡7日，蛋鸡产蛋期禁用 |
| 30 | | 酒石酸吉他霉素可溶性粉 | 鸡7日，蛋鸡产蛋期禁用 |
| 31 | 双萜烯类 | 延胡索酸泰妙菌素可溶性粉 | 鸡5日 |
| 32 | 酰胺醇类 | 氟苯尼考可溶性粉 | 鸡5日 |
| 33 | | 氟苯尼考注射液 | 鸡28日，蛋鸡产蛋期禁用 |
| 34 | | 氟苯尼考溶液 | 鸡5日，蛋鸡产蛋期禁用 |

# 第五章 健康养殖禽场投入品和疫病的管理

（续表）

| 序号 | 类别 | 药物名称 | 休药期 |
|---|---|---|---|
| 35 | 磺胺类 | 磺胺二甲嘧啶片 | 禽 10 日 |
| 36 | | 磺胺对甲氧嘧啶片 | 禽 28 日 |
| 37 | | 磺胺间甲氧嘧啶钠可溶性粉 | 禽 28 日 |
| 38 | 林可胺类 | 盐酸林可霉素可溶性粉 | 鸡 5 日，蛋鸡产蛋期禁用 |
| 39 | 其他 | 盐酸大观霉素盐酸林可霉素可溶性粉 | 仅用于 5～7 日龄雏鸡 |
| 40 | | 卡巴匹林钙 | 鸡 0 日，蛋鸡产蛋期禁用 |
| 41 | | 芬苯达唑粉 | 禽 28 日 |
| 42 | | 阿苯达唑片 | 禽 4 日 |
| 43 | | 吡喹酮片 | 禽 28 日 |
| 44 | | 地克珠利预混剂 | 鸡 5 日，蛋鸡产蛋期禁用 |
| 45 | | 癸氧喹酯预混剂 | 鸡 5 日，蛋鸡产蛋期禁用 |

## 六、抗菌药减量化的现状

根据《中华人民共和国生物安全法》《中华人民共和国乡村振兴促进法》《兽药管理条例》规定，以及《国务院办公厅关于促进畜牧业高质量发展的意见》《食用农产品"治违禁 控药残 促提升"三年行动方案》等文件要求，在全国兽用抗菌药使用减量化行动试点工作基础上，制定《全国兽用抗菌药使用减量化行动方案（2021—2025年）》。

以生猪、蛋鸡、肉鸡、肉鸭、奶牛、肉牛、肉羊等畜禽品种为重点，稳步推进兽用抗菌药使用减量化行动（以下简称"减抗"），切实提高畜禽养殖环节兽用抗菌药安全、规范、科学使用的能力和水平，确保"十四五"时期全国产出每吨动物产品兽用抗菌药的使用量保持下降趋势，肉、蛋、奶等畜禽产品的兽药残留监督抽检合格率稳定保持在98%以上，动物源细菌耐药趋势得到有效遏制。

到2025年末，50%以上的规模养殖场实施养殖减抗行动，建立完善并严格执行兽药安全使用管理制度，做到规范科学用药，全面落实兽用处方药制度、兽药休药期制度和"兽药规范使用"承诺制度。

## （一）强化兽用抗菌药全链条监管

**1. 加强兽用抗菌药生产经营监管**

严格实施《兽药生产质量管理规范（2020年修订）》，严禁兽药生产经营企业制售促生长类抗菌药物饲料添加剂。加大兽用抗菌药质量监督抽检力度，实施"检打联动"，严查隐性添加禁用成分或其他成分。严格落实兽药二维码追溯制度，确保兽药产品全部赋码上市，兽药生产经营企业产品入库、出库追溯数据全部准确上传至国家兽药产品追溯系统。加强原料药管理，防止非法流入养殖环节。强化兽药网络销售平台监督，会同工业和信息化部门严厉打击通过互联网违法销售假劣兽药行为。

**2. 加强兽用抗菌药使用监管**

加强饲料生产经营企业监管，完善饲料中非法添加兽药成分检测方法标准，组织开展非法添加药物及违禁物质专项监测，严肃查处违法违规行为。加强养殖场（户）用药监管，除允许在商品饲料中使用的抗球虫类和中药类药物以外，严禁在自配料中添加其他任何兽药。压实养殖场（户）规范用药主体责任，督促指导养殖场（户）建立完善兽药采购、存储、使用等管理制度，严格执行兽药使用记录制度、兽用处方药制度、兽药休药期制度等安全使用规定，准确真实记录兽药使用情况，严禁超范围、超剂量用药。创新兽药使用管理制度，建立实施养殖场（户）"兽药规范使用"承诺制，将其作为自主开具食用农产品达标合格证的重要依据。在养殖场（户）出售畜禽及其产品时，有关部门要按照动物产地检疫规程等规定，对用药记录等养殖档案进行查验核对。加大惩戒力度，对违规用药行为依法从重处罚，涉嫌犯罪的，移交公安部门立案查处。

## （二）加强兽用抗菌药使用风险控制

**1. 监测兽用抗菌药使用量**

充分利用国家兽药产品追溯系统，监测分析兽用抗菌药应用种类、数量、流向等情况，分析变化趋势，及时提出针对性预防措施。

**2. 实施畜禽产品兽药残留监控**

结合辖区内生产实际，制定实施年度畜禽产品兽药残留监控计划，加大检测力度，及时掌握风险因子，控制残留风险。

**3. 开展动物源细菌耐药性监测**

建立完善动物源细菌耐药性监测实验室，健全动物源细菌耐药性监测体

第五章 健康养殖禽场投入品和疫病的管理

系。制定实施年度动物源细菌耐药性监测计划，组织开展耐药性监测，提升耐药性风险管控能力。

### （三）支持兽用抗菌药替代产品应用

**1. 促进兽用中药产业健康发展**

创新完善兽用中药准入政策，建立符合兽用中药特点和产业发展实际的注册制度。支持对疗效确切的传统兽用中药进行"二次开发"，简化源自经典名方的复方制剂注册审批。将兽用中药生产企业纳入农业产业化龙头企业支持范围，享受农产品加工相关支持政策。

**2. 遴选推广替代产品**

组织相关教学科研单位、减抗达标养殖场（户）等，开展安全高效低残留兽用抗菌药替代产品筛选评价工作，引导养殖场（户）正确选用替代产品。支持绿色养殖技术推广和产品研发，鼓励各地统筹基层动物防疫补助经费等相关项目资金，对推广使用兽用中药等替代产品力度大、成效好的养殖场（户）给予奖励。

### （四）加强兽用抗菌药使用减量化技术指导服务

**1. 强化从业人员宣传教育**

强化养殖主体、畜牧兽医技术服务人员的培训教育，将兽用抗菌药减量使用相关技术规范纳入高素质农民培育项目课程体系，并作为乡村兽医、基层动物防疫队伍培训的重要内容。充分利用各种媒体，科普宣传规范用药知识、轮换用药原则、精准用药方法等，提高从业人员规范用药意识和水平。

**2. 开展技术服务**

实施"科学使用兽用抗菌药"公益接力行动，发挥中国兽药协会、中国畜牧业协会以及地方相关行业组织的作用，组织引导兽药生产经营企业和养殖龙头企业，以公司带农户方式，邀请专家进村入户进行现场技术指导，逐场逐户推广普及科学用药知识和技术，力争"十四五"末实现对规模养殖场技术指导服务全覆盖。

### （五）构建兽用抗菌药使用减量化激励机制

**1. 开展养殖场（户）减抗成效评价**

各地在农业农村部减抗试点评价标准基础上，建立健全本地养殖减抗评价指标体系，组织开展减抗成效评价工作，发布达标养殖场（户）名单，并作为创建国家级畜禽标准化示范场的重要参考。允许省级以上评价达标的减抗养殖场（户）使用农业农村部确定的"兽用抗菌药使用减量化达标场"标识。

**2. 推广养殖减抗典型模式**

及时总结提炼不同畜禽品种养殖减抗经验做法，遴选一批养殖场（户）减抗典型案例，以多种方式宣传推介，充分发挥示范引领作用。

**3. 开展养殖减抗先进县评选**

鼓励有条件的地方按照方案要求，整县、整乡（镇）开展减抗工作，并对推进工作较好、完成质量较高的地方或养殖场，给予适当奖励。农业农村部将对工作开展有力、养殖减抗效果突出的县（市、区）给予通报表扬，并在媒体公布宣传。将兽用抗菌药使用减量工作情况纳入国务院食品安全工作评议考核，并作为国家农产品质量安全县创建的重要指标

## （六）家禽兽用抗菌药使用减量化指导原则

养殖场（户）应根据畜禽养殖环节动物疫病发生流行特点和预防、诊断、治疗的实际需要，树立健康养殖、预防为主、综合治理的理念，从"养、防、规、慎、替"5个方面，建立完善管理制度、采取有效管控措施、狠抓落实落地，提高饲养管理和生物安全防护水平，推动实现本场（户）养殖减抗目标。

一是"养"，即精准把好养殖管理"三个关口"。把好饲养模式关，明确不同畜禽品种的饲养方式，精细管理饲养环境条件；把好种源关，有条件的应选取优良品种和品牌厂家的畜禽，要按批次严格检查检测苗种健康状况，防止携带垂直传播的病原微生物；把好营养关，根据畜禽不同阶段的营养需求，制定科学合理的饲料配方，保证营养充足均衡，实现提高畜禽个体抵抗力和群体健康水平的目的。

二是"防"，即全面防范动物疫病发生传播风险。落实动物防疫主体责任，牢固树立生物安全理念，着力改善养殖场所物理隔离、消毒设施等动物防疫条件，严格执行生物安全防护制度和措施，按计划积极实施疫病免疫和消杀灭源，从源头减少病毒性、细菌性等动物疫病影响。

三是"规"，即严格规范使用兽用抗菌药。严格执行兽药安全使用各项规定，严禁使用禁止使用的药品和其他化合物、停用兽药、人用药品、假劣兽药；严格执行兽用处方药、休药期等制度，按照兽药标签说明书标注事项，对症治疗、用法正确、用量准确，实现"用好药"。

四是"慎"，即科学审慎使用兽用抗菌药。高度重视细菌耐药问题，清楚掌握兽用抗菌药类别，坚持审慎用药、分级分类用药原则，根据执业兽医

治疗意见、药敏试验检测结果等，精准选择敏感性强、效果好的兽用抗菌药产品；谨慎联合使用抗菌药，能用一种抗菌药治疗绝不同时使用多种抗菌药；分类分级选择用药品种，能用一般级别抗菌药治疗绝不使用更高级别抗菌药，能用窄谱抗菌药就不用广谱抗菌药；增加动物个体精准治疗用药，减少动物群体预防治疗用药，实现"少用药"。

五是"替"，即积极应用兽用抗菌药替代产品。以高效、休药期短、低残留的兽药品种，逐步替代低效、休药期长、易残留的兽药品种。根据养殖管理和防疫实际，推广应用兽用中药、微生态制剂等无残留的绿色兽药，替代部分兽用抗菌药品种，并逐步提高使用比例，实现畜禽产品生态绿色。

## 七、兽药的科学用药

### （一）选择适当的给药方法，严格掌握剂量、途径和疗程

常用的给药途径有经口给药、皮下注射、肌内注射和静脉注射。另外还有外用经皮肤给药等给药方法。选择给药途径应考虑药物和药效的问题。

**1. 根据药物的性质选择给药途径**

经口给药是最常见的给药途径。具有刺激性的药物不适于皮下、肌内和腹腔注射，只能经口给药或静脉注射，遇有在消化道易被破坏或吸收不好的药则应注射给药。

**2. 根据要求选择给药途径**

要求药物作用出现快的时候可采用注射途径。

**3. 根据药物剂型选择给药途径**

水溶液可采用任何给药途径，如需注射时，一般可用肌内注射，蛋鸡可采用皮下注射，但要注意给药部位是否完全吸收。

### （二）给药的方案

家禽给药方案包括使用何种药物、剂量、给药途径、给药频率、疗程等。

**1. 抗菌药物使用剂量**

根据药物的药动学特征以及对常见病原菌的体外抑菌试验，确定对特定动物的给药剂量。最准确的依据是按照动物的体重确定给药剂量，如每千克体重给药多少毫克（毫克/千克）。由于实际生产中，尤其是养鸡业中，往往采用混饲给药或饮水给药，为方便起见，往往采用在单位重量饲料（饮水）

中添加药物的量作为给药剂量，常用单位是毫克/千克或毫克/升，相当于每千克饲料添加多少毫克药物或每升饮水添加多少毫克药物。通常根据制剂说明使用即可。但应适当考虑鸡的采食量（饮水量）、药物的种类等因素。如磺胺类药物为抑菌药，其抗菌作用呈浓度依赖性，必须采用首次剂量加倍、再给予维持量的连续给药方案；青霉素类、氟喹诺酮类等杀菌药有抗菌后效应，则可采用短时间内大剂量给药的间歇性给药方案。

### 2. 疗程

为有效抑制或杀灭病原菌，避免或延缓耐药菌株的产生，抗菌药物的使用必须足量并维持足够的疗程，一般以3～5天为宜。避免频繁更换药物。

### 3. 给药途径

通常情况下，治疗用药以饮水给药为佳。鸡饮水给药方便，药物吸收较快，发病鸡采食量大大降低而饮水可能仍较正常。预防用药可根据药物的性质，采用饮水给药或混饲给药。特定情况下，有必要进行注射给药，以治疗某些重症感染性疾病。但对规模化养鸡场，注射给药费时费人力，治疗成本高，对鸡又有较大应激，需慎重采用。

如鸡球虫病，通过合理给药，延长药物作用时间。如低浓度、长时间使用一种抗球虫药，容易产生耐药性虫株。因此，可通过轮换用药和联合用药等给药方案，延缓耐药性的产生。轮换用药，即在一个饲养期内，换用2～3种不同类型的抗球虫药物，以缩短球虫与药物的接触时间，轮换用药是定期地或季节性地变换药物，使某种药物在产生耐药性之前将其替换下来。联合用药，即同时使用几种药物，利用药物之间的协同作用以增强药效，延缓耐药性的产生。

## （三）减少用药的预防措施

树立健康养殖、预防为主、综合治理的理念，在严把蛋鸡种苗、饲料、饲料添加剂以及饲料原料的采购关的基础上，重点做好以下预防措施。

### 1. 加强消毒管理

设置完备的消毒设施设备。在养殖场生产区门口设供车辆消毒用的消毒池、消毒棚及供出入人员消毒用的熏蒸通道；在生产区主干道、鸡舍入口处等设消毒池，顶部设喷雾消毒系统；装备必要的流动消毒设备。

坚持消毒灭源制度化和日常化。严格对出入车辆和人员消毒，进出车辆经过消毒池和喷雾消毒，非生产人员原则上不能进出生产区，必要时须经喷淋、更衣换鞋或穿防护服后方可进入；做好日常消毒，场区环境每天1次，带鸡消毒雏鸡舍每天1～2次、蛋鸡舍每天1次，根据季节和气温的变化适当调整频率；严格批间空栏期管理，并做好空栏期消毒和净场消毒；定时对器具消毒。

制定实施科学的消毒技术规范。科学选择与使用消毒药，应多品种轮换使用；正确配制消毒液，掌握好使用的浓度，注意消毒药之间的配伍禁忌，如酸碱、氧化剂等；消毒液定期更换，特殊情况及时更换；定期评价消毒效果；环境消毒重点区域包括鸡舍周边、道路、食堂、宿舍、卫生死角等，空栏消毒应在清扫、冲洗干净后选用不同类型消毒剂多次消杀。

**2. 管控传染媒介**

定期清除生产区周围的杂草，及时清扫道路、鸡舍，及时清理场区积水，确保环境卫生，保持鸡舍内环境整洁。应有防蚊、蝇、鼠、鸟的设施和措施，不得使用氟虫腈等危及蛋品质量安全的药物。

**3. 无害化处理废弃物**

养殖场选址、布局应符合动物防疫要求，具备相关规模的养殖场应依法取得动物防疫条件合格证。养殖场内部应合理布局，按功能划分生产区、办公区、生活区、污物废弃物处理区；生产区净道与污道无交叉。

应对粪污和病死鸡做无害化处理。粪污处理设施建设应参照农业农村部印发的《畜禽规模养殖场粪污资源化利用设施建设规范（试行）》（农办牧〔2018〕2号）。病死动物尸体的处置应遵照《病死及病害动物无害化处理技术规范》（农医发〔2017〕25号）执行。

**4. 控制饲养环境**

加强对鸡舍环境控制，包括温度、湿度、通风和光照。在集约化程度较高的蛋鸡养殖场，提倡建设全自动化、全封闭式鸡舍和自动化环控设备，尽可能给鸡群提供一个舒适的生长、生产环境，将舍内温度、湿度和通风控制在适宜、稳定的范围内。小规模养殖场和家庭散养户，要保持适宜的养殖密度，也要统筹控制好温度、湿度和通风。

**5. 强化饲料和饮水管理**

严防"病从口入"，确保饲料质量安全和饮用水清洁卫生。对水线、料盘等定期进行清洗和消毒。一方面应科学制定饲料配方，根据蛋鸡群的不同生产阶段，饲喂不同的饲料，以保证饲料营养能够满足各生长阶段的需要，做到营养均衡；另一方面须严把饲料质量安全关，总砷、重金属、亚硝酸盐、霉菌毒素、细菌总数、霉菌总数等应符合最新版GB 13078—2017《饲料卫生标准》的要求。蛋鸡养殖饮用水应清洁，无变质、无污染。

# 第三节 禽场主要疫病的防控

## 一、禽流感

禽流感是由 A 型流感病毒引起的一种人兽共患病，不仅引起禽类以呼吸系统疾病、产蛋下降乃至急性致死和高死亡率等为特征的烈性传染病，给养禽业带来重大经济损失，而且可导致人的感染和死亡，严重威胁人类健康。

### （一）病原学

禽流感病毒属于正黏病毒科、A 型流感病毒属成员。流感病毒的亚型分类是按病毒表面抗原血凝素基因（Hemagglutinin，HA）和神经氨酸酶基因（Neuraminidase，NA）的抗原性不同来划分的，有 16 种 HA 亚型与 9 种 NA 亚型，因此理论上共有 144 种亚型组合，各个亚型之间无交叉免疫性，可实现亚型分类。禽流感病毒的基因组由 8 个 RNA 节段组成，总长为 $13.6\times10^3$ 个碱基对，共编码 11 种蛋白。节段 1～3 编码聚合酶（Polymerase，PB2、PB1、PA）及毒力因子 PB1-F2，节段 4 编码血凝素（Hemagglutinin，HA），节段 5 编码核蛋白（Nucleoprotein，NP），节段 6 编码神经氨酸酶（Neuraminidase，NA），节段 7 编码基质蛋白（Matrix proteins，M1、M2），最后一个节段 8 编码非结构蛋白（Non-structural protein，NS1、NS2）。

流感病毒基因变异的频率很高，主要以两种方式进行，即漂移和转变。抗原转变即不同亚型病毒同时感染一个细胞时，病毒基因组可发生节段的交换，导致新的亚型产生。抗原变异涉及抗原的数量和幅度的大小，可直接影响流行的规模，在同一地区同时流行两种或两种以上流感病毒，发生抗原转变的机会就比较多。

### （二）临床症状与病理变化

**1. 临床症状**

禽流感潜伏期从数小时到几天不等，潜伏期长短与病毒毒力强弱、感染强度、家禽种类、传播途径有关。该病症状与感染禽的种类、性别、年龄、毒株毒力强弱、混合感染或继发感染情况及环境因素有关。高致病性禽流感毒株感染的病禽往往表现为最急性型和急性型，最急性型病例看不到明显症状而突然死亡，死亡率接近100%；急性型病例体温升高，颜面部水肿，脚鳞出血（图5.1），咳嗽、喷嚏、呼吸困难、啰音、冠和肉髯发绀（图5.2）、腹泻和神经紊乱等，蛋鸡停止产蛋，有的病例甚至失明，病程一般2～3天，致死率可达100%。低致病性禽流感病毒感染的病禽，出现典型的呼吸道症状，如咳嗽、喷嚏、流泪、流涕和鼻窦炎，蛋鸡产蛋量和蛋的品质下降，产软壳蛋、沙壳蛋、畸形蛋，种蛋孵化率下降，大肠杆菌和博德特氏菌继发感染时，临床症状较严重。部分蛋鸡出现急性肾衰竭和内脏痛风，在没有继发细菌或病毒感染的情况下，发病率及死亡率会降低。

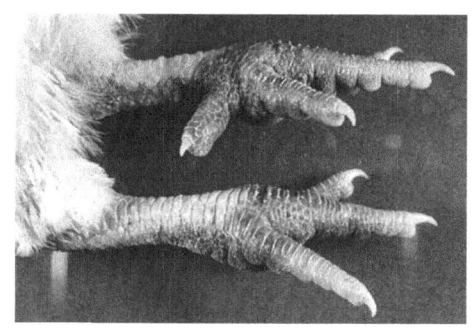
图5.1 脚鳞出血

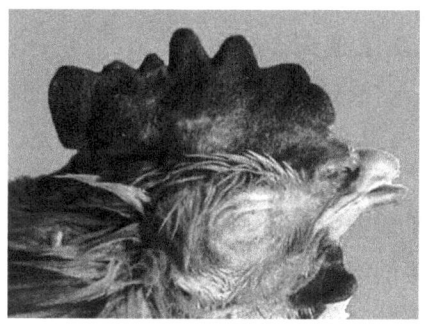
图5.2 鸡冠出血

**2. 病理变化**

病禽感染毒株毒力、病程长短、禽的种类不同，病理变化也不同。死于高致病性禽流感的家禽，脑、皮肤及内脏器官坏死，表现充血、出血、渗出和坏死变化，病鸡颜面部水肿，冠和肉髯肿大，鸡冠坏死和出血，心脏、肺、脑、脾出血，心脏、肝、肾、脾及肺有坏死。死于低致病性禽流感的家禽，主要表现为泌尿生殖系统受到侵害，输卵管水肿，管腔内有黏性分泌物，卵巢退化、出血和卵子变形、破裂及卵黄性腹膜炎，气管黏膜水肿，有数量不等的浆液性或干酪样渗出物，气囊炎，腺胃乳头和肠黏膜出血。

## （三）流行病学

禽流感的临床流行特征是发病急、传播迅速且形式多样，致死率高，一旦发生，很难控制。几乎所有家禽在任何日龄均对流感病毒易感。禽类是流感病毒主要的储存宿主和感染宿主，其中火鸡最易感，鸡次之。呼吸道是禽流感传播的主要途径，感染动物可通过咳嗽、打喷嚏等随呼吸道分泌物排出病毒，经飞沫感染其他易感动物。患禽亦可随粪便排出大量病毒，密切接触感染家禽的分泌物和排泄物、受病毒污染的物品和水等可被感染，同时粪便中病毒会通过空气发生远距离传播。迁徙的候鸟也是重要的传染源。目前尚无经卵垂直传播的证据。

禽流感一年四季均可发生，但多发于秋冬季节，尤其是秋冬交界、冬春交界气候变化大的时节。低致病性禽流感多发于野禽中，通常患病野禽只表现轻微症状，甚至根本观察不到发病症状。高致病性禽流感的流行特点是发病急、传播快，致死率可达100%。

### （四）诊断

**1. 临床诊断**

根据流行病学、临床症状及病理剖检结果可作初步诊断。

**2. 实验室诊断**

（1）病毒分离、鉴定。禽流感病毒存在于病死禽的所有组织、分泌物和排泄物中。采集病料后，按照生物安全要求进行包装，防止病原泄漏。将采集的病料进行处理后接种于SPF（无特定病原体动物）鸡胚或流感病毒阴性鸡胚，在37℃的条件下孵化3~7天，收集48~96小时的胚液，测定血凝活性。若检测样本血凝活性为阴性，用尿囊液盲传2~5代，若血凝活性仍为阴性，则判定为禽流感病毒阴性；若血凝活性为阳性，则要用新城疫病毒抗血清进行血凝抑制试验，排除新城疫病毒感染的可能性。如果新城疫病毒抗血清血凝抑制试验为阴性，下一步用血清学方法检测特异性抗原，最后用血凝素抗血清和神经氨酸酶抗血清进行血凝抑制试验，来判定禽流感病毒H亚型和N亚型。

（2）血清学检测。血清学诊断方法较多，可用的有血凝试验、血凝抑制试验、琼脂凝胶扩散试验、病毒中和试验、乳胶凝集试验、免疫胶体金试验、酶联免疫吸附试验和免疫组化试验等。

（3）病毒核酸检测。目前，常用的有RT-PCR（反转录－聚合酶链反应）、荧光RT-PCR技术，结合电泳技术进行诊断。该方法的特点是快速、灵敏度高、特异性强、准确性高。

**3. 鉴别诊断**

禽流感要与新城疫、传染性支气管炎、传染性喉气管炎、传染性鼻炎及慢性呼吸道疾病进行鉴别诊断，特别是某些疾病的混合感染或继发感染，常给诊断带来困难，且容易发生误诊。

## （五）防控

**1. 预防**

饲养场应远离活禽交易市场，水禽、野生鸟类栖息地，以及运输禽及禽产品车辆通过的交通干道；建立严格的检疫、防疫、隔离消毒制度和科学的饲养管理制度；坚持采用全进全出和封闭饲养的模式；加强人流、物流的控制。

国家对高致病性禽流感实行强制免疫制度，免疫密度必须达到100%，抗体合格率达到70%以上。预防性免疫按农业农村部免疫方案规定的程序进行。突发疫情时，需对受威胁区内所有易感禽类进行紧急强制免疫。所用疫苗必须采用农业农村部批准使用的产品，并由动物防疫监督机构统一组织、逐级供应。应定期对免疫禽群进行免疫水平监测，并根据群体抗体水平及时加强免疫。

**2. 处置**

任何单位和个人发现患有该病或疑似该病的禽类，都应当立即向当地动物防疫监督机构报告。当地动物防疫监督机构接到疫情报告后，按国家动物疫情报告管理的有关规定执行。根据流行病学、临床症状、剖检病变，结合血清学检测作出的临床诊断结果可作为疫情处理的依据。

## 二、新城疫

新城疫又称亚洲鸡瘟、伪鸡瘟，是由新城疫病毒（Newcastle disease virus，NDV）引起的禽类急性、热性、败血性和高度接触性传染病，以高热、呼吸困难、下痢、神经紊乱黏膜和浆膜出血为特征。该病在世界范围内广泛存在，可导致鸡群100%的发病率和死亡率，给许多国家的养禽业造成巨大的经济损失。

### （一）病原学

NDV属于单负链病毒目，副黏病毒科，副黏病毒亚科，禽腮腺炎病毒属成员。

NDV基因组为不分节段的单股负链RNA（-ssRNA），由15 186个核苷酸组成。NDV有6种基因，编码7种蛋白：L蛋白，是与核衣壳有关的RNA依赖的RNA聚合酶（RdRP）；HN蛋白，具血凝素和神经氨酸酶活性，构成病毒粒子表面两种纤突中的大纤突；融合蛋白（F），构成病毒粒子表面的小纤突；核衣壳蛋白（Np）；磷蛋白（P），为磷酸化的核衣壳相关蛋白，P蛋白基因存在RNA编辑现象，可形成不同的阅读框架；V蛋白，富含半胱氨酸，由P蛋白基因的重叠阅读框架编码而成；基质蛋白（M）。

NDV目前仅有一个血清型。根据病毒毒力分为5个致病型：嗜内脏速发型、嗜神经速发型、中发型、缓发型、无症状肠道型。根据基因综合分型，将新城疫病毒分为 Class Ⅰ 和 Class Ⅱ 两类，其中 Class Ⅰ 成员的基因组长度为 15 198 个碱基对，大多是从水禽和美国活禽市场分离得到，Class Ⅱ 成员的基因组长度为 15 186 个碱基对或 15 192 个碱基对，大多从家禽、宠物鸟及野生鸟类中分离获得，其主要差别在于 Class Ⅰ 成员在其编码P蛋白的区域多了12个碱基的插入。Class Ⅱ 被进一步分为10个基因型，基因 Ⅰ～Ⅹ 和 W 型。

## （二）临床症状与病理变化

### 1. 临床症状

NDV感染鸡群后，由于感染毒株毒力、鸡的日龄、鸡的健康情况、免疫情况以及环境的不同，而表现出不同的临床症状，但是，其临床症状主要是由感染毒株的毒力不同导致的。根据病程长短和症状轻重不同，可以分为最急性型、急性型和慢性型。最急性型表现为发病急促，尚未表现出明显的临床症状即死亡，出现精神沉郁、乏力、呼吸道疾病等临床表现。急性型通常发生在未经ND疫苗免疫，或免疫失败的鸡群，病鸡体温可达44℃；食欲不振乃至废绝；咳嗽，张口呼吸，呼吸道出现啰音，肉髯及鸡冠发绀；精神沉郁，垂头缩颈，眼睛微闭，嗜睡，离群独处；饮水增加；羽毛杂乱，翅膀下垂；病鸡甩头时流出酸臭液体并发出"咯咯"声；出现腹泻，排绿色、带血粪便。病程较长的鸡表现出神经症状，站立困难，腿部麻痹，头颈后仰（图5.3），呈角弓反张状。产蛋鸡产蛋数量下降，甚至停止产蛋，蛋壳颜色变浅，产软壳蛋。急性型的发病率和死亡率可同时超过90%。慢性型病鸡感染NDV后，发病初期症状与急性型症状一致，但随着病程的延长，症状逐渐减轻，往往反复发作，以神经症状为主。病鸡站立不稳或跛行，翅膀下垂，角弓反张；有些病鸡不表现。上述症状，但是一旦受到惊吓，便会表现出神经症状，并最终瘫痪。

第五章 健康养殖禽场投入品和疫病的管理

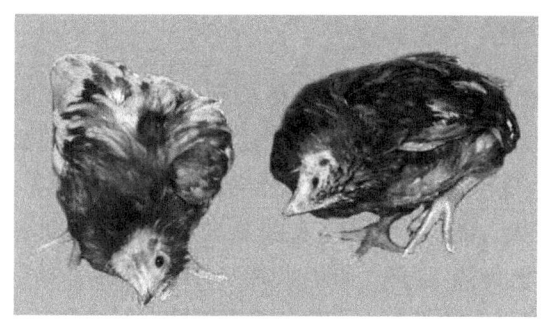

图 5.3 病鸡出现扭头、歪颈

**2. 病理变化**

由于感染 NDV 毒株各异，临床症状不同的病鸡经剖检也呈现出差异较大的病变情况。最急性型病鸡由于病程极短，通常不会出现显著的病理变化，少数病鸡在其心内膜以及胸骨内面可见出血点。急性型病鸡呈现出典型的病变特征，全身各器官、浆膜以及黏膜表现为出血性病变，以消化道和呼吸道尤为严重。肌胃与腺胃交界部位、腺胃与食管交界部位具有明显的出血点、出血斑。腺胃乳头肿胀、出血（图 5.4），肌胃角质层下可见出血点。肠管可见充血、出血。其中，以十二指肠部位尤为严重，呈弥散性出血。直肠部位黏膜可见针尖样出血点。盲肠部位扁桃体可见肿大、出血和坏死样变。肠淋巴滤泡出血、肿胀和坏死样变。直肠黏膜覆盖有坏死性纤维素性假膜，假膜下部为溃疡灶。慢性型病鸡剖检可见病理变化轻微，肠黏膜褶皱部位可见条纹样出血，肠黏膜部位出现纤维素性坏死，肠淋巴滤泡可见出血、肿胀和坏死。产蛋鸡常有卵黄泄漏到腹腔形成卵黄性腹膜炎，卵巢滤泡松软变性（图 5.5），其他生殖器官出血或褪色。

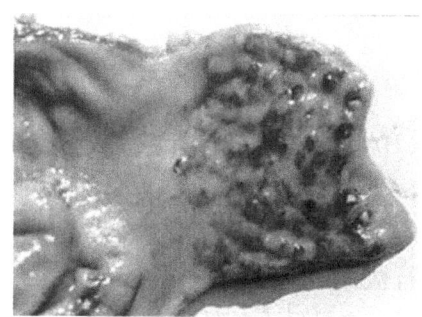

图 5.4 腺胃乳头出血

（资料来源：尹玲，2009）

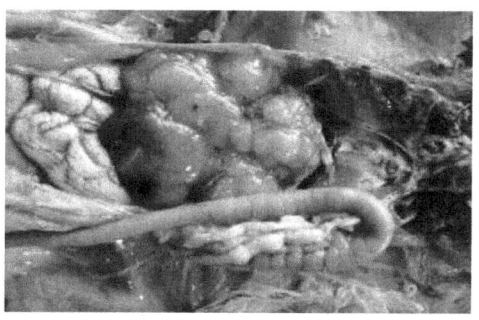

图 5.5 卵泡呈菜花样有出血斑点

（资料来源：孙桂芹 等，2015）

## (三)流行病学

新城疫是一种急性、高度接触性传染病。病死鸡及在间歇期的带毒鸡是该病的主要传染源。病鸡的排泄物、分泌物以及被污染的饲料、饮水和垫料等均含有病毒,健康禽通过呼吸道、眼结膜以及消化道感染,也可垂直传播。NDV 的宿主范围大,能自然或人工感染新城疫病毒的鸟类超过 250 多种,水禽是新城疫病毒的天然贮存库,野生水禽为无毒毒株的原始宿主,并且绝大多数水禽对强毒具有极强的抵抗力,鹅、鸭等能携带新城疫病毒。鸡是新城疫病毒的最主要的宿主,各个年龄的鸡易感性有差异,幼雏和中雏易感。该病一年四季均可发生,但以春秋两季发生较多,该病潜伏期通常为 21 天。

## (四)诊断

### 1.临床诊断

根据流行病学、临床症状及病理剖检结果可作初步诊断,确诊需进行实验室诊断。

### 2.实验室诊断

(1)病毒分离、鉴定。将棉拭子或组织悬液进行处理,然后经尿囊腔接种 9～11 日龄 SPF 鸡胚,孵育 4～7 天,取尿囊液检测病毒血凝(HA)活性;凡检测阴性者,应接种鸡胚再传代一次或多次。凡尿囊液 HA 阳性的,须用特异抗血清进行血凝抑制(HI)试验以确诊 NDV 的存在。由于各种 NDV 分离株毒力的巨大差异,以及新城疫活苗的广泛使用,仅凭从临床症状病禽中分离出 NDV 毒株,并不能作出确诊,还需要鉴定分离毒株的毒力。毒力鉴定方法包括,1 日龄雏鸡脑内接种致病指数(ICPI)、6 周龄鸡静脉接种致病指数(IVPI)和最小致死量致死鸡胚的平均死亡时间(MDT),以此可将 NDV 毒株分为强毒型、中毒型和弱毒型。

(2)血清学检测。

ND 的血清学诊断的方法有血凝试验(HA)、血凝抑制试验(HI)、荧光抗体技术(FA)、酶联免疫吸附试验(ELISA)、乳胶凝集试验(LAT)、琼脂扩散试验(AGP)和协同凝集试验(COA)。HA 和 HI 操作简便,设备条件要求低,适合包括养殖场在内的基层单位进行检测,该方法是多数养殖场采用的 NDV 检测方式。但是,HA 和 HI 检测法存在灵敏度较低,准确性不足的问题。FA 检测所需时间短,操作简便,准确性高,灵敏度好的特点。FA 检测法包括直接荧光抗体技术(DFA)和间接荧光抗体技术(IFA)。ELISA 检测法具有操作简便，敏感度高，特异性好的特点，适合基层动物防疫部门和养殖场（户）进行诊断。LAT 检测法所需时间短，操作简便，灵敏度和准确率高。AGP 检测法操作简便，准确度高。COA 检测法灵敏度和准确度好，适合基层使用。

（3）病毒核酸检测。目前，常用的有 RT-PCR、荧光 RT-PCR 技术，结合电泳技术进行诊断。该方法的特点是快速、灵敏度高、特异性强、准确性高。

**3. 鉴别诊断**

新城疫应与禽流感、鸡传染性喉气管炎、传染性支气管炎和禽霍乱鉴别。

## （五）防控

**1. 预防**

科学饲喂，选择全价饲料，提升免疫力，减少应激刺激。保持鸡舍卫生清洁，严格执行消毒程序，合理控制鸡饲养密度，减少舍内氨气浓度，做好保暖通风工作，营造舒适的养殖环境。加强鸡舍安全维护，禁止闲杂人员等随意进入鸡舍，加强鸡舍围栏防护，避免黄鼠狼、猫、狗等动物进入。养殖人员规范自己的养殖行为，不应暴力驱赶，减少应激刺激。坚持自繁自养、全进全出，避免从外部引入鸡新城疫病毒。

疫苗接种是目前防控鸡新城疫最有效的方法之一。针对健康鸡群，应结合养殖场实际，制定科学合理的免疫程序。免疫时，可以根据具体情况，灵活采用细胞免疫、局部免疫和体液免疫三种方式，以增强免疫效果。一定要选择优质有效的疫苗，如弱毒苗和油苗可灵活配合使用，针对鸡新城疫病毒污染较轻的区域，可以选择 La Sota 株、clone30、克隆Ⅰ系、新威灵配合油苗进行接种免疫。如果养殖场感染较重，可以采用克隆Ⅰ系、基因Ⅶ型疫苗、新威灵配合含有基因Ⅶ型的油苗使用，进一步提升免疫效果。

**2. 处置**

任何单位和个人发现患有该病或疑似该病的禽类，都应当立即向当地动物防疫监督机构报告。当地动物防疫监督机构接到疫情报告后，按国家动物疫情报告管理的有关规定执行。

# 三、鸡传染性支气管炎

鸡传染性支气管炎（Infectious bronchitis）是由传染性支气管炎病毒（Infectious bronchitis virus, IBV）引起鸡的一种急性、高度接触性呼吸道疾病。

临床以气管啰音、咳嗽和打喷嚏，幼鸡流鼻涕，产蛋鸡产蛋减少和蛋品质下降为特征。

## （一）病原学

IBV属套式病毒目，冠状病毒科，冠状病毒亚科，丙型冠状病毒属成员。病毒颗粒多数为球状，有囊膜，表面有杆状纤突，核衣壳螺旋对称。由于IBV基因组核酸在复制过程中易发生突变和高频重组，所以IBV的血清型众多。对IBV临床分型没有明确的标准，主要是根据病毒对组织的亲嗜性、损害的主要器官和引起的临床症状类型来确定。目前IBV的临床分型有呼吸型、生殖道型、肾型、肠型、肌肉型等。

IBV本身不能直接凝集鸡的红细胞，但经过胰酶或磷脂酶C处理后，可具有血凝活性，这一活性能被特异性抗血清所抑制。IBV能在9～11日龄的发育鸡胚中生长，并引起鸡胚生长迟缓、矮小化和死亡。IBV也可以在组织培养物上生长，并导致纤毛运动停止。

病毒的抵抗力不强，在56℃下15分钟或45℃下90分钟可被灭活。1%石炭酸和1%甲醛溶液能很快将其杀死。

## （二）临床症状与病理变化

**1. 临床症状**

呼吸型传染性支气管炎，该种类型主要危害45日龄以内的雏鸡。病程3～4天，甚至14天，接种疫苗和没接种疫苗的雏鸡的抗性不同，如果没接种疫苗，发病率高达90%，死亡率高达25%，并且呈现突然发病的特点。在发病的初期阶段，临床症状不明显，患病鸡精神不振和采食量下降，随着病情的扩散，呼吸道症状比较明显，主要表现为咳嗽和呼吸困难，同时还会出现畏寒和啰音等，严重时呼吸困难甚至死亡。另外，病鸡的采食量下降，羽毛杂乱和没有光泽，翅膀下垂和精神不振。即使康复也会影响正常的生长发育。成年母鸡感染呼吸型传染性支气管炎之后，会伤害输卵管，影响产蛋质量，产蛋性能下降，可出现软蛋或者畸形蛋。肾型传染性支气管炎，该种类型的流行范围广泛，并且发病概率高，尤其对2～4周龄以内的雏鸡的危害较大。在感染之后的1～2天会出现明显的呼吸道症状，并且伴有咳嗽和打喷嚏的症状。病情扩散之后精神不振和采食量下降，会大量饮水，排出的粪便会有白色的尿酸盐，后期脱水消瘦。扒开患病鸡羽毛发现皮肤变黑褶皱，对病死鸡解剖可发现肾脏肿大，输尿管变粗，不加干预经过2周可能死亡。

生殖型传染性支气管炎，对蛋鸡的危害较大，任何年龄和品种的鸡都能染病。在发病的初期阶段，会出现以下症状，有呼噜声、喜饮水、缩头闭眼、啰音明显。随着病情发展，排出不成形的粪便，甚至排水便，导致产蛋性能下降25%～50%，影响产蛋品质，出现畸形蛋、小蛋和软蛋。

**2. 病理变化**

主要表现为气管、支气管、鼻腔和鼻窦黏膜充血，气管环出血（图5.6）内充有浆液性、卡他性或干酪样渗出物。未成年母鸡可导致输卵管发育不全（变细、变短、部分缺损或囊泡化）。产蛋鸡可见卵泡充血、出血或血肿。肾型传染性支气管炎病鸡可见肾脏肿大、褪色，输尿管扩张变粗，内有呈点状或网眼状白色外观的尿酸盐沉积，又称花斑肾（图5.7）。生殖道型传染性支气管炎患鸡初期气管内有黏液，输卵管发育受阻、变细、变短或呈囊状，形成幼稚型输卵管，狭部阻塞或形成水疱（图5.8），而卵泡发育正常，成熟后排入腹腔、输卵管内，引起大量卵黄堆积在腹腔。有的产蛋鸡卵泡变形甚至破裂，恢复期输卵管充血、水肿，卵巢萎缩，蛋清稀薄如水样。

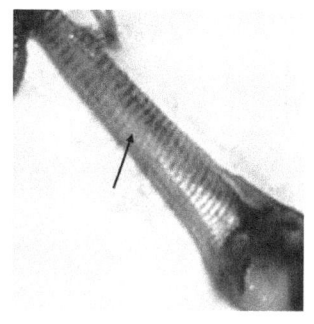

图 5.6 气管环出血

（资料来源：周凯钰太 等，2023）

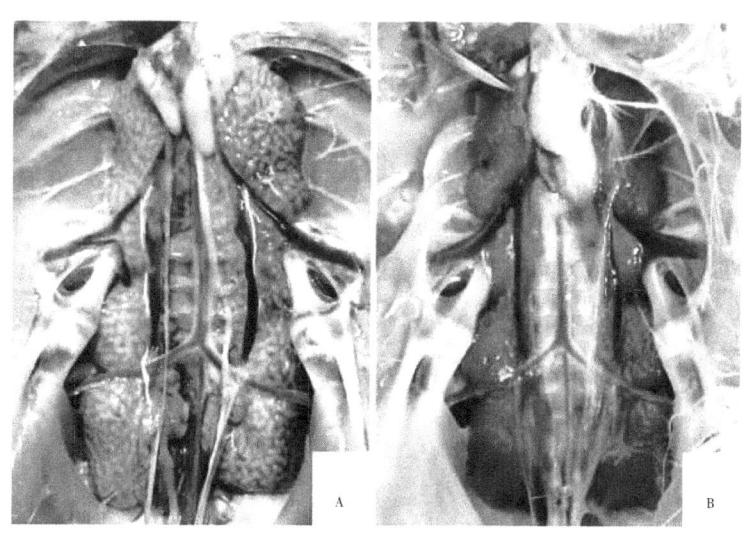

图 5.7 肾脏病变

（资料来源：刘帆 等，2019）

注：A 为病死鸡，肾肿大，苍白，呈典型的"花斑肾"；B 为对照组试验鸡，肾未见明显变化。

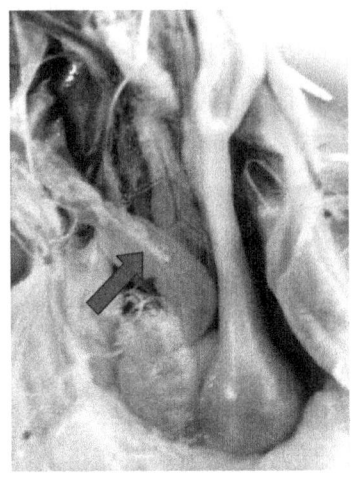

图 5.8 输卵管水疱

(资料来源：Faruku et al.，2016)

## （三）流行病学

鸡传染性支气管炎在鸡群中传播速度快，是一种高度接触性传染病。该病的主要传播方式是发病鸡通过呼吸道和泄殖腔排毒。病鸡从呼吸道排毒，经空气中的飞沫和尘埃传给易感鸡。病鸡泄殖腔排毒，通过饲料、饮水、器械和饲养员等媒介的交叉感染，经消化道间接传播该病。该病潜伏期为36小时或更长，人工感染为18～36小时，病鸡带毒时间长，康复后49天仍可排毒。

该病一年四季流行，尤其在秋冬和冬春交替时期，寒冷多变的季节里易发病，南方高温高湿的气候下病也多发。鸡是传染性支气管炎病毒的易感动物，不同年龄、性别和品种的鸡均易感，以1～4周龄的鸡最易感。传染性支气管炎病毒的传染力极强，特别容易通过空气在鸡群中迅速传播，数日内即可波及全群。

## （四）诊断

**1.临床诊断**

根据流行病学、临床症状及病理剖检结果可作初步诊断，确诊需进行实验室诊断。

第五章 健康养殖禽场投入品和疫病的管理

**2. 实验室诊断**

（1）病毒分离、鉴定。对可疑病料进行病毒的分离与鉴定，是传染性支气管炎病毒最为经典的检测方法。病毒分离的方法是将采集的样品经过适当处理后接种 9～11 日龄的 SPF 鸡胚，经过多次传代后，直到鸡胚出现侏儒胚、鸡胚卷曲或死亡。病毒分离是最经典的方法，但当有其他病毒（如鸡脑脊髓炎病毒）混合感染时，其分离结果会受到干扰。另外，病料若在高温下放置时间过长，也可能出现假阴性结果。

（2）血清学检测。血清学方法包括琼脂凝胶沉淀（AGP）、酶联免疫吸附测定（ELISA）、病毒中和（VN）和血凝抑制（HI）。虽然琼脂凝胶沉淀是一种快速且廉价的方法，但由于其缺乏敏感性，且主要沉淀抗体（即 IgM）需要在感染后几周后才能检测到，因此通常不常用。ELISA 试剂盒通常设计用于检测多克隆抗体，但一些方法也采用血清型或毒株特异性的单克隆抗体。病毒中和试验和血凝抑制检测可识别血清型特异性抗体，但可能出现交叉反应，并且操作较为复杂，通常不用于常规监测。

（3）病毒核酸检测。目前，分子检测具有高灵敏度和快速反应时间。常用的有 RT-PCR、荧光 RT-PCR 技术。这些方法可以检测病毒 RNA，同时还可以通过遗传角度表征检测到的毒株，有助于科学控制和评估疫苗接种方案。

**3. 鉴别诊断**

应与新城疫、鸡传染性喉气管炎、传染性鼻炎等疫病鉴别。

## （五）防控

**1. 预防**

加强饲养管理，降低饲养密度，避免鸡群拥挤，注意温度、湿度变化，避免过冷、过热。加强通风，防止有害气体刺激呼吸道。合理配比饲料，防止维生素，尤其是维生素 A 的缺乏，以增强机体的抵抗力。

疫苗免疫可以有效预防该病。对呼吸型传染性支气管炎，首免可在 7～10 日龄用传染性支气管炎 $H_{120}$ 弱毒疫苗点眼或滴鼻；二免可于 30 日龄用传染性支气管炎 $H_{52}$ 弱毒疫苗点眼或滴鼻；开产前用传染性支气管炎灭活油乳疫苗肌内注射每只 0.5 毫升。对肾型传染性支气管炎，可于 4～5 日龄和 20～30 日龄用肾型传染性支气管炎弱毒苗 28/86 或 Ma5 进行免疫接种，或用灭活油乳疫苗于 7～9 日龄颈部皮下注射。而对传染性支气管炎病毒变异株，可于 20～30 日龄、100～120 日龄接种 4/91 弱毒疫苗或皮下及肌内注射灭活油乳疫苗。

**2. 处置**

任何单位和个人发现患有该病或疑似该病的禽类，都应当立即向当地动物防疫监督机构报告。当地动物防疫监督机构接到疫情报告后，按国家动物疫情报告管理的有关规定执行。

## 四、鸡传染性喉气管炎

鸡传染性喉气管炎（Infectious laryngotracheitis, ILT）是由鸡传染性喉气管炎病毒（Infectious larymngotracheitis virus, ILTV）引起的，以鸡呼吸困难、气喘、咳出血样黏液、喉部和气管黏膜水肿、出血并导致糜烂为主要临床特征的一种上呼吸道传染病。

### （一）病原学

ILTV 属于疱疹病毒科、α-疱疹病毒亚科、传染性喉气管炎病毒属。ILTV 基因组是双股线性 DNA 分子，基因组大约 $155\times10^3$ 个碱基对，由一个长独特区（UL, $120\times10^3$ 个碱基对）和一个短独特区（US, $17\times10^3$ 个碱基对），以及 US 区两侧的重复序列（IRS 和 TRS，约 $18\times10^3$ 个碱基对）组成。ILTV 目前只有一个血清型。

病毒主要存在于病鸡的气管组织及其渗出物中。病毒对外界环境的抵抗力很弱，37℃存活 22～24 小时，煮沸立即死亡。常用的消毒药，如 3% 来苏儿或 1% 苛性钠溶液 1 分钟可杀死。

### （二）临床症状与病理变化

**1. 临床症状**

鸡传染性喉气管炎的病程一般为 7～15 天，时间长的可以延至 30 天。其临床表现随病毒毒力、侵害部位的不同差别较大，可分为急性型和温和型两种类型。

急性型（喉气管型）由高致病性的毒株引起。主要发生于成年鸡，发病初期，常有数只病鸡突然死亡。感染鸡鼻孔有分泌物，眼流泪，伴有结膜炎。其后表现为特征性的呼吸道症状，伸颈张口吸气，低头缩颈呼气，闭眼呈痛苦状，蹲伏地面或架上。病鸡体温可上升到 43℃，咳嗽或左右摇头时，咳出血痰，血痰常附着于墙壁、水槽、食槽或鸡笼上，个别鸡的嘴有血染。将鸡的喉头用手向上顶，令鸡张开口，可见喉头周围有泡沫状液体，喉头出血。若喉头被血液或纤维蛋白凝块堵塞，病鸡会窒息死亡。死亡鸡的鸡冠及肉髯呈暗紫色，体况较好，多呈仰卧姿势。急性型病鸡死亡率10%～40%。如有继发感染时死亡率高达50%～70%。最急性病例可于24小时左右死亡，多数5～10天或更长，不死者多经8～10天恢复，有的可成为带毒鸡。

温和型（眼结膜型）由低致病性毒株引起的，主要发生于30～40日龄鸡，病鸡表现为眼结膜充血，眼睑肿胀，1～2天后流眼泪及鼻液，分泌黏性或干酪样物，上下眼睑被分泌物粘连，眶下窦肿胀，眼结膜炎，不断用爪抓眼，有的病鸡失明。病鸡偶见呼吸困难，生长迟缓，死亡率低，大约5%。如果有继发感染和应激因素存在，死亡率会有所增加。蛋鸡产蛋率下降，畸形蛋增多（图5.9）。

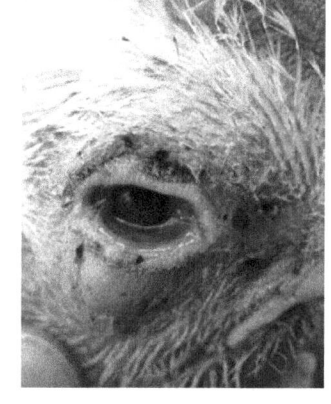

图 5.9　ILTV 引起的结膜炎

（资料来源：Swayne，2020）

**2. 病理变化**

急性型典型病理变化在喉头和气管的前半部。发病初期，喉头和气管黏膜肿胀、充血、出血，甚至坏死，并可见带血的黏性分泌物或条状血凝块。中后期死亡鸡只喉头和气管黏膜附有黄白色渗出物（图5.10），并形成气管塞，患鸡多因窒息而死亡。严重时，炎症可扩散到支气管、肺、气囊或眶下窦。内脏器官无特征性病变。后期死亡鸡只常见继发感染的相应病理变化如大肠杆菌病、鸡白痢和鸡慢性呼吸道病。

图 5.10　气管出血，表面常覆有黄白色渗出物

（资料来源：https://baike.baidu.com）

温和型表现为浆液性结膜炎，也有的发生纤维素性结膜炎，在结膜囊内沉积纤维素性干酪样物质。

### （三）流行病学

鸡传染性喉气管炎自然感染的潜伏期为6～12天，是一种接触性传染病。病鸡、康复鸡或亚临床感染鸡是该病的主要传染源。感染后排毒期为6～8天，部分康复鸡可以长期带毒，排毒期可长达2年。该病主要通过呼吸道及眼部感染，也可经消化道感染。呼吸器官及鼻腔分泌物污染的垫草、饲料、饮水及用具可造成该病的机械传播，人和野生动物的活舌动也可传播病毒。

该病一年四季均能发生，由于鸡传染性喉管炎病毒对高温的抵抗力弱，因此，夏季发病较少，冬春寒冷季节发病较多，主要侵害鸡。各年龄、品种的鸡均易感，但以育成鸡和成年产蛋鸡多发，发病症状也最典型。幼龄火鸡、野鸡、鹌鹑和孔雀也可感染。

长期潜伏感染是鸡传染性喉气管炎的主要流行病学特征，野毒感染导致的潜伏感染在一定条件下，如应激，病毒会重新激活，引起鸡群呈现周期性的自然发病。

鸡传染性喉气管炎主要呈地方性流行，同群传播较快，群间传播较慢。近年来该病的"温和型"感染逐渐增多，发病率和致死率都很低，康复鸡的带毒和排毒成为易感鸡群发生该病的主要传染来源。同时，感染鸡的调运和贸易都会传播鸡传染性喉气管炎病毒，给防控带来挑战。

### （四）诊断

**1. 临床诊断**

根据流行病学、临床症状及病理剖检结果可作初步诊断，确诊需进行实验室诊断。

**2. 实验室诊断**

（1）病毒分离、鉴定。将处理后的样品经鸡胚绒毛尿囊膜（CAM）途径接种9～12日龄鸡胚每只0.1～0.2毫升，37℃孵育，每天观察鸡胚2次，连续观察7天，弃去24小时内死亡的鸡胚；24小时至7天内死亡的鸡胚，观察鸡胚绒毛尿囊膜上是否有特征性痘斑的形成；7天仍未死亡的鸡胚也取出，观察鸡胚绒毛尿囊膜上有无痘斑形成，如无痘斑形成需盲传3代以上，仍无病变，判为鸡传染性喉气管炎阴性。对形成痘斑的鸡胚，取出鸡胚绒毛尿囊膜和尿囊液，无菌研磨后，利用病毒中和试验、包涵体检查或 PCR 等进行鉴定。

（2）血清学检测。

病毒中和试验（VN）：在孵化 9～11 天鸡胚绒毛尿囊膜上进行，病毒被特异性的抗体中和后，不能使胚绒毛尿囊膜产生痘斑；或在细胞培养物上进行，病毒被特异性的抗体中和后，不能引起细胞病变（CPE）。

琼脂免疫扩散试验（AGID）：该法简单、经济、易于操作，但敏感性低，适用于鸡群筛检。检测抗原由病毒感染的鸡胚绒毛尿囊膜或细胞培养物制取。

间接免疫荧光试验（IFA）：该法敏感性高于琼脂免疫扩散试验，但结果解释偏于主观。

酶联免疫吸附试验（ELISA）：该法高度敏感，很适合于疫病监测。

（3）病毒核酸检测。目前，分子检测具有高灵敏度和快速反应时间。常用的有 RT-PCR、荧光 RT-PCR 技术。这些方法可以检测病毒 RNA，同时还可以通过遗传角度表征检测到的毒株，有助于科学控制和评估疫苗接种方案。

**3. 鉴别诊断**

应与新城疫、鸡传染性支气管炎、传染性鼻炎等疫病鉴别。

## （五）防控

**1. 预防**

坚持全进全出的饲养管理制度、坚持严格的隔离和消毒制度。在秋季、冬季和春季，应注意通过各种途径，在保温的同时兼顾舍内的通风。保持适当的养殖密度，添加足够的维生素 A。疫苗接种是预防该病的有效方法。一般情况下，过去从未发生过该病的鸡场不主张接种活疫苗。在疫区和受威胁区，应考虑进行疫苗的免疫。采取点眼或滴鼻的接种方法。该病尚无特异的治疗方法。应用一些抗菌药物可以防止继发感染，同时给发病鸡群投喂多种维生素以增强鸡只的抵抗力，降低死亡率。发病初期应用传染性喉气管炎弱毒疫苗进行紧急接种有一定的疗效。

**2. 处置**

任何单位和个人发现患有该病或疑似该病的禽类，都应当立即向当地动物防疫监督机构报告。当地动物防疫监督机构接到疫情报告后，按国家动物疫情报告管理的有关规定执行。

## 五、鸭瘟

鸭瘟（Duck plague）又称鸭病毒性肠炎（Duck virus enteritis），是由鸭瘟病毒（Duck plaque virus, DPV）引起鸭、鹅和其他雁形目禽类的一种急性、热性、败血性、接触性传染病。该病在荷兰、法国、英国、比利时、印度、意大利、德国、加拿大及美国等许多国家均有流行。在我国华南、华中和华东等养鸭较发达的地区呈地方性流行。该病的特征为高热、两腿无力、下痢、口渴、流泪，部分病鸭头颈部肿大，俗称大头瘟，该病发病率和死亡率高，对发病鸭群造成巨大的损失，严重影响养鸭业的发展。

### （一）病原学

DPV又称鸭疱疹病毒1型（Anatid herpesvirus 1，AHV-1）或鸭肠炎病毒（DEV），属疱疹病毒目，疱疹病毒科，甲型疱疹病毒亚科，马立克病毒属成员。病毒只有一个血清型。

鸭瘟病毒的DNA具有典型的疱疹病毒DNA的特征，大小约为$150×10^3$个碱基对，两端为末端重复序列，中间有内部重复序列。囊膜蛋白为疱疹病毒的主要保护性抗原，它在介导病毒进入细胞以及病毒的成熟与释放中均起重要的作用。疱疹病毒的囊膜蛋白主要有糖蛋白gB、gC、gD、gE、gI等。

鸭瘟病毒对外界环境抵抗力较强，50℃下90～120分钟、56℃下30分钟、60℃下15分钟、80℃下5分钟均可破坏病毒的感染性；在22℃条件下其感染力可维持30天，-7～-5℃可存活3个月。在pH值为5.5～9.0环境中较稳定，经6小时其毒力不降低；在pH值为3.0或pH值为10.0的环境中很快被灭活。

### （二）临床症状与病理变化

**1. 临床症状**

鸭瘟自然感染的潜伏期一般为3～4天，人工感染的潜伏期为2～4天。体温升高（43℃以上），呈稽留热。病鸭表现精神委顿，头颈缩起，食欲减少或停食，饮水量增加，羽毛松乱无光泽。病鸭两翅下垂，两脚麻痹无力，走动困难，严重的静卧地上不愿走动；驱赶时，则见两翅扑地而走，走几步后又蹲伏于地上。当病鸭两脚完全麻痹时，伏卧不起。病鸭不愿下

## 第五章 健康养殖禽场投入品和疫病的管理

水池，如强迫驱赶下水，漂浮水面并挣扎回岸。

流泪和眼周皮肤水肿是鸭瘟的一个特征症状。病初流出浆液性分泌物，眼周围的羽毛沾湿，时间稍长，粘连许多污物。以后变成黏性或脓性分泌物，往往将眼皮粘连而不能张开，严重者眼周皮肤肿胀或翻出于眼眶外，翻开眼睑可见到眼结膜充血或小点出血甚至形成小溃疡。头颈部肿胀是鸭瘟的又一特征性症状，自然感染病例和人工感染时，都见有部分病鸭的头颈部肿大，故俗称"大头瘟"（图5.11）。此外，病鸭从鼻腔流出稀薄和黏稠的分泌物，呼吸困难，呼吸时发出鼻塞音，叫声嘶哑，个别病鸭频频咳嗽。病鸭常发生下痢，排出绿色或灰白色稀粪。泄殖腔黏膜充血、出血、水肿，严重者黏膜外翻，肛周羽毛被严重污染并结块。用手翻开肛门时，可见到泄殖腔黏膜有黄绿色的伪膜，不易剥离。

图5.11　大头瘟

（资料来源：https://www.sohu.com）

病鸭临死前体温下降，极度衰竭，不久即死亡。病程一般为2～5天，慢性可拖至1周以上，生长发育不良。角膜混浊，严重的形成溃疡，多为一侧性。

**2. 病理变化**

剖检可见败血性病变，表现有全身皮肤、黏膜和浆膜出血，皮下组织弥漫性水肿，实质器官严重变性，消化道黏膜出血、炎症和坏死，尤以咽喉部、食道、盲肠、直肠和泄殖腔的假膜为主要特征。

头颈部水肿的病鸭，切开头颈皮肤流出淡黄色透明液体，咽喉部、食道黏覆有淡黄色或黄绿色假膜。泄殖腔黏膜病变与食道病变相似，表现为不同程度充血、出血、水肿坏死，坏死部呈灰绿色或绿色，并有类似角质层的较硬的痂状物质。法氏囊黏膜充血，有针尖大黄色坏死点，囊壁变薄，内充满白色凝固的渗出物。肠道环带状出血（图5.12），呈深红色或深棕色，多见于小肠、空肠、腺胃与食道交界处。

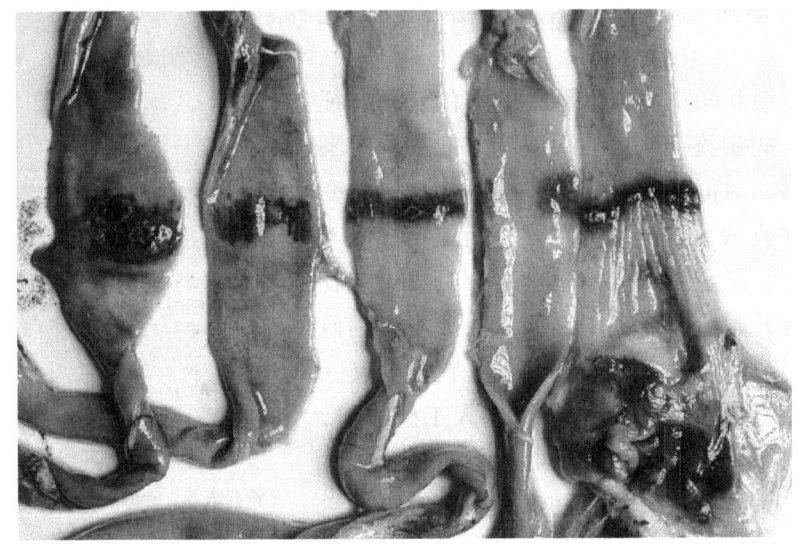

图 5.12　肠道环带状出血

（资料来源：Swayne David E，2020）

## （三）流行病学

不同日龄和不同品种的鸭均可感染该病，以番鸭、麻鸭、绵鸭和天府肉鸭易感性最高，北京鸭次之。在自然流行时，成年鸭和产蛋母鸭发病和死亡较为严重。放牧鸭较舍饲鸭更易感染发病，1月龄以下雏鸭发病较少。

在自然情况下，鹅和病鸭密切接触也能感染发病，在有些地区可以引起流行。人工感染雏鹅尤为敏感，病死率较高；人工感染中野鸭和雁对该病有易感性。鸡对鸭瘟病毒抵抗力强，鸽、麻雀、兔、小鼠对该病无易感性。

该病传播途径主要是消化道，也可经交配、眼结膜或呼吸道传播。该病一年四季均可流行，但以春夏之交和秋季流行最为严重。在低洼潮湿的多水地区，该病的发生和流行较为严重。

## （四）诊断

**1. 临床诊断**

根据流行病学、临床症状及病理剖检结果可作初步诊断，确诊需进行实验室诊断。

**2. 实验室诊断**

（1）病毒分离、鉴定。

细胞培养：可采用原代鸭胚成纤维细胞（DEF），最好采用原代番鸭鸭胚成纤维细胞（MDEF）培养，原代番鸭鸭胚肝细胞（MDEL）也比较敏感。

禽胚培养：接种 9～14 日龄番鸭鸭胚绒毛尿囊膜（CAM），观察出血性变化。鸡胚对鸭瘟野毒株不易感，北京鸭胚的易感性随鸭瘟野毒株不同而异。

雏鸭接种：取病料肌肉接种 1 日龄易感雏鸭进行观察，番雏鸭要比北京雏鸭易感。用已知抗血清对分离物进行中和试验能进一步确证鉴定结果。康复鸭血清的病毒中和效价增高，证明鸭群流行鸭瘟，中和指数为 1.75 或更高时表示感染了鸭瘟病毒。

（2）血清学检测。鸭瘟病毒自然感染免疫以细胞免疫为主，中和抗体持续时间较短。血清学诊断方法对于急性鸭瘟的诊断意义不大。鸭瘟的血清学抗体检测方法主要有血清中和试验（SN）、琼脂凝胶扩散沉淀试验（AGP）、酶联免疫吸附试验（ELISA）、反相间接血凝试验（RPHA）、间接免疫荧光试验（IFA）等。

（3）病毒核酸检测。利用传统的 PCR 方法可对鸭病毒性肠炎的 DNA 进行检测。目前建立的实时定量 PCR 可对急性和潜伏感染的鸭病毒性肠炎的 DNA 实现快速诊断和检测。

**3. 鉴别诊断**

该病应注意与雁形目的其他出血、坏死性疾病相区别，家鸭中出现这类病变的疾病有鸭病毒性肝炎、禽霍乱、坏死性肠炎、球虫病和某些特异性中毒病。

## （五）防控

**1. 预防**

预防鸭瘟应避免从发病养殖场引种，平时做好养殖场的定期清理和严格消毒，定期进行鸭瘟弱毒疫苗免疫接种。肉鸭一般在 20 日龄第 1 次免疫接种。发病阶段应对未发病鸭群进行紧急免疫接种，必要时应加大接种剂量。

**2. 处置**

任何单位和个人发现患有该病或疑似该病的禽类，都应当立即向当地动物防疫监督机构报告。当地动物防疫监督机构接到疫情报告后，按国家动物疫情报告管理的有关规定执行。疫情发生后要立即对病鸭进行隔离，并对鸭舍、运动场、用具等进行全面消毒，被污染的饲料必须销毁。另外，对疑似病鸭、健康鸭都要紧急接种疫苗。病死鸭必须经过高温处理，然后采取深埋或者烧毁，禁止食用，也不允许随意丢弃，避免对水源或者环境造成污染，而羽毛需要经过蒸汽消毒才能够外运。

## 六、大肠杆菌病

### (一) 细菌形态和培养特性

大肠杆菌是革兰氏阴性杆菌(图 5.13),属于肠杆菌科,广泛分布于动物肠道、空气、物体表面、养殖场环境以及土壤和粪便中,具有分布广等特点。该菌对外界的抵抗力不强,对温度比较敏感,60℃作用 15 分钟或 55℃作用 60 分钟即可杀灭,而且对常用消毒剂的抵抗力也很弱。大肠杆菌对培养基要求不高,在普通培养基上生长良好,形成边缘整齐、表面光滑的隆起菌落,在麦康凯琼脂上形成粉红色菌落,在伊红亚甲蓝琼脂上形成黑绿色带金属光泽的菌落,部分致病性菌株在绵羊血琼脂平板上呈现 β 溶血,某些可生长的菌落呈红色。

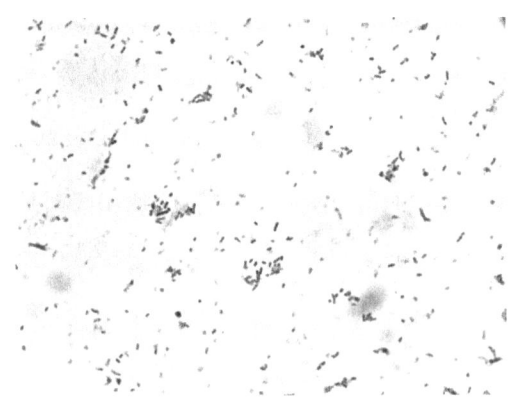

图 5.13 大肠杆菌革兰氏染色镜检结果

### (二) 临床症状

禽致病性大肠杆菌(Avian pathogenic Escherichia coli,APEC)引起家禽大肠杆菌病,可导致出现 3 种类型的大肠杆菌病。第一类是急性败血型鸡大肠杆菌病,常见症状包括腹部膨大、精神和食欲不佳、体温偏高,部分病鸡出现死亡。第二类是眼炎型鸡大肠杆菌病,临床症状为双侧或单侧眼睑肿胀、流泪等,严重的会出现失明。第三类是生殖型鸡大肠杆菌病,病鸡出现卵巢炎、子宫炎等情况。常见症状为腹泻、腹部下垂,伴随产蛋量下降等。

## （三）发病特点和流行病学

大肠杆菌病发病无季节性，一年四季均可发生。养殖环境对鸡大肠杆菌病的发病率具有直接影响，若养殖环境差、鸡群密度过高、通风太差或者鸡舍温度不合适、湿度太大，都会造成大肠杆菌病的发病率增大。该病在各个年龄段都有可能被感染，其中3～4周龄的雏鸡发病率较高。

## （四）诊断

**1. 临床诊断**

根据鸡群的发病特征和解剖病理变化进行初步诊断，进一步确诊需要采集病理组织样品进行细菌分离鉴定。

**2. 实验室诊断**

（1）细菌分离培养。采集发病鸡的血液或肝、脾、肺、肾等脏器组织样品或者局部病变组织；死亡鸡胚可采集尿囊液和卵黄；病料尽可能新鲜，尽可能送至实验室进行处理和细菌分离、鉴定。将送检的病料样品划线分别接种于普通营养琼脂平板、麦康凯琼脂平板、血琼脂平板等不同培养基中，于37 ℃培养24小时后进行后观察。大肠杆菌在普通营养琼脂上形成圆形、光滑、湿润、半透明且直径约2毫米的隆起菌落；在麦康凯琼脂平板上菌落为红色（图5.14）；部分菌株在血琼脂平板上出现β溶血。挑取上述典型菌落，经涂片、染色后进行镜检，可见革兰氏阴性、中等大小的杆菌。

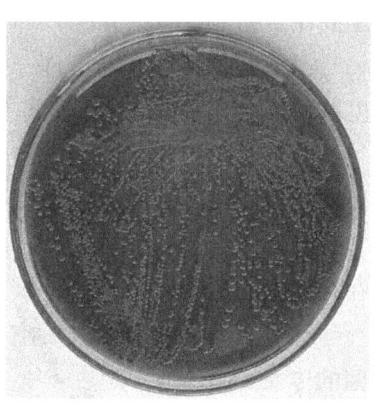

图5.14 大肠杆菌在麦康凯琼脂平板上的粉色菌落

（2）血清学诊断技术。微量凝集试验可用于大肠杆菌血清型的鉴定，另外，还可以用于检测鸡大肠杆菌特异性抗体水平，敏感性和特异性较高，适于免疫鸡群抗体监测和流行病学调查。方法操作简便，抗原、血清用量少，反应时间较短，结果较易判定，有时结果存在交叉凝集现象。另外，间接血凝试验、酶联免疫吸附试验（ELISA）、荧光抗体技术、免疫胶体金技术也可用于大肠杆菌的检测。

（3）分子生物学诊断技术。聚合酶链式反应（PCR）是一种快速简便的

DNA 扩增技术，近年来，越来越多地应用于病原的检测。大肠杆菌 PCR 检测技术主要是针对致病性大肠杆菌的毒力相关基因设计特异性引物进行 PCR 扩增，该方法快速简便、灵敏度高、特异性强、重复性好，是致病性大肠杆菌感染检测的最常用方法之一。而荧光定量 PCR 方法更加敏感、特异性强，但需要专业的操作人员和特殊的仪器设备，对操作要求较高，限制了普通实验室和临床诊断中的应用；除此之外，还有多重 PCR 方法，由于可以同时检测大肠杆菌基因组中多种毒力和血清型相关基因，从而判定该菌株的毒力及血清型，该方法特异性好、灵敏度高、简便易行，在致病性大肠杆菌流行病学调查方面具有独特的优势。

## （五）免疫防控技术

### 1. 综合防控

大肠杆菌的免疫防控最为重要的就是做好日常的饲养管理和消毒工作，主要注意如下方面。

（1）加强鸡群饲养管理，提高鸡舍环境卫生，严格控制鸡舍内温度、湿度和通风，有效降低舍内有害气体。

（2）及时收蛋并清洁，防止鸡蛋污染，对种蛋及时进行熏蒸消毒，淘汰破损或污染严重的种蛋，减少大肠杆菌的扩散。

（3）减少禽致病性大肠杆菌在鸡肠道中的定植，降低禽致病性大肠杆菌在环境中的扩散。

（4）改善鸡舍的基础设施，通过换衣服、鞋子和勤洗手等措施来避免细菌的传入。

### 2. 疫苗免疫

（1）全菌灭活疫苗。全菌灭活疫苗免疫种鸡可以为所产的鸡胚提供母源抗体，对同源菌株具有较好的保护效果。例如，目前研制的血清型 O78∶K80 和 O2∶K1 等灭活疫苗对同源血清型菌株的感染具有一定的保护力，但对异源血清型菌株的感染仅具有部分交叉保护效果。

（2）无毒或减毒活疫苗。无毒或减毒活疫苗在激活鸡体液免疫、细胞免疫和黏膜免疫方面具有优势，对不同血清型菌株提供部分交叉保护效果。例如，利用筛选的非致病性菌株（BT-7）制备的活菌疫苗免疫大于 14 日龄雏鸡可抵抗禽致病性大肠杆菌感染。

（3）重组载体疫苗。利用无毒的鼠伤寒沙门氏菌作为载体，表达 APEC 的 O78 抗原，可抵抗 O78 APEC 的感染。

（4）亚单位疫苗。利用 Iss 抗原制备亚单位疫苗可抵抗 O1、O2 和 O78 APEC 的感染；利用菌毛或鞭毛抗原制备的亚单位疫苗同样显示了抵抗 APEC 感染的能力。但是由于禽致病性大肠杆菌血清型较多，限制了接种疫苗的有效性，因此疫苗难以在养禽场得到广泛应用。

**3. 抗菌药物控制**

抗菌药物可以有效地控制 APEC，但是由于细菌耐药性及食品安全的要求，抗生素药物在养鸡场控制细菌感染方面受到严格的限制。目前临床上常见的控制 APEC 的药物主要包括氟喹诺酮类、氨基糖苷类（安普霉素）和氟苯尼考等，APEC 通常对四环素、磺胺类、青霉素、链霉素等耐药。

## 七、沙门氏菌病

### （一）细菌形态和培养特性

沙门氏菌是肠杆菌科的一种革兰氏阴性、需氧及兼性厌氧菌，菌体呈卵圆形或者杆状，无荚膜（图 5.15）。导致鸡群发病的主要是鸡白痢沙门氏菌、伤寒沙门氏菌、副伤寒沙门氏菌以及肠炎沙门氏菌。沙门氏菌培养对营养要求不高，在外界环境中极易存活。沙门氏菌在普通琼脂培养基中菌落中等大小、表面光滑、圆形、无色半透明、边缘整齐。沙门氏菌在三糖琼脂斜面培养基上生长时，斜面和底层因酸碱度不同而显示不同的颜色，斜面因产碱而显现红色，底部因产酸而呈现黄色，产生硫化氢气体时出现黑色沉淀。

**图 5.15　沙门氏菌革兰氏染色镜检结果**

## （二）临床症状

**1. 鸡白痢**

鸡白痢是2～3周龄以内幼雏由于感染鸡白痢沙门氏菌引起的急性败血性传染病，幼雏感染后出现白色下痢、精神萎靡等症状，死亡率极高。该病既能通过接触的方式传播，也可通过种蛋垂直传播，消化道感染是主要的感染途径。成年鸡感染多为慢性经过，病鸡终身带菌，种鸡感染后可经种蛋垂直传播，产蛋鸡发病出现产蛋率下降，产蛋无高峰，种蛋受精率和孵化率较低，孵化后的弱雏较多；近几年青年鸡发病呈现上升趋势。鸡白痢主要感染雏鸡，雏鸡感染后症状明显，发病率和死亡率较高，多见于育雏阶段，通过种鸡垂直传播，污染的种蛋孵化后弱雏较多，1周龄内的雏鸡症状较为明显，雏鸡发病后偶尔可见无症状突然死亡，常见鸡雏怕冷聚堆在一起，精神不振，翅膀下垂，采食减少，病鸡排白色、淡黄、淡绿色黏性稀便，糊肛症状明显，排粪困难，呼吸困难，卵黄吸收不良、脐环愈合不良、卵黄变性坏死。

雏鸡急性病例可见肝脏和肾脏肿大、充血，肝脏表面有针尖样白色坏死病灶，有时有呼吸道症状，肺脏有黄白色小结节病灶，心肌有白色肉芽肿。青年鸡的剖检病理变化与雏鸡相似，肝脏呈现土黄色，质地易碎，容易发生肝出血。产蛋鸡常表现卵泡病变，可见卵巢炎、输卵管炎、卵黄性腹膜炎等。

**2. 鸡伤寒**

鸡伤寒（Fowl typhoid）是由鸡伤寒沙门氏菌引起的一种急性或慢性败血症，各种年龄鸡均可感染出现败血性伤寒症，细菌可水平传播和垂直传播。发病鸡和带菌鸡是该病发生的主要传染源，病原菌经过多种方式传播。养殖场工具、饲料、饮水、饲养员的服装鞋帽等都可以传播。病原进入机体主要是经消化道感染。雏鸡的发病症状与鸡白痢相似，成年鸡多表现腹泻症状，还同时伴有精神不振，羽毛松乱，鸡冠发白萎缩等症状。最急性病例常见突然死亡，剖检后无明显病理变化；急性发病后雏鸡肝脏病变较为明显，肾脏和脾脏可见暗红肿大；亚急性和慢性感染的病鸡肝脏肿大呈铜绿色，呈青铜肝症状，肝脏表面有小米粒大小的灰白色或浅黄色坏死病灶，胆囊充盈肿大，脾肿大坏死。

## （三）发病特点和流行病学

鸡沙门氏菌主要包括鸡白痢沙门氏菌和鸡伤寒沙门氏菌。沙门氏菌分布广泛，可以通过食物、饮水和环境等途径进行传播，还广泛存在于自然界中，在多种家养动物（如鸡、鸭、鹅、猪、牛、羊、马等）及飞鸟、鼠类等野生

第五章 健康养殖禽场投入品和疫病的管理

动物的肠道中经常发现。沙门氏菌可以水平传播,也可以垂直传播。发病无明显季节性。

## (四) 诊断

**1. 沙门氏菌分离鉴定**

通过采集病鸡样品进行细菌分离培养,并结合生化方法得出检测结果。收集来自各种来源的样本,包括组织、鸡蛋、排泄物和鸡饲养环境,以确定鸡群中沙门氏菌感染。肝脏和脾脏作为病原通过器官,最容易受到污染,因此是检测受感染鸡最有效的样品。通常沙门氏菌标准培养方法包括预增菌、增菌、鉴别培养基培养(图5.16)和生化、血清学鉴定,以确认其属和血清型。

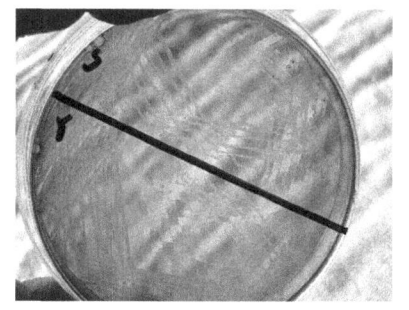 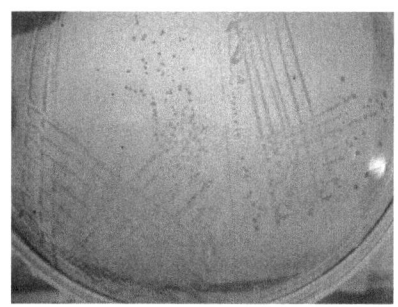

亚硫酸铋琼脂平板　　　　　　　　沙门氏菌鉴别培养板

**图5.16　沙门氏菌在不同鉴别培养基中的培养结果**

**2. 血清学诊断技术**

(1) 全血平板凝集试验。在鸡沙门氏菌检测方法中,最实用和便捷的检测方法为全血平板凝集试验,适用于大规模、快速筛查鸡白痢和鸡伤寒(图5.17)。因为细菌颗粒性抗原结合相应的血清抗体,短时间内出现凝集现象,仅通过肉眼就能观察和判定结果。该方法的主要优点是操作简便快速,成本低廉,不需要额外设备。因此,该方法在国内养禽场禽沙门氏菌病的净化工作得以广泛应用。

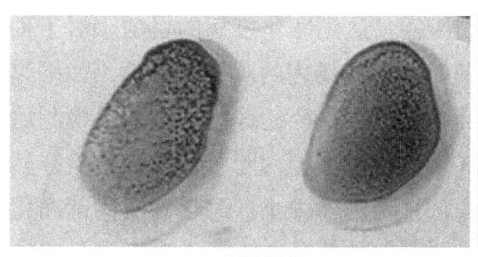 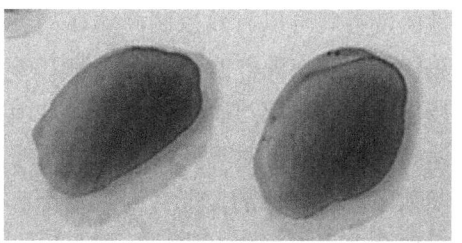

阳性凝集　　　　　　　　　　　　阴性不凝集

**图5.17　鸡白痢沙门氏菌平板凝集试验检测结果**

(2) 酶联免疫吸附试验（ELISA）。ELISA 检测法具有特异性强、灵敏性高等优点，在鸡沙门氏菌检测中得到广泛应用。在 ELISA 应用中通常需要进行沙门氏菌预增菌或富集，如利用沙门氏菌特异性抗体结合的免疫磁珠富集样品中的沙门氏菌，进而提高检测灵敏度。

**3. 分子生物学诊断技术**

(1) PCR。传统的 PCR 方法是通过靶向单一的沙门氏菌特异性基因片段进行检测，具有敏感性强、特异性高、简便快速等优点，在沙门氏菌检测中得到广泛的应用。

(2) 多重 PCR。多重 PCR 技术是通过在一个反应体系中同时检测多种不同目的基因的检测方法，该方法经济简便高效。二重 PCR 方法可用于鉴别鸡白痢沙门氏菌和鸡伤寒沙门氏菌；多重 PCR 方法可用于同时检测多种血清型。

(3) 荧光定量 PCR。根据沙门氏菌不同靶基因（如 $invA$、$fimY$ 等基因）建立了多种荧光定量 PCR 方法检测沙门氏菌，具有敏感性强、特异性高等显著优点。

## （五）免疫防控

**1. 综合防控**

沙门氏菌病的防控首先是综合防控：制定科学合理的生物安全制度、定期消毒、监测饲料、饮水中沙门氏菌的含量，防止传染。由于沙门氏菌病在鸡群中既可垂直传播，又可水平传播，因此要严格做好引种前的检疫工作，并对种鸡场沙门氏菌病实施检疫淘汰。规范用药程序，避免乱用药，首先应根据药敏试验结果，选择有效的药物，有针对性地用药治疗，避免产生耐药性。

**2. 净化措施**

患病鸡和带毒鸡是种鸡场内沙门氏菌的重要传染源，通过监测和淘汰阳性的带毒鸡可以有效控制该病在鸡场的传播，达到净化疫病的目的。对于种鸡场，通常在鸡群的产蛋率达到 10% 的时候对鸡场内的鸡进行普检，如果鸡场内的阳性率超过标准，则下个月须继续检测，直至达标为止；如果检测后达到标准，则可对鸡场内的母鸡进行 20% 的抽测，但对于公鸡仍需普检，其间如发现有超标的情况，则需进行普检，直至达标为止。鸡场沙门氏菌净化采取全血平板凝集试验法。无菌采集鸡翅静脉处的全血，滴入含有等量鸡白痢、鸡伤寒多价染色平板凝集试验抗原的玻璃板上，待抗原与全血充分混合后，静置 2 分钟可判定结果。对于检出的阳性鸡则需要及时淘汰，并对其污染过的环境、笼具等进行彻底的消毒。

**3. 抗菌药物控制**

药物定期预防是沙门氏菌防治的一个重要手段，但使用前需考虑耐药性和食品安全问题。目前临床上常见的控制沙门氏菌的药物主要包括氟喹诺酮类、头孢类、磺胺类等，当沙门氏菌严重感染时，也会选择两种或多种药物联合使用。雏鸡开口时可以在饮水中定期加入头孢类药物，可有效控制鸡白痢的发生。

# 八、鸡传染性鼻炎

## （一）细菌形态和培养特性

该病由副鸡禽杆菌引起，副鸡禽杆菌为革兰氏阴性短杆菌，无鞭毛，新鲜的细菌存在荚膜。该菌对外界的抵抗力不强，很容易失活。为兼性厌氧，在固体环境培养时要求厌氧环境或一定浓度的 $CO_2$（3%～10%）。其生长繁殖速度较慢，体外培养对营养需求较高，在普通培养基上不生长，体外培养时需要添加生长因子。固体培养基上生长 24 小时形成半透明、圆形、半透明、露珠样菌落。当在血琼脂上和金黄色葡萄球菌进行交叉划线培养时，可观察到"卫星现象"（图 5.18）。

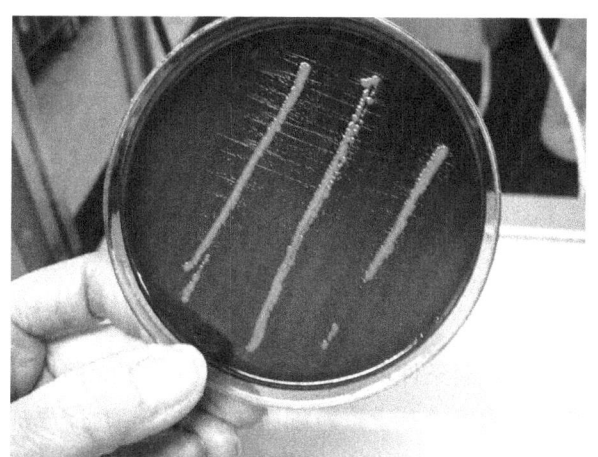

图 5.18　副鸡禽杆菌在血琼脂上和金黄色葡萄球菌进行交叉划线培养时的"卫星现象"

## （二）临床症状

感染副鸡禽杆菌后，症状轻微鸡只出现眶下窦肿胀或轻微肿脸，有的有少量眼泪，鼻腔中有少量清涕，采食和饮水减少。症状严重鸡只脸部或头部明显肿胀，有的眼睛闭合，鼻腔和口腔中有大量分泌物，个别鸡只肉髯和下颌肿大。体温会升高，精神沉郁，羽毛蓬松，低头缩脖。如果混合其他病毒或者细菌感染，如和支原体、传染性支气管炎病毒、腺病毒等发生混合感染或者继发感染时，会有一定的病死率，给养殖场造成巨大经济损失，见图5.19。

图5.19 副鸡禽杆菌感染鸡只眶下窦肿胀、流鼻涕

## （三）发病特点和流行病学

一般情况下该病的潜伏期较短、发病急且传染性强，病死率低。冬春季节多发，育成鸡和产蛋鸡发病较多，此外还有关于野鸡和鹌鹑等感染发病的报道。产蛋高峰期鸡群感染该病后潜伏期缩短，病程延长，经济损失较大。病鸡和无症状感染鸡为该病的传染源，通过飞沫和尘埃经呼吸道传染至其他鸡群，或通过受污染的饮水和饲料经消化道传染至其他鸡群。近年来，我国多个地区的发病率也呈上升趋势。综合来看，目前我国副鸡禽杆菌流行态势较之前有了一些变化，虽然我国目前仍然是3种血清型均有流行，但之前一直占主导地位的B血清型的发病率有所下降，而C血清型的发病率则在逐渐升高。

## （四）诊断

通过发病特点和临床症状，可以作出初步的诊断，确诊还需要进行实验室的细菌分离鉴定和血清型鉴定。

**1. 细菌分离鉴定**

采集发病鸡只，无菌条件下打开眶下窦部分，用无菌棉拭子蘸取眶下窦内黏液，在营养丰富的培养基上进行细菌培养。培养时需添加无菌鸡血清或牛血清和辅酶Ⅰ，37℃ $CO_2$ 环境中培养24～40小时后观察菌落形态。然后用种特异性引物进行特异核酸片段的扩增来确定为该菌。

## 2. 血清学诊断技术

血凝抑制试验（HI）可以评估鸡传染性鼻炎灭活疫苗免疫后的抗体水平，从而判断疫苗免疫是否有效。目前有 HI 试验所用的商品化的 HI 试验抗原。但是在使用中需要注意使用的 HI 抗原和疫苗中的菌株是否是相同的血清亚型。

## 3. 荧光定量 PCR

荧光定量 PCR 具有应用方便、快速，灵敏性和特异性好的优点。在病原菌的检测中，灵敏度高于普通 PCR 10～100 倍。

### （五）免疫防控技术

**1. 科学的疫苗免疫预防**

目前，预防由副鸡禽杆菌导致鸡群感染鸡传染性鼻炎最有效的途径就是接种疫苗。相关疫苗主要为灭活疫苗和基因工程疫苗。灭活疫苗主要包含铝胶灭活疫苗、蜂胶灭活苗和油乳剂灭活苗。如今国内外市场上售卖的鸡传染性鼻炎商品化疫苗都是灭活苗。包括单价、二价和三价苗和联苗。

**2. 有效的药物控制**

当养殖场暴发传染性鼻炎时，可使用抗菌药物进行治疗。但是目前病菌对抗菌药物的耐药性目前比较常见。因此，通常会对分离株进行药敏试验以确定最佳用药方案。此外，需要注意药物的用法用量及给药时间，产蛋期不可使用磺胺类药物。

**3. 加强饲养管理**

加强饲养管理是防控的重点，避免鸡群应激、做好消毒工作，保持舍内空气干净清新，确保鸡舍温度均匀、增强鸡群提高抗病力。防范不当发生感染后，及时确诊并迅速做好病禽隔离，采取适合的措施，防止造成大范围感染。

# 九、支原体病

## （一）形态和培养特性

**1. 鸡支原体**

鸡支原体又称鸡败血性支原体（MG），是一种原核生物。大小介于细菌和病毒之间，无细胞壁。镜下可见中间致密、凸起的"煎蛋样"菌落。

**2. 滑液囊支原体**

滑液囊支原体（MS）与鸡毒支原体相似，也无细胞壁，在改良Frey氏支原体固体培养基中菌落一般呈现中间凸起的圆形"煎蛋状"菌落，经瑞氏染色可见细小的球形或椭圆形菌体（图5.20）。

MG和MS的生长需要严格的培养条件，普通条件不适合生长。在培养基中，要求加入10%～15%的热灭活的猪、禽或马血清。此外，最适生长温度为37℃。其分离培养过程中对营养要求苛刻，且对pH值非常敏感。

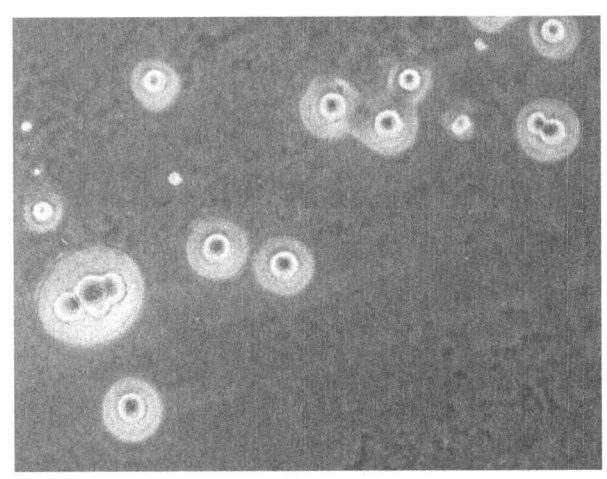

图5.20  MS在改良Frey氏支原体固体培养基上的"煎蛋状"菌落

## （二）临床症状

**1. 鸡支原体**

又叫鸡霉形体，其对鸡和火鸡具有高致病性。MG鸡毒支原体病通常出现慢性呼吸道症状。该病的病程长，发病率高，但死亡率低。造成养殖饲料转化率降低及影响肉鸡胴体品质，提高与其他病原混合感染的概率。症状表现为气囊炎、气管炎及鼻窦炎。鸡采食量下降，雏鸡生长速度降低，蛋鸡产蛋率下降，种蛋的受精率和健雏率降低。鸡群精神沉郁、食欲减少、体型弱小、羽毛松弛、翅膀下垂。感染的鸡只表现为颜面肿胀，鼻孔周围污染、流泪、眼结膜炎、打喷嚏、气管湿啰音等症状。

**2. 滑液囊支原体**

MS可引起家禽气囊炎、关节滑液囊膜炎以及生殖道损伤。主要表现为腱鞘滑膜炎和关节渗出性滑液囊膜炎的特征。主要表现为病鸡采食量下降、消

# 第五章 健康养殖禽场投入品和疫病的管理

瘦、鸡冠发白，常见全身感染引起滑膜炎导致的脚垫、关节肿大、跛行、瘫痪、胸部皮下滑液肿胀的症状。特别是在肉鸡，其中又以肉种鸡跗关节炎和脚垫肿胀更为严重，肿胀部位触之烫手，有波动感，出现跛行和卧地不起，导致生产力下降。慢性感染则多见于大于20周龄的产蛋鸡，病鸡腿部病变严重，病程较长，消瘦如柴。患鸡常表现呼吸困难、气管啰音等。此外，还可造成生殖系统损伤，患鸡的产蛋率降低、蛋壳尖端缺陷（发生率升高；此外还有部分病鸡无明显临床症状。目前MS流行病学分析结果显示，国内绝大部分家禽MS感染的临床症状是关节部位肿大，跛行。

## （三）流行病学

**1. 鸡支原体**

一年四季均可发生，严寒或饲养环境差时病情流行严重。环境因素改变或者鸡群应激时可促使该病的发生和加重。当MG和大肠杆菌混合感染时，死亡率会大幅升高。其他细菌如沙门氏菌、副鸡禽杆菌、绿脓杆菌等的存在也能加剧MG造成的症状。MG主要通过水平传播和垂直传播感染易感鸡群。可由污染的水、垫料和饲料传播，也能通过人员和车辆传播。

**2. 滑液囊支原体**

病鸡和带毒鸡为主要传染源，既可水平传播也可垂直传播，但主要经接触传播，呼吸道传播感染率可达100%。MS可经灰尘、羽毛、饲料等传播，也可经种蛋垂直传播给子代。MS通常侵害鸡和火鸡，但也能从鹅、鹌鹑、鸭、鸽、野鸡等禽类中分离得到MS。雏鸡的易感性要比成年鸡更高，随着年龄增长，鸡对MS的抵抗力也会增强。各日龄的鸡均可感染MS，小日龄鸡易感性比成年鸡高，最易感阶段为3～15周龄。鸡感染MS在一年四季均可发生，不过多发于冬春。MS多呈地方性流行，且表现为逐年上升趋势。

## （四）诊断

**1. 病原分离鉴定**

收集无菌采集病死鸡气管、肺、气囊、眶下窦、鼻窦等处的分泌物或肿胀部位黏液样品，置于低温状态下，并尽快送往实验室进行检验。将样品接种于特定的培养基，观察菌落形态。

**2. 血清学诊断技术**

主要包括平板凝集试验、ELISA和血凝抑制试验来检测抗体水平。

### 3. 分子生物学诊断技术

（1）PCR。PCR法是检测组织或培养物中支原体DNA的一种简单、快捷及敏感性高的方法。采集发病鸡喉拭子或者病变部位黏液，应用PCR技术检测支原体的血凝素基因，以确定病原为支原体。PCR鉴定引物分为MG和MS特异性引物。

（2）多重PCR。多重PCR方法常用于同时检测MG和MS，具有特异性好、灵敏度高、简便易行的优势。

（3）荧光定量PCR。荧光定量PCR方法的敏感性更高，目前有商品化的荧光定量PCR方法可以同时检测MG和MS的感染（图5.21）。

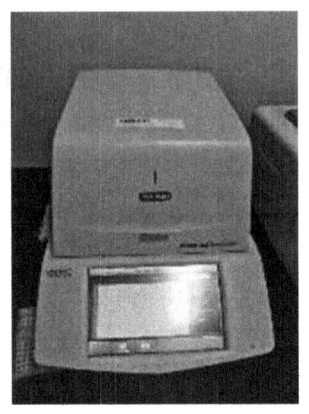

图 5.21 荧光定量 PCR 仪

## （五）免疫防控技术

### 1. 综合防控

集中对少数的原种鸡场进行支原体净化，定期检测抗原抗体，淘汰阳性感染鸡只，防止支原体经蛋垂直传播。避免从发病区域引进种蛋及种鸡、鸡苗，防止病原体的传入。

### 2. 免疫接种

支原体疫苗主要有灭活疫苗和弱毒疫苗两种，但是需要注意的是实施弱毒活疫苗免疫前应确定鸡群的感染情况，如果感染比较普遍，免疫效果则会大打折扣，因此鸡群在免疫前应进行感染状况的检测，必要时使用敏感的抗菌药进行野毒的清除。

（1）对于MG。弱毒活疫苗包含F株、MG6/85株、TS-11株等。一般情况下，活疫苗于2～5日龄首免，60～80日龄二免。鸡毒支原体灭活疫苗选择15～20日龄首免，68～80日龄进行二免。养殖场需要通过实际情况来选用适合自己养殖场的预防接种方法。

（2）对于MS。弱毒活疫苗主要有MS-H株等。此外，灭活苗为滑液囊支原体灭活疫苗。

### 3. 有效的药物控制

抗生素也可作为一种有效的治疗手段，可以减缓临床症状和病变，并可抑制水平传播，但不能彻底治愈。

## 4. 加强饲养管理

日常的饲养管理是非常重要的，养殖场要定期杀虫灭鼠。对粪便进行无害化处理。做好养殖场的卫生消毒工作，保持舍内空气干净清新，监测、消灭传染源，降低饲养密度，避免应激。防范不当发生感染后，及时确诊并迅速做好病禽隔离，采取适合的治疗措施，防止造成大范围感染。

# 十、球虫病

## （一）病原形态和培养特性

球虫卵囊呈椭圆形、圆形或卵圆形，囊壁1层或2层，内有1层膜。有些种类在一端有微孔，或在微孔上有突出的帽称为极帽。有的微孔下有1～3个极粒（图5.22）。和缓艾美尔球虫寄生于小肠前段；柔嫩艾美尔球虫寄生于盲肠。

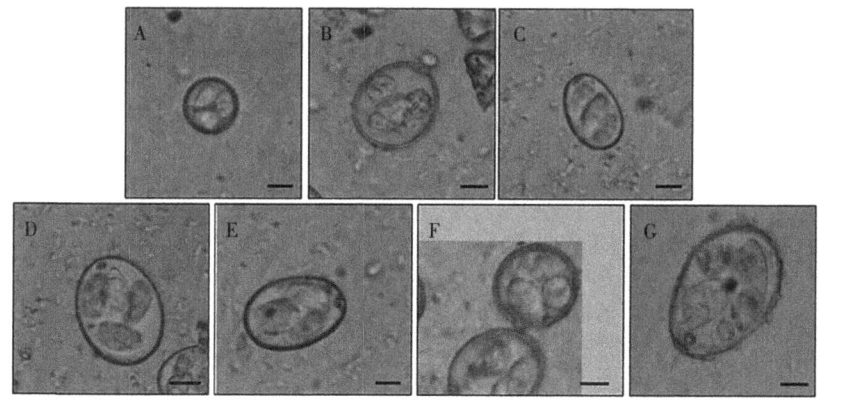

—：5微米

A—早熟艾美耳球虫；B—柔嫩艾美耳球虫；C—堆型艾美耳球虫；D—布氏艾美耳球虫；
E—毒害艾美耳球虫；F—和缓艾美耳球虫；G—巨型艾美耳球虫。

图5.22 艾美尔球虫卵囊（孢子化）

（资料来源：杨雪俪 等，2023）

## （二）临床症状

观察鸡群有无下列症状：精神差，皮肤色素沉着不良，脱水，贫血，增重不整齐，腹泻，血便，黏液便等。

## （三）发病特点和流行病学

鸡球虫病是鸡养殖业中的常见的原虫病，具有急性发病的特点，主要危害 7 周龄以内的雏鸡，是一种常见的肠道寄生虫疾病，主要是由艾美尔属的多种球虫引起，并且借助球虫卵囊传播。该病的发生概率较高，能够达到 70%，死亡率达到 30%～50%。鸡球虫的卵囊喜欢在阴暗潮湿的环境，并且对一些消毒剂有一定的抵抗能力，包括过氧乙酸、氯制剂和烧碱等，但是对高温和干燥环境比较敏感，如果温度超过 50℃，并且环境干燥时，球虫卵会停止生长发育，并且迅速死亡。

## （四）诊断

### 1. 临床症状

根据症状和剖检变化作出初步的诊断，观察十二指肠、小肠，在浆膜面和黏膜面观察有无肠壁增厚，淤血点和白斑，出血斑，肠内容物有无异常。在十二指肠出现白色条纹和圆形白斑，反应出堆型艾美耳球虫感染。在小肠中段，即卵黄憩室两侧出现白斑，反映是毒害艾美耳球虫感染。盲肠出现淤血点或淤血斑，反应为柔嫩艾美耳球虫感染，见图 5.23。

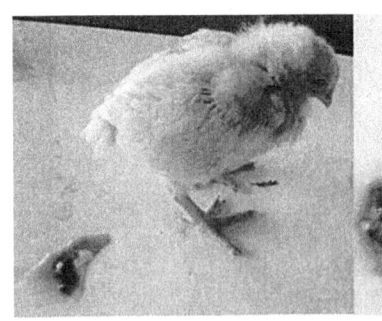
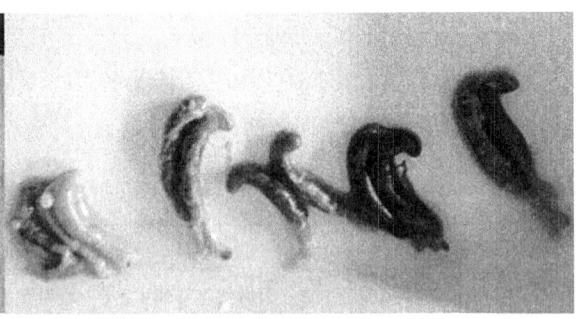

图 5.23　感染鸡只临床症状和剖检变化

（资料来源：黄月月，2017）

### 2. 分子生物学诊断

（1）PCR。目前用于虫种和虫株 PCR 鉴定的序列有很多，包括顶质体 DNA、线粒体 DNA、核 DNA 以及核糖体 DNA。由于顶质体 DNA 自身保守性较高，较少用于球虫虫种和虫株的鉴定研究。核糖体 DNA 序列突变频率相对较高、适用于物种间基因相似性较高的球虫虫种区别鉴定，因此被广泛使用，见图 5.24。

第五章 健康养殖禽场投入品和疫病的管理

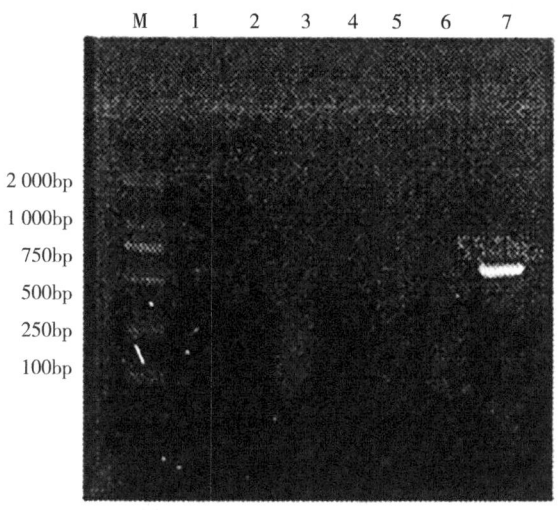

图 5.24 柔嫩艾美尔球虫核糖体 DNA 序列 PCR 扩增电泳
（资料来源：黄月月，2017）

（2）随机扩增多态性 DNA。随机扩增多态性 DNA（Randomly Amplified Polymorphic DNA，RAPD）技术利用大量随机引物对全基因组中差异位点进行鉴别，技术简单，无须同位素或 DNA 探针，灵敏度高，并且能够体现全基因组范围内的差异。1998 年，刘群等利用 RAPD 技术对柔嫩艾美耳球虫早熟株、鸡胚适应株、亲本毒株和田间分离的抗药株进行了比较分析，发现各分离株间均能找出差异条带，建议将 RAPD 技术用于艾美耳球虫株间差异的检测。

（3）显微镜检查。在可疑病变组织的涂片中可以发现发育中的裂殖子、配子体和卵囊。刮取少量黏膜放在一张载玻片上，用生理盐水稀释，加盖片，在显微镜下最容易观察到卵囊和大配子，但在许多情况下，病变是由成熟的裂殖体引起的。例如，在小肠中部存在成簇的大裂殖体是毒害艾美耳球虫的特殊病征，而在盲肠发现大量小的裂殖体则表明是柔嫩艾美耳球虫。

**3. 组织病理学诊断**

HE 切片染色和其他常规的组织学染色均能显示出发育阶段的虫体。也有一些特殊的技术可用于鉴定特征性的虫体形态：雪夫氏试剂染色时，由于子孢子折光体和大配子体囊壁的形成有多糖参与，因而呈现亮红色。单克隆抗体和荧光标记（如荧光素）相结合在病理学研究中极为有用，因为它能很容易地识别部分细胞的特异性阶段。

### （五）免疫防控技术

**1. 疫苗免疫**

（1）强毒活苗。强毒苗是由自然发病的鸡体内以及粪便中所分离出的虫株所制备的，具有较强的致病性。传代过程在实验室内完成，未接触过抗球虫类药物，因此对药物具有敏感性。该种疫苗的免疫原理是：在免疫接种后，鸡群处于低水平感染状态。此时不会发病，但是球虫的卵囊会随着粪便排出，鸡只接触后再次获得免疫，通过这样的三次循环，可以使鸡群获得良好的免疫力。

（2）减毒活苗。减毒活疫苗的病原致病性降低，但仍保留着免疫原性。其减毒方法包括选择早熟、辐射、化学处理和鸡胚胎种传代培养。艾美耳球虫早熟品系的特点在于消除了一种或多种裂殖体从而缩短了内源性生命周期，进而减少卵囊的产生，减轻对肠道的损伤。由于该种疫苗成本相对较高且产量有限，主要用于蛋鸡和种鸡。目前我国已注册的减毒鸡球虫疫苗仅有1种，为佛山市正典生物技术有限公司研发的（早熟系）四价活疫苗（柔嫩艾美耳球虫PTMZ株+毒害艾美耳球虫PNHZ株+巨型艾美耳球虫PMHY株+堆型艾美耳球虫PAHY株），疫苗保护率可达95%，该疫苗可通过饮水免疫，建议4小时内令鸡群自由饮用完毕。

（3）亚单位疫苗。亚单位疫苗是利用DNA重组技术，将编码鸡球虫保护性抗原的基因导入受体菌或细胞，使其在受体中高效表达，同时分泌保护性抗原肽链。即运用基因工程学原理，将控制球虫毒力的基因敲除或破坏，使其毒力致弱或丧失，只保留其免疫原性制成的疫苗。目前已经研制成功并用于生产的鸡球虫亚单位疫苗有母源亚单位疫苗、重组亚单位疫苗、基因工程亚单位疫苗等。

**2. 抗菌药物**

抗球虫药应从12～15日龄的雏鸡开始给药，坚持按时、按量给药，特别要注意在阴雨连绵或饲养条件差时更不可间断。为预防球虫在接触药物后产生耐药性，应采用穿梭用药、轮换用药或联合用药方案。在使用抗球虫药治疗的同时，补加维生素K，每只每天1～2毫克，鱼肝油10～20毫升或维生素A、维生素D粉适量。

第五章 健康养殖禽场投入品和疫病的管理

（1）氯苯胍。预防按 30～33 毫克/千克浓度混饲，连用 1～2 个月，治疗按 60～66 毫克/千克混饲 3～7 天，后改预防量给予控制。

（2）氨丙啉。可混饲或饮水给药。混饲预防浓度为 100～125 毫克/千克，连用 2～4 周；治疗浓度为 250 毫克/千克，连用 1～2 周，然后减半，连用 2～4 周。应用该药期间，应控制每千克饲料中维生素 $B_1$ 的含量以不超过 10 毫克为宜，以免降低药效。

（3）磺胺类药。磺胺喹噁啉（SQ），预防按 150～250 毫克/千克浓度混饲或按 50～100 毫克/千克浓度饮水，治疗按 500～1 000 毫克/千克浓度混饲或 250～500 毫克/千克饮水，连用 3 天，停药 2 天，再用 3 天。16 周龄以上鸡限用。与氨丙啉合用有增效作用。磺胺氯吡嗪，以 600～1 000 毫克/千克浓度混饲，300～400 毫克/千克浓度饮水，连用 3 天。

**3. 加强饲养管理**

加强饲养管理，保持鸡舍干燥、通风和鸡场卫生，定期清除粪便，堆放发酵以杀灭卵囊。保持饲料、饮水清洁，笼具、料槽、水槽定期消毒，一般每周一次，可用沸水、热蒸气或 3%～5% 热碱水等处理。每千克日粮中添加 0.25～0.5 毫克硒可增强鸡对球虫的抵抗力。补充足够的维生素 K 和给予 3～7 倍推荐量的维生素 A 可加速鸡患球虫病后的康复。

# 十一、鸭疫里默氏杆菌病

## （一）细菌形态和培养特性

鸭疫里默氏杆菌（RA）是无孢子的革兰阴性杆菌，属于黄杆菌科里氏杆菌属的模式种，为引起禽类患鸭疫里默氏杆菌病的主要病原体。鸭疫里默氏杆菌为革兰氏阴性、无鞭毛、不运动、无芽孢、有荚膜的小杆菌，单个或成双存在，大小约为 0.4 微米×0.7 微米，菌体为杆状、椭圆形，有时还呈现长丝状，瑞氏染色两极浓染。该菌在血液琼脂和胰蛋白大豆琼脂平板上生长良好，37℃条件下培养最佳，在培养基中添加牛血清或酵母提取物有助于细菌的生长。该菌在胰蛋白大豆琼脂平板上长成的菌落呈圆形、表面光滑、稍凸起，菌落直径大小约为 1.0 毫米，在继续培养时，菌落增大可至 2.0 毫米。瑞氏染色呈两极着染，印度墨汁制片可显示荚膜。

## （二）临床症状

鸭疫里默氏杆菌所能感染的宿主相对广泛，一般为家鸭和鹅，也会导致野鸭、鸽、黑天鹅、野鸡和海鸥等禽类和野生候鸟感染发病。鸭疫里默氏杆菌侵染宿主周龄也不一样，其中 18 周龄鸭最容易被感染，症状最明显的是 2～3 周龄的雏鸭。患病早期病鸭有精神沉郁，眼、鼻腔内有分泌物，绿色下痢等症状，个别鸭到后期会呈现出共济失调等神经性症状。该病主要病变为纤素性气囊炎、心包炎、肝周炎等。

## （三）发病特点和流行病学

鸭疫里默氏杆菌宿主范围广，可感染鸭、鹅、鸡和鸽等多种禽类，引起发病，其中鸭受到的危害最为严重。鸭疫里默氏菌在鸭场中广泛存在于土壤、水源、鸭舍等在鸭子体表、黏膜鼻咽等部位，多见于水平传播，通过消化道传播。也可以通过飞沫、尘埃等呼吸道途径传播。2～3 周龄鸭感染后死亡率最高，成年鸭常隐性带菌，并不定期排出体外。该病无明显季节性，全年可发。

## （四）诊断

### 1. 临床诊断

根据发病特点、临床症状可作出初步诊断。该病多发生于 2～3 周龄雏鸭，有促进发病的多种应激因素。临床症状为嗜睡，眼、鼻流出大量的分泌物，下痢，稀粪呈绿色；有神经症状，慢性病鸭有歪脖、摇头或转圈运动。剖检病变，常见有纤维素性心包炎、肝周炎和气囊炎。除此之外，心脏出现绒毛心，气囊壁混浊变厚，肝肿大质脆，呈土黄色，表面被覆一层灰白色或黄色纤维素性膜，厚薄不均，易于剥离，小肠黏膜充血出血等病变。镜检肝表面有一厚层纤维素和大量异嗜性白细胞渗出，肝实质细胞弥漫性脂肪变性及炎症细胞浸润，心外膜有大量纤维素，中性粒细胞及单核细胞渗出，心肌变性，横纹消失。脾脏可见白髓萎缩，淋巴细胞稀散，网状淋巴细胞及网状纤维增生，多量中性粒细胞及巨噬细胞浸润，红髓脾窦显著扩张、充血，见图 5.25。

第五章 健康养殖禽场投入品和疫病的管理

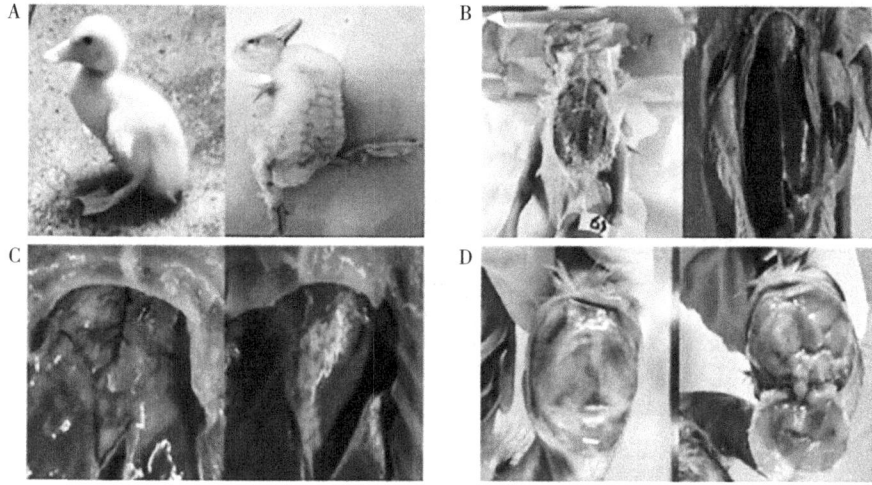

图 5.25 雏鸭临床症状及剖检病变

（资料来源：冯雅婷 等，2022）

注：A 为感染鸭；B 为肝脏肿大出血；C 为心包充血发光；D 为脑出血。

**2. 细菌分离**

取急性病鸭的心、血、肝、脑、骨髓、脾和肺等病料，接种于胰蛋白胨大豆琼脂或巧克力琼脂或鲜血琼脂平板培养基上，在 5%～10% $CO_2$ 培养箱中培养 24～48 小时，观察菌落生长情况；挑选菌落涂片、染色、镜检或做生化试验进行病原鉴定。

**3. 血清学诊断**

利用抗原-抗体的特异性相互作用，出现肉眼可直接观察到凝集现象或者琼脂糖扩散实验对抗原或者抗体进行定性判定，可用于鸭疫里默氏杆菌血清学判定和分型。

**4. 分子生物学诊断**

（1）PCR。对鸭疫里默氏杆菌进行 PCR 检测时，16S rRNA 基因和外膜蛋白 A 基因通常为检测靶标基因。16S rRNA 作为核糖核酸的重要成分，是主要遗传标记。通过测定 16S rRNA 基因序列并同源性对比，可鉴定鸭疫里默氏杆菌，见图 5.26。

（2）荧光定量 PCR。2017 年，Zhang 等利用 *DtxR* 基因的特异性引物和 TaqMan 探针建立了基于 TaqMan 的实时 PCR 检测法。通过使用含有 *DtxR* 基因的质粒或从引起鸭病的已知细菌中提取 DNA 建立检测方法，试验说明，该方法的重复性和特异性相对较好，敏感性高达普通 PCR 检测的 100 倍。所建立的实时荧光定量 PCR 法可应用在禽类鸭疫里默氏杆菌的诊断和定量检测。

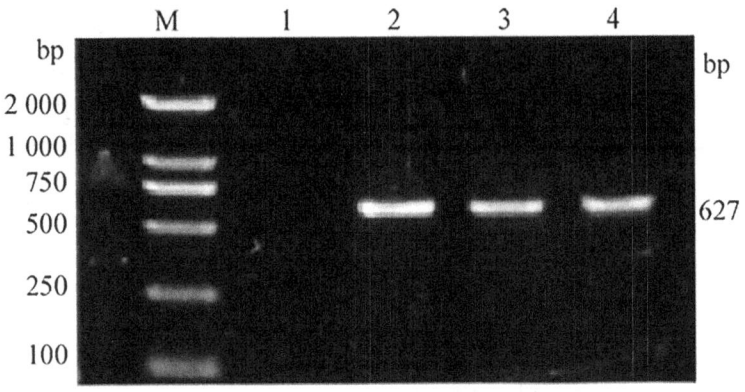

图 5.26  鸭疫里默氏杆菌分离株 PCR 鉴定

（资料来源：吕泽浩 等，2023）

（3）免疫学诊断。使用直接荧光抗体技术可检测鸭疫里默氏杆菌。在鸭疫里默氏杆菌涂片上荧光标记的抗体溶液，保温 30 分钟后冲洗。染色结果显示，在肝脏内检测到的细菌数量明显高于在大脑中检测到的细菌数量，认为疾病的病程与细菌抗原的位置和细菌的数量有关。该方法特异性强，快速简便，节省时间。

## （五）免疫防控

**1. 疫苗免疫**

（1）灭活苗。包括无佐剂灭活苗和含佐剂灭活苗。Sandhu 用 1、2、5 血清型的鸭疫里默氏杆菌研制的菌苗分别在 10 日龄和 17 日龄免疫 2 次可获得较高的保护率，并且发现铝胶佐剂苗并不比无佐剂菌苗产生更好的免疫保护，而油乳剂苗可产生足够的保护力，但易在接种部位引起局部损害。高福等用 1 型鸭疫里默氏杆菌制备的福尔马林灭活苗和油乳剂苗对试验和野外感染均有较高的保护作用，但需要进行 2 次免疫。

（2）亚单位疫苗。苏敬良等（2012）对 1 型鸭疫里默氏杆菌的荚膜提取物的免疫原性进行了研究，结果表明，荚膜粗提物和经过苯酚抽纯化后的荚膜提取物，经 2 次免疫 7 日龄北京鸭后，同源细菌的攻毒保护率分别为 90%和 70%。吕敏娜等（2005）从鸭疫里默氏杆菌细胞壁提取一种可溶性荚膜抗原，具有良好的免疫原性，制成的鸭疫里默氏杆菌荚膜多糖苗免疫雏鸭，产生坚强的保护力。亚单位疫苗没有核酸物质，因此比较安全，但免疫原性差，制造成本高,故应用受到一定限制。

**2. 药物防治**

在防治鸭疫里默氏杆菌病时,有多种药物可供选择。采用喹诺酮类药物如恩诺沙星,均取得了良好的防治效果。单味中药及复方中药皆具有一定的抑菌作用,如卢玉葵等研究40种中药对鸭疫里默氏杆菌的体外抑菌效果,发现黄连、大黄、黄柏、板蓝根、石榴皮和蒲公英等均对鸭疫里默氏杆菌有较强抑制作用。徐云会等(2005)用中药制剂"浆炎速停"(主要成分为中药)治疗鸭疫里默氏杆菌病,治愈率达89.7%,有效率达92.0%以上,临床效果显著。无条件的地区可以采取联合用药,提高治疗效果。常见的联合用药方法有,适当联合应用抗生素,如多环丙沙星-氨苄西林、头孢菌素-酶抑制剂及头孢菌素类-氟喹诺酮类药物等。也可以采用中西药复方,如用中药黄连、白头翁、黄柏和黄芪等拌料,阿米卡星注射治疗鸭疫里默氏杆菌病,治愈率高达96.9%。

**3. 加强饲养管理**

养殖过程中要控制好养殖密度,为鸭子创设良好的养殖环境;日常养殖工作中,要注意控制好禽舍的温湿度,保证禽舍处于一个通风的状态。在温差大或是潮湿的气候条件下,要注意控制禽舍中的温度,并且注意做好防潮工作;保证鸭群的健康生长能够获得充足的饮水以及干净且营养丰富的食物,定期做好消毒清洁工作,及时清理养殖产生的各种粪便等污物,合理应用各种消毒药物对禽舍进行彻底的消毒,除了养殖环境的消毒,还应做好养殖器具的消毒工作。鸭疫里氏杆菌病发病的高峰期,可适当增加消毒频率。保证土地的平整度,避免环境中存在各种不良因素会对鸭子的健康生长产生威胁。

# 第六章
# 健康养殖禽场环境的控制

## 第一节　禽舍环境的控制

我国是世界禽蛋产量第一大国，支撑这一高产量的关键是家禽养殖场的集约化和规范化管理，现代化集约养殖对舍内环境控制有着严格的要求。大量实践表明：良好的禽舍环境能为家禽提供一个适宜生长的条件，不仅可以降低家禽疫病的发生，减少药物使用，还能促进家禽生产性能发挥，大幅提升生产效率，同时对于保障肉蛋产品质量安全和保护生态环境具有积极意义。

### 一、禽舍环境的主要影响因素及要求

影响家禽生长的环境因素主要有温度、湿度、光照、通风、粉尘、氨气、硫化氢等。其中，温度、湿度、光照和通风属于物理环境因素，粉尘、氨气、硫化氢属于污染性因素。一般来说，蛋鸡、肉鸡、鸭等不同禽类及其不同生长阶段对环境的需求不同，因而需要通过设施设备的调控，实现舍内环境参数在适宜范围内，才能保证畜禽健康生长的良好环境。

温度是影响家禽生长的重要因素。禽舍温度过高或者过低都不利于家禽生长。例如产蛋鸡的适宜温度为 13～24℃，温度过低会使鸡消耗过多能量维持机体需要，从而影响饲料消耗，降低产蛋数量和免疫力等。温度过高，会导致鸡舍内细菌滋生，引发鸡瘟等疾病，也会降低鸡的产蛋率和采食量。

湿度也是影响禽舍环境的重要因素。蛋鸡舍适宜的相对湿度在 40%～72%，湿度偏低时，鸡皮肤干燥，饮水量增多，容易引发脱水症状和呼吸道疾病等问题；李丽等（2017）认为，空气湿度增大会导致畜禽抵抗力

## 第六章 健康养殖禽场环境的控制

下降,同时有利于疾病的传播。高湿度环境会助长大量病原微生物的繁殖,使动物患皮肤病与呼吸道疾病的概率大大提升(王校帅,2014),特别在夏季若出现高温高湿现象,可能造成鸡只死亡、中暑以及引发疾病等问题。

光照一般对禽类的影响较大,主要与光照时间和光照强度有关。研究表明,光照能影响蛋鸡的繁育和产蛋性能,光照时间长短还与鸡的性成熟日龄密切相关,适宜的光照可显著提升肉鸡的饲料转化率和生长速度,但光照时间过长又会影响鸡只的免疫力。此外,光照强度偏大,易引起鸡只烦躁不安,导致严重的啄癖、脱肛和神经质,因此,合适的光照强度有利于鸡的正常生长发育。

通风需求是家禽正常生长的必要条件,通风不仅能够影响鸡舍的温度、湿度,还能增加氧气供应、降低舍内有害气体浓度,从而能保证家禽生长所需良好的空气环境质量。舍内通风不足,会直接导致舍内温湿度偏高,二氧化碳、粉尘、氨气、硫化氢等有害气体浓度增加;而通风过度则会造成舍内温湿度偏低,同时能源浪费,增加成本,可见舍内通风也应该控制在适宜范围内。

粉尘颗粒物是禽舍主要的空气污染物之一。禽舍的粉尘主要由舍内家禽活动、饲料粉末、羽毛屑、粪便碎末等物质形成,按粒径大小可分为总悬浮颗粒物(TSP)、PM10、PM2.5,有研究表明禽舍粉尘粒径主要以大于等于10微米为主(汪开英,2022),此外禽舍空气中还存在附着多种微生物的气溶胶粒子,这些颗粒物不仅会引发人和动物呼吸道疾病,还会造成疫病的传播。

鸡舍内有害气体主要是由鸡粪分解产生的氨气、硫化氢等,中高浓度的氨气和硫化氢均对家禽和人有较大危害。例如,鸡舍氨浓度达到15毫克/立方米时,新城疫等疾病发病率升高,浓度达到37.5毫克/立方米时,鸡会出现呼吸频率下降、产蛋率减少等;舍内硫化氢浓度达到28毫克/立方米时,鸡的活动减少,生长缓慢,高浓度有害气体会对鸡只呼吸系统造成损伤,甚至死亡(汪开英,2022)。

### (一)蛋鸡场舍内主要环境参数要求

**1. 温度与湿度**

蛋鸡场育雏、育成及产蛋3个阶段对于温度的需求是不同的,具体温度范围如表6.1所示。其中,第1周育雏阶段温度宜控制在32~36℃,1周后温度每天降低0.5℃,至20~30天脱温;6周后禽舍内温度控制在21~23℃;7~20周生长育成阶段鸡舍温度控制在12~28℃。产蛋阶段适宜温度为 13～25℃。湿度方面，育雏阶段第 1 周在 60%～70%，2～5 周控制在 55%～65%，6 周以后控制在 45%～65%，但在 40%～72% 范围内，只要环境温湿度不偏高或不偏低鸡体也能适应。

表 6.1 蛋鸡舍温湿度参数要求

| 生长阶段 | 生长时间/周龄 | 温度/℃ | 湿度/% |
| --- | --- | --- | --- |
| 育雏 | 1 | 32～36 | 60～70 |
|  | 2～5 | 每天降低 0.5 | 50～65 |
|  | 6 | 21～23 | 45～65 |
| 生长育成 | 7～20 | 14～28 | 45～65 |
| 产蛋鸡 | 21 周后 | 13～25 | 45～65 |

**2. 光照**

蛋鸡场光照制度参考表 6.2。其中雏鸡对光照的要求较高，1～3 日龄雏鸡采用 24 小时光照强度 60 勒克斯的光照制度，保证鸡群尽快适应环境，促进采食；4～7 日龄光照时间逐渐减少至 20 小时，光照强度逐渐降至 30 勒克斯，2～6 周龄光照时间继续降逐渐降至 12 小时，光照强度降至 10 勒克斯，生长育成期 7～16 周龄光照时间继续降低至约 10 小时，光照强度 5 勒克斯；17～20 周龄临近产蛋期，光照时长每周增加 0.5 小时，直至每日光照时长约 14 小时，光照强度由 10 勒克斯逐渐升至 20 勒克斯。

表 6.2 蛋鸡舍光照参数要求

| 生长阶段 | 生长时间/周龄 | 光照时间/小时 | 光照强度/勒克斯 |
| --- | --- | --- | --- |
| 育雏 | 1 | 20～24 | 30～60 |
|  | 2～5 | 14～18 | 10～20 |
|  | 6 | 12 | 10 |
| 生长育成 | 7～16 | 9.5～11 | 5 |
|  | 17～20 | 每周增加 0.5 | 10～20 |
| 产蛋鸡 | 21 周后 | 15 | 10～20 |

**3. 通风**

蛋鸡舍通风量及风速控制可以按照 GB/T 26623—2011《畜禽舍纵向通风系统设计规程》执行，具体要求见表 6.3。其中舍内通风量计算按照家禽体重，分冬季、夏季和温暖季节，其最小通风量和最大通风量分别按冬季

第六章 健康养殖禽场环境的控制

和夏季通风量需求设计；舍内风速要求分别按夏季1.0～2.5米/秒，冬季0.2～0.5米/秒执行，其中雏鸡阶段通风量及风速取推荐参数的较小值。

表6.3 蛋鸡舍通风参数要求

| 种类 | 体重/千克 | 推荐通风需求量/[立方米/(小时·只)] | | | 推荐适宜风速/(米/秒) | |
|---|---|---|---|---|---|---|
| | | 冬季 | 温暖季节 | 夏季 | 夏季 | 冬季 |
| 蛋鸡 | 0.45 | 0.2 | 0.8 | 1.7～2.5 | 1.0～2.5 | 0.2～0.5 |
| | 2.0 | 1.0～1.2 | — | 9.4 | | |
| | 2.5 | 1.2～1.4 | — | 11.2 | | |
| | 3.5 | 1.5～1.8 | — | 14.4 | | |

**4. 粉尘及有害气体**

蛋鸡场舍内粉尘及有害气体的控制，按照NY/T 388—1999《畜禽场环境质量标准》执行，具体要求见表6.4。其中鸡舍TSP、PM10、二氧化碳和恶臭浓度分别不超过8毫克/立方米、4毫克/立方米、1 500毫克/立方米和70。育雏舍和育成产蛋舍氨气浓度分别不超过10毫克/立方米和15毫克/立方米，硫化氢浓度分别不超过2毫克/立方米和10毫克/立方米。

表6.4 禽舍内粉尘及有害气体参数要求

| 生长阶段 | 指标项/(毫克/立方米) | | | | | |
|---|---|---|---|---|---|---|
| | TSP | PM10 | 氨气 | 硫化氢 | 二氧化碳 | 恶臭 |
| 育雏 | ≤8 | ≤4 | ≤10 | ≤2 | ≤1 500 | ≤70（无量纲） |
| 育成及产蛋 | | | ≤15 | ≤10 | | |

## （二）肉鸡场舍内主要环境参数要求

**1. 温湿度**

肉鸡可分为育雏、育成育肥两个饲养阶段，其中初生雏鸡体温在40℃左右，其皮下脂肪少，毛相对较少，保温能力差，因此对温湿度的要求高。肉鸡舍温湿度参数见表6.5。1～2日龄雏鸡的环境温度宜控制在33～35℃，湿度60%～70%，7日龄时温度降低到30～32℃，湿度降至55%～65%，在以后随着雏鸡日龄的增大，温度每周下降2～3℃；从4周龄开始，肉鸡进入育肥期，温度控制在20～28℃，湿度控制在45%～65%，只要环境温湿度不偏高或不偏低鸡体也能适应。

## 表 6.5　肉鸡舍内温湿度参数要求

| 生长阶段 | 生长时间 | 温度/℃ | 湿度/% |
|---|---|---|---|
| 育雏 | 1～2日龄 | 33～35 | 60～70 |
| | 3～7日龄 | 30～32 | 60～70 |
| | 2～3周龄 | 30～24（每周降2～3） | 65～55 |
| 育成育肥 | 4～6周龄 | 20～28 | 45～65 |

### 2. 光照

杜进姣（2015）、王倩（2017）、吕敏思（2014）等研究表明，光照强度对肉鸡体重、饲料消耗量以及料肉比等生产性能均无显著影响的影响不显著，低照度仅有利于节能降耗，但也有研究认为但低光强会导致家禽腿病、视力异常及屠宰率下降方面产生负面作用。而肉鸡育雏阶段一般需要较强的光照，以50勒克斯以上为宜。从光照时间看，研究表明与连续光照（24小时）相比，间歇光照（2D∶1L）或（3D∶1L）的光照制度能使肉鸡料肉比降低、获得最优的生产性能和免疫功能，并节约电能（王倩，2017），马淑梅（2016）、刘华忠（2000）在间歇光照下饲养肉鸡进行试验，也证实了这一观点。因此，建议肉鸡育肥阶段采用间歇光照的方式。

### 3. 通风

肉鸡舍通风量及风速控制可以按照GB/T 26623—2011《畜禽舍纵向通风系统设计规程》执行，具体要求见表6.6。其中舍内通风量按照日龄、体重，分冬季、夏季和温暖季节，其最小通风量和最大通风量分别按冬季和夏季通风量需求设计；禽舍风速要求分别按夏季1.0～2.0米/秒，冬季约0.25米/秒执行，其中雏鸡阶段通风量及风速雏鸡一般取推荐参数的较小值。

## 表 6.6　肉鸡舍通风参数要求

| 种类 | 日龄 | 体重/千克 | 推荐通风需求量/[立方米/(小时·只)] | | | 推荐适宜风速/(米/秒) | |
|---|---|---|---|---|---|---|---|
| | | | 冬季 | 温暖季节 | 夏季 | 夏季 | 冬季 |
| 肉鸡 | 0～7日龄 | — | 0.1 | 0.3 | 0.7 | | |
| | 大于7日龄 | 0.45 | 0.2 | 0.8 | 1.7 | 1.0～2.0 | 0.25 |
| | — | 0.2 | 0.2 | — | — | | |
| | — | 0.8 | 0.6 | — | — | | |
| | — | 2.2 | 1.2～1.3 | — | — | | |
| | — | 2.7 | 1.4～1.5 | — | 12.2 | | |

## 第六章 健康养殖禽场环境的控制

**4. 粉尘及有害气体**

肉鸡场粉尘及有害气体的控制，按照NY/T 388—1999《畜禽场环境质量标准》执行，具体见表6.4。肉鸡饲养模式一般有传统平养方式和层叠式立体笼养方式，由于传统平养方式由于肉鸡自由活动，其舍内粉尘及有害气体浓度普遍较高（王学静，2022），例如舍内PM2.5和PM10浓度分别达94.00～144.60微克/立方米和255.20～481.00微克/立方米，$CO_2$和$NH_3$浓度分别达3 517.07～6 379.27微克/立方米和18.13～75.92微克/立方米远高于相关标准，而层叠式立体笼养方式舍内粉尘和有害气体浓度明显较低（申李琰，2016），舍内$CO_2$和$NH_3$浓度分别4 383.4～5 832.9微克/立方米和0.27～1.95微克/立方米。

### （三）鸭场主要环境参数要求

**1. 温度与湿度**

鸭场与鸡场温湿度要求类似，研究表明，当舍内环境温度过高时，鸭机体散热速度变慢，会导致鸭采食率下降，进而影响生长性能；反之，当舍内环境温度过低时，鸭会通过采食获取更多的能量来维持机体的热量。代伟伟（2021）经系统研究认为肉鸭最适生长温度为18～20℃，当环境温度超过26℃会显著影响其生长性能。孙培新等（2019）对14～42日龄北京鸭生长环境进行测试，研究发现，当温度高于26℃时，显著影响北京鸭的胸肌发育和饲料转化率，鸭场温湿度要求如表6.7所示。1～3日龄的肉鸭所需的最适温度为31～33℃，蛋鸭为28～30℃；4～6日龄的肉鸭所需的最适温度为28～31℃，蛋鸭为26～28℃；7～10日龄的肉鸭所需的最适温度为22～28℃，蛋鸭为22～26℃，11～15日龄的肉鸭所需的最适温度为19～22℃，蛋鸭为18～22℃；15日龄以后的肉鸭所需的最适温度为17～19℃，蛋鸭为16～18℃（梁伟，2022）。

湿度方面，研究规定禽类生长的最适相对湿度范围为60%～70%，定义高于75%为高湿环境，低于40%为低湿环境。此外，根据养殖经验来看，不同日龄的鸭对舍内相对湿度的需求不同，日龄为1～3日的雏鸭最适的相对湿度为55%～70%；日龄为4～11日的鸭最适合的相对湿度为65%～75%；11日龄以后的成年鸭最适合的相对湿度70%～80%（李丽，2017）。如温度适宜，相对湿度低至40%或高至85%，对鸭均无显著影响。因此，应当使鸭舍内处在一个合适的温度与湿度范围内。

表 6.7 鸭舍内温度与湿度参数要求

| 种类 | 生长时间/日龄 | 温度/℃ | 湿度/% |
|---|---|---|---|
| 蛋鸭 | 1～3 | 28～30 | 55～70 |
|  | 4～6 | 26～28 | 65～75 |
|  | 7～10 | 22～26 | 65～75 |
|  | 11～15 | 18～22 | 50～75 |
|  | >15 | 16～18 | 50～75 |
| 肉鸭 | 1～3 | 31～33 | 55～70 |
|  | 4～6 | 28～31 | 65～75 |
|  | 7～10 | 22～28 | 65～75 |
|  | 11～15 | 19～22 | 50～75 |
|  | >15 | 17～19 | 50～75 |

**2. 光照**

鸭对光环境有很强的敏感性，适宜的光照强度和时间能更好地发挥其生产性能，还能减少饲料浪费和啄肛现象的发生。因此，无论是蛋鸭还是肉鸭，对光照都有一定的要求。鸭舍具体光照参数见表 6.8。蛋鸭孵化后最初 2 天可按照全天 23 小时光照，一周龄内时长 20 小时以上，光照强度 20～30 勒克斯，以后光照时间逐渐递减到 9 小时，光照强度降至 10 勒克斯，开始产蛋后，光照时长逐渐增至 15 小时左右，光照强度增加至 20 勒克斯，并在产蛋期保持。肉鸭除一周龄外，对光照强度的要求不严格。例如，辛海瑞（2016）进行了肉鸭光照制度试验，从 1～42 日龄分别采用 5 勒克斯、10 勒克斯、20 勒克斯、30 勒克斯、40 勒克斯的光照强度及间歇光照、渐增光照、短时光照和渐减光照 4 种光照时间，结果表明，5 勒克斯光照组在饲料转化率上显著高于其他组，渐增光照组采食量低于其他组，料肉比显著高于其他组。总体看，肉鸭在 1～3 日龄可给与 24 小时光照，4～7 日龄逐渐减少光照时间至 20 小时，一周内光照强度 20 勒克斯，2～4 周光照时长逐渐减少至 20 小时，光照强度逐渐减少至 10 勒克斯，5～7 周光照时长逐渐增加至 24 小时，光照强度约 5 勒克斯。

# 第六章 健康养殖禽场环境的控制

表 6.8 鸭舍光照参数要求

| 生长阶段 | 生长时间/周龄 | 光照时长/小时 | 光照强度/勒克斯 |
| --- | --- | --- | --- |
| 蛋鸭 | 1 | 23～20 | 30～20 |
| | 2～20 | 每周减少 0.5，至 9 | 每周减少 1，至 10 |
| | 21 | 每周增加 0.5，至 15 | 每周增加 1，至 20，并保持 |
| 肉鸭 | 1 | 24～22 | 20 |
| | 2～4 | 逐渐减少至 20 | 逐渐减少至约 10 |
| | 5～7 | 逐渐增加至 24 | 5 |

**3. 通风**

鸭舍通风量及风速控制可以按照 GB/T 26623—2011《畜禽舍纵向通风系统设计规程》执行，具体要求见表 6.6。吴艳等（2019）试验表明层叠式笼养肉鸭舍夏季高温高湿环境下采用隧道式通风，通过增添风机来提高舍内风速，可有效减少肉鸭热应激反应。此外，冯晓龙（2018）等通过对夏季层叠式笼养蛋鸡舍内温热环境研究发现，笼内风速为 0.20～0.90 米/秒，显著低于走道平均风速 2.00 米/秒，笼内外温差最高达 1.8℃，此时会对蛋鸡生产性能产生影响。

**4. 粉尘及有害气体**

鸭场粉尘及有害气体的控制，可按照 NY/T 388—1999《畜禽场环境质量标准》执行，对舍内 TSP、PM10、二氧化碳、恶臭浓度、氨气、硫化氢浓度进行了规定，具体见表 6.4。鸭场饲养模式一般有散养方式、地面平养、发酵床养殖和层叠式立体笼养方式，其中以地面平养和发酵床养殖方式为主，由于鸭的自由活动，造成舍内粉尘及有害气体浓度相对较高，因而要加强舍内粉尘和有害气体控制。

## 二、禽舍环境的智能调控

近年来，随着物联网、大数据、云计算、人工智能等新一代信息技术的快速发展，"互联网+畜牧"持续融合发展，为家禽养殖业向信息化、数字化、智能化方向转型升级，提供了新的驱动力。通过高效的自动化饲养装备、完善的环境监测手段、先进的感知和数据运算能力、精准智能化的环境调控以及强大的集成展示平台为禽舍环境的科学调控管理提供了重要支撑。禽舍环境的智能调控系统一般包括禽舍环境在线监测、智能化调控和环境控制技术装备3部分组成,其中禽舍环境监测单元布设于禽舍内,进行主要环境因子及其他数据信息的实时在线监测,相当于人的耳目;智能化调控单元为养殖场畜舍环境管理的控制器,相当于人的大脑;环境控制技术装备是具体控制环境因子的工具,相当于人的手脚,3部分协同完成环境智能调控。

### (一)禽舍环境监测

**1. 环境因子监测**

禽舍环境因子监测主要是利用设置在舍内温度、湿度、光照、氨气、二氧化碳、粉尘等传感器实时获取环境参数,传感器主要为有线或无线传感器。由于畜禽舍环境复杂、有害气体和粉尘浓度高,且舍内环境因子非线性、大滞后、多变量耦合、时变特征以及存在监测数据相互干扰等问题,因此,需要选用具有长期、稳定、高精特点的传感器。主要环境因子监测传感器的性能要求可参考表6.9。近年来,随着检测技术的发展,出现运用多传感器融合技术整合温度、湿度、风速、光照度等传感器监测数据,形成面向多数据集成的分布式探测手段,测量精度、响应时间、环境适应性等方面表现较优良在线监传感器设备与集成方法。值得注意的是,传感器的布设位置要综合考虑风向、跨度、长度、高度等因素,避开门窗、墙角和环控设备。

表6.9 主要环境因子监测传感器性能

| 序号 | 仪器 | 技术指标 |
|---|---|---|
| 1 | 温度传感器 | 测量范围:0～50℃;精度:±0.01℃;铂金材质,RS485接口输出 |
| | | 探头重复性:<0.5%RH(相对湿度);<0.1℃ |
| | | 探头长期稳定性:<0.5%RH;<0.1℃ |
| | | 探头响应时间:<5秒 |
| 2 | 湿度传感器 | 测量范围:0%～100%RH;精度:±0.5%RH;铂金材质,RS485接口输出 |
| | | 探头重复性:<0.5%RH、<0.1℃ |
| | | 探头长期稳定性:<0.5%RH、<0.1℃ |
| | | 探头响应时间:<5秒 |
| 3 | 照度传感器 | 量程:0～2 000勒克斯,精度:±0.05勒克斯,RS485信号输出 |
| | | 敏感性:5微安/(1 000微摩·平方米·秒) |
| | | 反应时间:10微秒 |
| | | 温度依赖:最大为±0.15%/℃ |
| | | 余弦修正:修正范围直到入射角为80° |
| | | 方位角:45°仰角,360°范围内误差小于±1% |

（续表）

| 序号 | 仪器 | 技术指标 |
|---|---|---|
| 4 | 氨气传感器 | 测量范围：0～100毫克/千克；精度：±0.1毫克/千克；RS485信号输出 响应时间：＜30秒；防爆等级：Ex d Ⅱ CT6，防尘，防潮 |
| 5 | 硫化氢传感器 | 测量范围：0～50毫克/千克；精度：±0.025毫克/千克。响应时间：＜30秒；RS485信号输出 防爆等级：Ex d Ⅱ CT6，防尘，防潮 |
| 6 | 二氧化碳传感器 | 检测量程：0～5 000毫克/千克（可扩展至10 000毫克/千克）；精度：RS485信号输出 响应时间：15秒；测量精度：≤读数的±3%（25℃） |
| 7 | 粉尘测定仪 | 测量范围：0.001～150毫克/立方米；精度±0.001毫克/立方米；RS485信号输出 粒径范围0.1～10微米；流量：3升/分钟；时间常数1～60秒 |

**2. 生理健康监测**

家禽生理健康监测是环境因子监测的扩展，包括家禽行为、生理、人机工况等情况的监测。近年来，随着5G、AI、图像、声音等方面识别技术的不断发展，通过监测动物体况、行为和声音等对家禽健康及环境应激进行判断，进一步提升了家禽生产管理和环境控制的智能化、精准化、省力化，已成为重要的前沿技术。例如，李卓（2016）、刘同海（2013）采用计算机视觉技术进行畜禽体尺体重测量，构建了单视角点云镜像、基于双目视觉原理和RBF神经网络等测算方法；王琳等（2017）通过传统的图像处理技术提取与肉鸡体重相关的9种特征参数，体重估测误差为3.3%。还有基于无线物联网、红外测温、视频成像和心电传感等技术，研发的畜禽体温实时监测采集和心电监测系统，尚处于实验室阶段，难以在生产中准确测量动物体温和心电等数据（Lu，2018；Youssef，2014）。中国农业大学滕光辉（2019）团队，搭建了音视频无接触自动监测平台，结合数字化音视频技术，集成声音监测传感器、图像采集摄像机等设备，研究了适用于蛋鸡发声的数字化表达和体态行为识别技术方法，创建了对蛋禽不同发声音色的自动提取算法和识别模型，蛋鸡发声语义解析和体态行为识别方法，实现动物福利和健康水平的自动评估方法；开发了蛋鸡行为数字识别软件和蛋鸡发声信息及体态行为数字识别软件，实现对蛋鸡叫声的自动监测、分析与识别。通过对蛋禽生理健康、发声行为、采食饮水、产蛋质量等多维度生理生产信息采集，利用声音及图像信息感知，识别异常行为及异常叫声，实现疾病的早期预警，并为蛋鸡生产后续蛋禽场的精准管控提供数据支撑，有效提高畜牧场工作效率（杜欣怡，2020；祝鹏飞，2023）。

此外，基于鸡只图像识别和声纹识别，集成应用人工智能、物联网、互联网等新一代信息技术的禽舍自动清粪机器人、蛋鸡养殖巡检机器人已开始在部分大型蛋鸡养殖场进行应用。如刘娜等（2009）设计了一种家禽养殖场自动清扫机器人，使用超声波传感器获取外界环境信息，并通过前轮处的清扫风扇对舍内废弃物进行清扫。冯青春等（2020）设计了一种禽舍防疫消毒机器人，该机器人可沿地磁、RFID 标签等既定路线移动，同时搭载了喷嘴和雾化结构，满足了禽舍消毒时大流量、远距离喷雾的需要。福州木鸡郎智能科技有限公司生产的蛋鸡养殖巡检机器人在鸡舍中无须任何人为干预自动巡检，所有巡检任务可以根据不同的鸡舍需求定制，实时监测鸡舍各个位置的温度、湿度、光照、气味等环境数据，定位死鸡分布点，并上传数据至家禽养殖数字化平台。其生产的蛋鸡养殖健康巡检机器人历经 6 次迭代，已在福建光阳蛋业、江苏天成、湖北晨科、四川凤集、浙江绿昌等 40 多家蛋鸡规模化养殖企业投入使用。

## （二）数据通信单元

禽舍各项环境因子的监测及结果需要通过网络通信系统，实现监测数据的采集和传输。数据通信单元用来采集传感器的检测结果，并通过网络进行传输的设备，是禽舍环境监测系统的关键。目前数据通信技术应用最广泛的有线通信有 RS485 总线和 CAN 总线，无线通信如蓝牙（Bluetooth）、无线局域网（Wi-Fi）、红外线数字链路（IrDA）、射频识别（RFID）、无线个人区域网近场通信（NFC）、紫蜂（Zigbee）、超宽带（UWB），低功耗广域网如窄带物联网（NB-IoT）和长距离无线电（LoRa）（朱佳明，2024；郝志平，2015）。各数据通信技术的主要参数见表 6.10。通过比较可知，无线短距离通信技术普遍存在通信距离短，应用范围有限，传输速率慢等缺点，其中 Zigbee 因其低成本、低功耗，支持多设备及自由组网等特点在养殖场有一定应用；而低功耗广域网以 NB-IoT 和 LoRa 为主导，有研究表明，截至 2023 年底，中国 NB-IoT 连接占全球的近 90%，LoRa 则是专用网络物联网连接的首选。例如，山东民和搭建了无限联通 Wi-Fi 网络用于数据传输，北京德青源搭建了 4G 网络用于数据传输等。

第六章 健康养殖禽场环境的控制

表 6.10 主要数据通信技术的性能参数

| 类型 | 协议 | 网络类型 | 传输介质 | 系统损耗 | 通信距离 | 通信速率 | 模块成本 |
|---|---|---|---|---|---|---|---|
| 无线短距离通信 | 蓝牙 | 单点对多点 | 2.4 吉赫射频 | 较高 | <100 米 | <1 兆比特/秒 | 中 |
| | IrAD | 点对点 | 980 纳米红外光 | 较低 | 定向 1 米 | <16 兆比特/秒 | 较低 |
| | Wi-Fi | 单点对多点 | 2.4/5.2 吉赫射频 | 高 | <100 米 | <54 兆比特/秒 | 高 |
| | UWB | 单点对多点 | 3.1～10.6 吉赫 | 低 | <10 米 | <500 兆比特/秒 | 高 |
| | NFC | 点对点 | 13.56 兆赫 | 低 | <20 厘米 | 106～848 千比特/秒 | 低 |
| | Zigbee | 单点对多点 | 868/915 兆赫、2.4 吉赫 | 低 | <1 000 米 | <250 千比特/秒 | 较低 |
| | RFID | 单点对多点 | 各频段射频 | 低 | <100 米 | <106 千比特/秒 | 高 |
| 低功耗广域网 | NB-IoT | 蜂窝网络 | 800/900 兆赫 | 低 | 2.5～5 千米 | <200 千比特/秒 | 较高 |
| | LoRa | 网关/基站 | 433/868/915 兆赫 | 极低 | 10～15 千米 | <50 千比特/秒 | 低 |
| 有线局域网 | RS485 | 点对点 | 433 兆赫 | 低 | <1.5 千米 | <10 千比特/秒 | 低 |
| | CAN | 点对点 | — | 低 | <10 千米 | <5 千比特/秒 | 高 |

## （三）数据存储与管理单元

### 1. 数据存储

数据存储与管理单元即本地终端数据库系统及物联网云平台，可以实现检测数据的存储、查询及管理，以便供养殖企业进行数据查看、计算分析和运用。例如，中国农业大学研究团队（郑炜超，2022）采用 LoRa 与 4G 进行数据无线传输、OneNET 物联网开放平台作为云端数据存储中心，还构建了一套基于 Hadoop 的分布式存储与数据分析支撑平台，实现结构化和非结构化数据高效稳定存储功能，有效解决了 TB 级现代畜禽养殖数据的混合类型和碎片化管理问题；马亮等（2006）采用 PLC 单片机和 TCP/IP 网络协议实现嵌入式 Web 服务器研发出鸡舍网络环境参数监测系统，管理员可实时监测鸡舍的环境信息。此外，王欢（2016）采用 LoRa 和 MQTT 通信技术等开发了基于物联网技术的环境数据采集方案，劳凤丹（2011）、Yu（2013）采取 3G、3G+VPN 通信技术设计家禽实时监控平台，结合生产过程数据设计并建立管理系统。

**2. 环境调控策略**

禽舍环境智能调控策略是在舍内环境因子实时在线监测的基础上,由智能控制器根据相关算法建立模型进行综合评价分析和判断,进而根据设定程序发出调控指令,调整相应环控设备执行指令的操作。目前国内应用较多的如 PLC 可编程单因子分档调控、阈值或权重调控,国外一些环控公司采用线性通风控制方式、以温湿度和有害气体浓度等多因子调控,模型和算法耦合。从控制方法看,王云奇(2020)综述了模糊控制、PID 控制以及神经网络 PID、迭代算法、遗传算法控制等。模糊控制是基于人的主观经验,将人的经验经过一系列语言处理转化为控制策略,由于人的认知能力、经验以及对同一个事物的判断存在分歧,导致控制系统出现误差。PID 控制技术具有鲁棒性强、控制灵活等优点被广泛应用于工农业生产,但也存在对计算偏差不加选择的记忆,不能全面地呈现误差变化趋势等不足。神经网络 PID 控制技术具有多层网络拓扑结构和多层感知模型,能够处理各种各样的问题,信息处理与存储相互融合,具有很强的鲁棒性和容错性,便于类比、概括和拓展,更具应用优势。邵林(2013)针对多应用最优加权算法对单一环境因子数据进行局部融合,应用改进后的 D-S 证据理论算法对 4 种环境因子数据进行整体融合,并根据整合结果对舍内环境状况做出准确判断(图 6.1)。

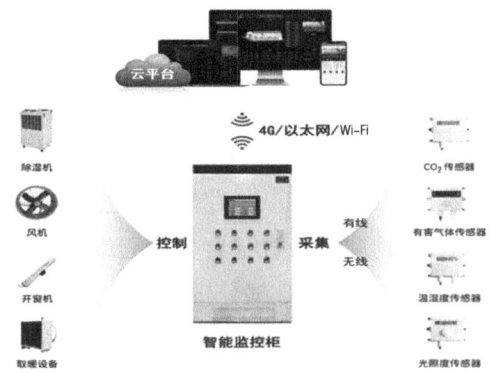

图 6.1 禽舍环境智能调控示意图

**3. 环控技术装备**

智能控制系统发出的控制指令最终需要靠环控设备执行才能完成,可以说环境技术装备是智能环控系统的最终执行模块。环控设备是具体调控禽舍温度、湿度、通风、光照、粉尘及有害气体等环境参数的设备,例如调控温度的湿帘、风机、进风小窗、热风炉或暖气等,调控湿度的风机、湿帘、喷雾等,调控通风的风机、进风小窗、冬季或夏季通风模式,调控光照的可调光灯光等,调控舍内空气环境的风机、除尘、净化等设备。此外,自动清粪、喷雾消毒等也可以作为舍内环控设备。具体调控方式包括相关设备的启动次序、开启对象、开启时长、开启数量等。由于不同家禽不同日龄阶段对主要环境参数的要求不同,同时部分环控设备的调控可能会引起多个环境参数的变化,因此,需要选取根据家禽的生长需求,设定多参数耦合的科学化调控策略和调控程序,以保证正常生产所需。而应用禽舍智能环境调控系统,减少了蛋鸡养殖过程中对人工的依赖,降低由于管理人员的流动造成的潜在生物安全风险。相关研究和应用表明,禽舍环境智能调控系统有利于促进养殖过程标准化、智能化、省力化,实现节能节本、增产增效。该技术建议选用国内外知名品牌的传感器与控制系统,应具备紧急情况下报警提醒和手动操作等功能(图6.2、图6.3)。

图 6.2 禽舍环境智能调控系统

图 6.3 智能环控技术应用情况

## 三、禽舍节水节能管理

我国是水资源短缺的国家,节水是永恒的话题。养殖业作为用水大户,应树立"以水定产、清洁生产"意识,通过安装水表、用水量考核、核算单位耗水量产量等方式,增强生产管理人员节水意识,从根本上控制用水量,减少废水排放量。当前国内10个省(区、市)制定了畜牧业用水定额的地方标准,具体见表6.11。在家禽生产管理过程中可以参照上述定额用水推荐系数,测算并控制禽场日常用水量。

表 6.11 各地家禽用水定额标准

| 地区 | 标准号或名称 | 家禽类型 | 定额单位 | 定额值 通用值 | 定额值 先进值 | 备注 |
|---|---|---|---|---|---|---|
| 北京 | DB11/T 1764.4—2022 | 蛋鸡 | 升/(只·天) | 0.36 | 0.2 | 先进值用于项目水资源论证、许可审批及评价；通用值用于日常用水管理和节水考核 |
|  |  | 肉鸡 | 升/(只·天) | 0.3 | 0.15 |  |
|  |  | 鸭 | 升/(只·天) | 4 | 2.2 |  |
| 天津 | DB12/T 698—2019 | 鸡 | 升/(只·天) | 0.149 | 0.123 |  |
| 山东 | DB37/T 3772—2019 | 鸡 | 升/(只·天) | 0.3 |  |  |
|  |  | 鸭 | 升/(只·天) | 0.4 |  |  |
| 山西 | DB14/T 1049.1—2020 | 鸡 | 升/(只·天) | 1 |  |  |
|  |  | 鸭 | 升/(只·天) | 1 |  |  |
| 河北 | DB13/T 1161.1—2016 | 鸡 | 升/(只·天) | 0.25～0.5 |  | 散养方式取低值，集约养殖取高值 |
| 河南 | DB41/T 958—2020 | 鸡 | 升/(只·天) | 0.4～0.7 |  | 散养方式取低值，集约养殖取高值 |
|  |  | 鸭 | 升/(只·天) | 1～1.7 |  |  |
|  |  | 鹅 | 升/(只·天) | 1.5～2 |  |  |
| 内蒙古 | DB15/T 385—2020 | 鸡 | 升/(只·天) | 0.6～1 |  | 散养方式取低值，集约养殖取高值 |
|  |  | 鸭 | 升/(只·天) | 4～5 |  |  |
|  |  | 鹅 | 升/(只·天) | 7～8 |  |  |
| 青海 | DB63/T 1429—2021 | 家禽 | 升/(只·天) | 0.5 |  |  |
| 上海 | 《上海市用水定额（试行）》 | 鸡 | 升/(只·天) | 0.8 |  |  |
|  |  | 鸭 | 升/(只·天) | 1.7 |  |  |
| 重庆 | DB50/T 1384—2023 | 蛋鸡 | 升/(只·天) | 0.4 |  | 区间范围为0.3～0.6 |
|  |  | 肉鸡 | 升/(只·天) | 0.3 |  | 区间范围为0.2～0.4 |

一般来说，家禽饲养过程中主要的耗水环节有饮用、转舍冲洗、湿帘降温、过滤除臭、喷雾消毒等方面，禽舍节水技术就是针对上述用水环节，采用节水型设施设备、清洁生产技术，并结合节水管理措施，在保证

第六章　健康养殖禽场环境的控制

正常生产需要的前提下，提高水利用效率，减少新水用量，并实现节水减排目的。

### （一）禽舍节水饮水

规模禽场常用的饮水设施为乳头饮水器，少数老旧场还存在使用水线的情况，由于普通乳头饮水器随着使用时间延长，容易出现滴漏、水线难清理、夏季鸡粪含水量大等问题，因此禽场要定期巡查供水管线，及时更换存在跑冒滴漏的管线。实际生产中应选用节水型饮水器，一般采用具有三层不锈钢密封圈，带小吊杯的球阀式乳头饮水器，该饮水器具有360°全方位出水，安装、拆卸、清洗方便，耐用，低水压等特点，并在水线头部加装水质过滤器、减压器、加药器等，可以达到净化水质和防堵、适度调控水压以及满足饮水中加药的需要，既节省了饮水洒漏、也保证了水质，延长了饮水器的使用寿命。北京市畜牧总站2017年以来在京郊多家规模化蛋鸡场推广该节水型饮水器，经测试，相比普通乳头饮水器，节水率平均为28.43%，若以1万只蛋鸡存栏计算，年节省饮水量324.85吨，此外水线清洁还极大改善了饮水水质，保障了鸡只安全（图6.4）。

图6.4　禽舍节水饮水技术

### （二）高效消毒技术

针对养殖场现有消毒方式药品消耗快，使用成本高等问题，将通过特殊电解装置电解稀盐（NaCl）溶液或稀盐酸溶液得到pH值为5.0～6.5的微酸性电解水（SLAEW），利用微酸性电解水中含有高质量浓度的有效氯用于养殖场环境消毒。该技术具有杀菌高效、广谱、无污染、无残留、制备简单、使用成本低等特点。可代替传统化学消毒药剂，实现电解水在场区车辆与人员消毒、舍内喷雾消毒、场区移动式消毒的整场应用。

**1. 电解水制备**

微酸性电解水由微酸性电解水生成机电解生产，无色透明，具有氯味，其氧化还原电位（ORP）大于或等于1 100毫伏，pH值在5.0～6.5，有效氯含量一般为100～150毫克/升。

**2. 电解水使用**

（1）车辆与人员消毒。利用养殖场现有高压喷雾机、超声波雾化器等设备，将电解水原液（有效氯浓度为100～150毫克/千克）雾化喷洒到车辆与人员身上，实现外来人员与车辆全方位消毒。

（2）舍内喷雾消毒。通过在舍内安装喷雾管线，利用虹吸雾化系统原理，通过空气压和水压形成双流体（雾化粒径约60微米），实现高效雾化，向喷雾系统加入电解水原液（有效氯浓度为100～150毫克/千克）作为消毒剂，喷洒在空气或笼具表面，采用该雾化消毒装置，与普通电动喷雾器相比，节水效率达60%。

（3）饮水管线消毒。将电解水原液按1∶（100～200）倍稀释后，将稀释液直接添加进水箱作为清洗用水，即可对饮水管线进行消毒。

（4）场区移动式消毒。利用移动式电动喷雾器向场区道路、壁面、粪污处理区、生产工具、设施等喷洒适量的电解水原液（有效氯浓度为100～150毫克/千克）即可。

中国农业大学研究团队多年来持续开展微酸性电解水舍内消毒和饮水添加等相关技术研究，结果表明，使用微酸性电解水对于空气和饮用水的杀菌效果非常显著。北京市畜牧总站在平谷、延庆等区多家规模化养殖场推广应用，相关测试（黄镇，2021）效果表明，微酸性电解水对蛋鸡舍空气中菌落总数、大肠杆菌、金黄色葡萄球菌有明显的杀灭效果，喷洒30分钟后杀菌率为68.3%，显著高于普通消毒剂（53.2%），其对空气微生物消毒效果至少能持续3天。黄镇（2022）测试了水线中添加有效氯浓度为0.3毫克/升微酸性电解水能显著降低饮水中菌落总数，添加72小时后菌落总数达到GB 5749—2006《生活饮用水卫生标准》要求（图6.5、图6.6）。

第六章 健康养殖禽场环境的控制

图 6.5 酸性电解水制备设备

图 6.6 舍内喷雾消毒技术

## （三）禽舍清粪技术

禽场清粪方式主要有人工清粪、刮粪板清粪和传送带清粪 3 种方式，清粪方式往往因饲养方式而不同。例如蛋鸡阶梯笼养方式一般采用刮粪板清粪，蛋鸡或肉鸡层叠笼养方式一般采用传送带清粪；肉鸡、肉鸭平养方式常采用人工或者刮粪板清粪、发酵床养鸭采用铲车清粪，由于人工清粪劳动量大，在规模化禽场已陆续淘汰。禽舍集粪的主要方式见表 6.12。

表 6.12 禽舍集粪的主要方式

| 方式 | 适用方式 | 主要结构特点 | 优点 | 缺点 |
| --- | --- | --- | --- | --- |
| 刮板式清粪机 | 阶梯式笼养和网上平养 | 主要包括控制箱、电机、牵引绳（钢丝绳或尼龙绳）、刮板、导向轮等设备。由电机驱动，拉动粪沟内的刮粪板做直线运动，达到清理粪便的目的 | 可根据舍内粪沟规格和清粪需要，配置一拖多刮粪系统；设备简单，易操作；用机械代替人工，省时省力；可一天多次清粪，效率高 | 粪沟施工要求高，平整直顺；粪便收集不彻底，粪便粘黏；造成有害气体挥发；设备维修不便 |
| 传送带式 | 层叠式、阶梯式笼养和粪便传输 | 由舍内多条纵向传送带、横向传送带、电机、控制器等组成，具体可分为单层的 A 型笼和多层传送带的 H 型笼，粪便随着传送带运动分别由纵向和横向传送带传至舍外 | 工作传动噪声小；维修方便，效率高，动力消耗少；粪便在承粪带上基本上很少受到搅动，减少了臭气挥发；清粪带耐冲击、耐腐蚀、韧性强、能适应多种工作环境 | 传送带宽度和长度受限，过宽过长容易下垂，增加摩擦；长期使用后易发生延伸变形而打滑；需要经常清理冲洗 |

（续表）

| 方式 | 适用方式 | 主要结构特点 | 优点 | 缺点 |
| --- | --- | --- | --- | --- |
| 自动清粪机 | 适用于发酵床饲养、可拆装的网上平养或地面养殖 | 由集粪机、提升机、车架、车厢等组成，集粪机内设置刮板传动轴和螺旋传输轴用于收集地面上积存的粪便，并经链板式提升机提升至车厢内 | 小型清粪车机动灵活，可适用于不适宜安装牵引式刮粪板的情况；清粪效率高可以兼顾粪便转运 | 仅适用于圈舍彻底清理时的清粪作业；对地面的平整性要求较高；存在部分地方清粪不够彻底的情况 |

（1）刮粪板清粪方式。刮板清粪主要是牵引式刮板清粪，一般适用于中小规模禽场阶梯笼养方式和部分网上平养方式，通过电机带动刮板沿纵向粪沟将粪便刮到横向粪沟，然后被排出舍外。刮板清粪装置由带刮粪板的滑架、电机、导向轮、紧张装置和刮板等部分组成，刮粪板安装在禽舍下方集粪沟中，其尺寸规格与集粪沟匹配，由牵引绳拉动刮粪板做直线运动，进行清粪作业（图6.7）。

（2）传送带清粪方式。传送带式清粪，适用于阶梯笼养或层叠笼养方式，可分为单层A型笼和多层H型笼两种，其中A型笼是阶梯笼，在最下方设纵向传送带（图6.8）。H型笼在每层鸡笼正下方铺设传送带（图6.9）。传送带采用特殊化纤、PP等耐老化材料，具有防寒、防腐蚀、耐磨等特点，使用寿命长，维修维护方便。传送带与鸡笼同宽，略长于整列笼架，笼架末端设置横向传送带，用于将收集的鸡粪转运至舍外，并通过斜向上的传送带将舍外集粪提升后送入清粪车拉走。该种清粪工艺全程粪不落地、及时清理、日清日结，可以减少清粪过程中臭气物质的产生，改善禽舍环境质量。

（3）自动清粪机。自动清粪机适用于网上平养、发酵床饲养或地面养殖。主要由集粪机、提升机、车架、车厢等组成（图6.10）。集粪机头部位于最前方，由料斗、刮粪板、螺旋传输轴及链条等组成，其中刮粪板分布在横向的刮粪板轴上，离地间隙可调，刮粪板轴与螺旋传输轴为横向前后平行排列，用链条传动，可分为双螺旋和单螺旋两种，双螺旋传输轴将粪便从两边向中间传输，传输效率相对较高；单螺旋传输轴将粪便向传输轴的一侧传输。料斗内收集的粪便通过纵向的链板式提升机提升至车厢内，当车厢内装满粪便时，可由安装液压控制的自卸车厢卸出。

（4）发酵床养殖。肉鸡、肉鸭可以采用发酵床饲养方式，具有高成活率、低污染、低疾病发生率、可循环发展的优点。发酵床饲养方式一般采用先铺10厘米厚的稻壳，喷洒适量菌种；再撒10厘米厚的锯末，后喷洒适量菌种；再铺10厘米厚的稻壳，后喷洒适量菌种；再铺锯末10厘米厚，后喷洒适量菌种；最后覆盖稻壳5厘米厚。在发酵床运行过程中，利用自动翻耙机定期翻拌垫料，同时根据垫料情况及时补充添加新填料或添加菌种，确保发酵床系统正常运行。

图6.7　阶梯笼自动刮粪板

图6.8　阶梯笼传输带清粪

图6.9　层叠笼传输带清粪

图6.10　自动清粪车

## （四）禽舍节能光照技术

光照是蛋鸡生产的必要环境条件之一，光照强度、光照时间对蛋鸡的行为、健康和生产性能有重重影响。因此，基于不同周龄家禽对光照的需求，应用新型可调光型LED灯、LED等或其他节能灯进行禽舍光照调控，通过舍内安装光照传感器，实时监控光照强度，控制器将光照强度检测结果传递给内部的微电脑控制系统，综合舍内照明强度和蛋鸡照明需求，可实现对光照强度、光照时间（分段控制）等的程序化设定，使得禽舍光照条件满足需要。与智能调控技术相结合，实现对禽舍光照环境的自动调节。该技术主要包括LED灯、照度传感器、智能控制器3部分组成。新型LED灯具有亮度柔、寿命长、能耗低等特点，该技术根据饲养蛋鸡周龄，改善禽舍光照环境，实现了对禽舍光照环境科学管理，改变了传统的人工更换灯具和调节光照的情况，北京市畜牧总站技术应用试验表明，禽舍节省光照技术应用 LED 灯相比普通节能灯，节能效果超过 50%。

## 四、禽舍臭气减排

近年来，养殖场臭气污染问题已经成为影响城乡人居环境质量的一大公害。根据生态环境部印发的《2018—2020 年全国恶臭/异味污染投诉情况分析》报告（2021 年）显示，畜牧业的投诉件数 2020 年为 12 397 件，但其占总投诉的比例呈现上升趋势，其中 2020 年畜牧业恶臭/异味投诉举报占公众投诉的比例达到 12.7%，居行业排名首位，养殖场常用的废气净化方式包括 3 类：源头减排、过程控制和末端净化。其中，源头减排是通过饲料日粮营养调节，饲料添加剂应用等方式，从源头减少粪便臭味物质产生及氮排放量；过程控制是针对畜禽舍和粪便处理过程，采取收集、苫盖、封闭等方式，减少臭气产生与扩散；末端净化是通过工程工艺手段进行废气处理、净化，达到排放要求的方式。

### （一）饲料调控技术

大量研究表明，适当降低日粮粗蛋白质含量且保持日粮氨基酸平衡可提高畜禽饲料蛋白质利用率，降低蛋白质饲料原料使用量，并降低养殖过程中氮排放，从而从源头减少氨等臭气的产生。Liang 等（2005）的研究结果表明，在高层笼养蛋鸡舍内，蛋鸡日粮粗蛋白质含量降低 1%，氨气排放速率可降低约 10%。家禽低蛋白日粮饲料可参考《蛋鸡低蛋白低豆粕多元化日粮生产技术规范》执行。北京市畜牧总站开展了蛋鸡舍饲料中添加吸附性添加剂和微生物除臭菌的试验，分别按 1‰ 的比例进行添加，粪便中粪臭素（吲哚、3-甲基吲哚）的含量均显著下降，微生物除臭菌效果更为突出，对粪便中吲哚和 3-甲基吲哚含量的降幅达 53.4% 和 21.9%。建议使用饲料添加剂时应选择知名企业的产品，添加比例严格按照产品说明执行。

### （二）禽舍喷雾除臭

舍内喷雾除臭技术主要是针对禽舍内粪便分解产生的氨气、硫化氢等臭气物质采取抑制挥发、吸附等处理措施，减少臭气产生和排放。具体包括舍内空气喷雾除臭和清粪过程喷雾除臭两种。舍内空气喷雾除臭通过在禽舍内布设高效喷雾管线,进行舍内定期喷雾,促进臭气吸附吸收;清粪过程喷雾除臭针对传送带清粪和刮粪板清粪方式,设计了与清粪过程同步的粪便喷雾除臭装置,抑制粪便中臭气物质的分解。除臭剂应选取安全性强、无二次污染、使用成本低等特点的优质产品。

**1. 舍内空气喷雾除臭**

主要由雾化喷头、储气罐、空压机、过滤器、控制器等组成,通过在舍内安装高效喷雾系统,将柠檬酸、电解水等稀释液雾化成粒径小于 60 微米的雾滴,弥散在舍内空气中,实现对氨气等臭气物质的吸附吸收。该技术可以和舍内电解水喷雾消毒相结合,利用电解水产生次氯酸,进行舍内氨气等臭气物质的减排处理。

**2. 清粪过程喷雾除臭**

该技术由北京市畜牧总站研发设计,主要包括喷雾管线、喷头、储液桶、泵和控制系统等部分,向粪便中喷洒臭味抑制剂,降低和延缓臭气物质的分解,达到减少臭气产生的目的。通过针对刮粪板清粪和传输带清粪两种方式,分别设计在刮粪板上方沿刮板方向布置喷雾管线以及在传输带一端布设主线和支线,喷雾管线与装有除臭药剂的储液桶连接,喷雾系统控制开关与刮粪板控制器同步开启,实现了喷雾与自动刮粪同步运行。如图 6.11、图 6.12 所示。

图 6.11 传输带清粪喷雾除臭

图 6.12 刮粪板喷雾除臭

## (三)禽舍废气过滤净化

针对禽舍废气的无组织排放问题,在禽舍风机排放口外侧,建立集气室,利用负压风机抽排废气,进行废气集中收集;集气室排气端安装 PP 多孔滤墙,滤墙中布满了由喷雾器喷出的除臭吸收液,禽舍废气经过滤墙后,实现了臭气物质的吸收净化处理。

**1. 禽舍废气集中收集**

集气间是建在禽舍负压风机外侧的相对封闭空间，集气间排风侧安装 PP 多孔材料幕墙，过滤墙厚度不小于 30 厘米，比表面积大于 125 平方米/立方米，孔隙率大于 95%，集气间应满足 GB/T 26623—2011《畜禽舍纵向通风系统设计规程》中畜禽夏季通风需求，并测算系统风阻，确保对风机的正常运行不产生较大的影响，实现将禽舍废气无组织排放转化为有组织的集中处理。

**2. 过滤除臭技术**

禽舍过滤除臭系统是由 PP 除臭滤墙、喷雾管线、集水池、循环泵及控制器等组成，过滤墙内侧布设除臭喷雾管线，舍内排出的废气与除臭液雾滴及滤墙中的吸收液相遇，被吸附在滤墙及溶液中，达到了除臭和减氨等效果，此外，应用物联网技术，在控制器中增加氨浓度的在线监测，以实现以氨浓度为指示的过滤除臭技术智能化调控，其中滤墙除臭液可选用次氯酸、酸性电解水等，建议避免与除臭菌剂的混合使用。北京市畜牧总站建立了禽场舍内喷雾＋滤墙过滤除臭技术示范，禽舍废气中氨气浓度平均降低了 81%，恶臭浓度平均降低了 60.9%，去除效果显著。

# 第二节　禽场粪污处理与利用

全国第二次污染源普查公报显示，农业源氮磷污染排放量分别占水污染物排放总量的 46.6% 和 56.5%，畜禽养殖业氮磷污染分别占农业源的 42% 和 56%。集约化养殖产生的大量粪污如处理不当，排放到环境中，会对周围的环境造成严重污染，而畜禽粪污通过无害化处理，可以转化为有机肥料，用于农田施肥，既可以实现废弃物减量化和资源化，又能减少化肥，减少农业面源污染。

## 一、禽场粪污暂存要求

家禽养殖过程中，主要的废弃物是粪便、垫料及废水等物质。养殖场粪便的贮存设施的设计按照 GB/T 27622—2011《畜禽粪便贮存设施设计要求》的规定执行；液体粪污贮存设施设计按照 GB/T 26624—2011《畜禽养殖污水贮存设施设计要求》的规定执行。选址应设在畜禽场生产区及生活管理区常年主导风向的下风处或侧风向，与主要生产设施之间保持 100 米以上的距离，容积计算按照《畜禽养殖场（户）粪污处理设施建设技术指南》执行。

液体粪污暂存池容积不小于单位家禽液体粪污日产生量[立方米/（天·只）]×暂存周期（天）×设计存栏量（只），固体粪污暂存场容积不小于单位家禽固体粪污日产生量[立方米/（天·只）]×暂存周期（天）×设计存栏量（只），家禽粪污日产生量参考值见表6.13，暂存周期按转运处理最大时间间隔确定。此外，应采取加盖等措施，减少恶臭气体排放和雨水进入，达到防雨、防渗、防溢流和安全防护要求。

表6.13 单位家禽粪污日产生量参考值

| 类别 | 粪污日产生量/（立方米/只） | | |
| --- | --- | --- | --- |
| | 固体粪污 | 液体粪污 | 粪污总产量/（立方米/只） |
| 鸡 | 0.000 12 | 0.000 08 | 0.000 2 |
| 鸭 | 0.000 35 | 0.000 15 | 0.000 5 |

## 二、粪污无害化处理的质量要求

家禽粪污必须经过无害化处理后方可还田利用，其中固体粪便无害化处理后的环境卫生指标应符合GB/T 36195—2018《畜禽粪便无害化处理技术规范》的要求，质量指标应符合NY/T 3442—2019《畜禽粪便堆肥技术规范》的要求，见表6.14。液体粪污无害化处理后的环境卫生指标应符合GB/T 36195—2018《畜禽粪便无害化处理技术规范》的要求，见表6.15。

表6.14 固体粪肥无害化处理要求

| 项目 | 要求 |
| --- | --- |
| 蛔虫卵死亡率/% | ≥95 |
| 粪大肠菌群数/（个/克） | ≤100 |
| 苍蝇 | 粪肥中没有活的蛆、蛹或新羽化的成蝇 |
| 有机质含量（以干基计）/% | ≥30 |
| 水分含量/% | ≤45 |
| 种子发芽指数（GI）/% | ≥70 |
| 总砷（As）（以干基计）/（毫克/千克） | ≤15 |
| 总汞（Hg）（以干基计）/（毫克/千克） | ≤2 |
| 总铅（Pb）（以干基计）/（毫克/千克） | ≤50 |
| 总镉（Cd）（以干基计）/（毫克/千克） | ≤3 |
| 总铬（Cr）（以干基计）/（毫克/千克） | ≤150 |

表 6.15　液体粪肥无害化处理要求

| 项目 | 要求 |
|---|---|
| 蛔虫卵死亡率 | ≥ 95% |
| 钩虫卵 | 不应该检出活的钩虫卵 |
| 粪大肠菌群数 | 常温沼气发酵 ≤ $10^5$ 个/L，高温沼气发酵 ≤ 100 个/L |
| 蚊子、苍蝇 | 粪液中不应有蚊蝇幼虫，不应有活的蛆、蛹或新羽化的成蝇 |
| 总砷（As）、总汞（Hg）、总铅（Pb）、总镉（Cd）、总铬（Cr） | 粪水中总固体含量（千克/升）× 表 6.14 中重金属限值（毫克/千克） |
| 沼渣 | 达到表 6.14 前三项 |

# 三、粪污无害化处理技术

**1. 粪便无害化处理技术**

固体粪便可采用堆肥、堆沤等方式处理。禽场粪便及辅料经过预处理，在好氧通风或自然条件下，物料经微生物作用进行一次发酵和二次发酵，使有机物矿质化、腐殖化及无害化降解与转化，最终腐熟为有机肥料。堆肥工艺流程图见图 6.13。

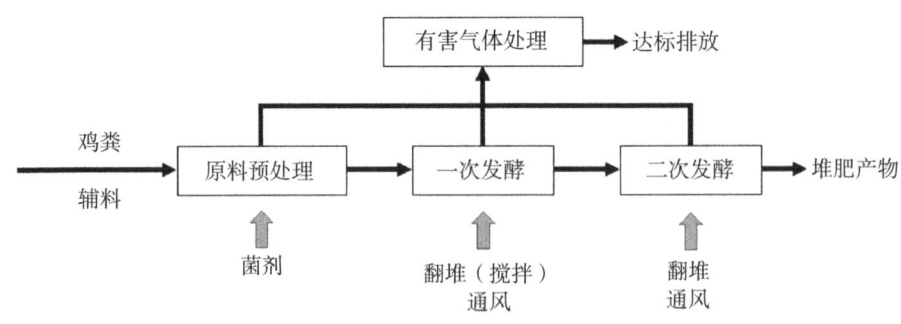

图 6.13　堆肥工艺流程

（1）发酵前物料处理。添加堆肥辅料（秸秆、菇渣、稻壳等），调节总体含水率至 55%～65%，碳氮比大于等于 25∶1，pH 值在 6～8。可按体积比添加发酵菌剂（1‰～5‰），混匀后移入发酵设施。

（2）一次发酵。一次发酵是堆肥发酵的主要过程，好氧堆肥工艺是在强制鼓风通气条件下，创造适宜于堆体有氧发酵的良好环境，实现物料发酵腐熟无害化的过程，主要有条垛堆肥、通风静态垛堆肥、槽式堆肥、反应器堆肥、覆膜堆肥等方式。堆沤肥是在物料在自然堆积条件下，经过微生物作用发酵腐熟的过程。各种堆肥工艺的介绍见表 6.16。

表 6.16　不同堆肥处理工艺的特点

| 工艺名称 | 工艺简介 | 优点 | 缺点 |
| --- | --- | --- | --- |
| 条垛式堆肥 | 利用翻堆机等设备将物料堆成长条形的垛，通过定期翻堆，在通风好氧条件下进行物料发酵的过程。一般堆肥过程在水泥地或者铺有防渗膜的地面上进行。翻堆设备主要有翻堆机、铲车等 | 堆肥周期30~60天，所用设备简单，投资低 | 占地面积大，堆肥周期长，易产生臭气污染等 |
| 通风静态垛堆肥 | 在条垛式堆肥的基础上增加堆体底部鼓风通气设备和通气管路，堆体中粪便与秸秆等混合均匀，具有一定的孔隙度，以保证堆体好氧发酵环境 | 堆肥周期30~60天，投资少、设备简单，占地面积大 | 堆肥周期长，易受低温、降雨等天气影响，存在臭气污染等问题 |
| 槽式堆肥 | 将条垛式堆肥置于水泥槽内，底部进行防渗处理，并布设通风管道，由罗茨风机进行堆体鼓风通气，槽内安装槽式翻堆机，通过翻堆机渐进移动，保证物料强制好氧发酵环境。同时应建设室内废气集中收集处理系统，进行臭气处理 | 堆肥周期20~30天，机械化程度高，堆肥效率高 | 堆肥周期较长，投资大，占地面积较大 |
| 反应器堆肥 | 将物料放在密闭的卧式或立式发酵设备内，反应器内设有强制通风曝气设备，使得物料进行好氧发酵，分为卧式反应器和立式反应器，其中卧式反应器是在水平方向倾斜放置的滚筒，一端进料另一端出料；立式反应器呈立式筒状，从顶部进料，底部出料 | 堆肥周期7~15天，处理效率高、占地面积小、废气可集中处理 | 设备投资大、运行成本较高 |
| 覆膜堆肥 | 采用选择透过性功能膜，覆盖在底部设有曝气管道的堆体表面，形成封闭环境下的静态好氧堆肥系统，堆肥过程中由于功能膜作用减少了氨气、硫化氢等臭气的排放 | 堆肥周期约20天，工艺和操作简便、土建要求低、灵活可移动，阻隔臭气 | 占地面积较大，堆肥周期较长 |
| 自然堆沤 | 粪便及辅料在自然条件下堆积，通过微生物作用进行发酵，直至腐熟的过程 | 堆肥周期60~90天，工艺简单、运行成本低 | 堆肥周期最长，管理粗放，存在臭气污染 |

一次发酵要求温度应达到 55℃以上并维持一定时间，以保证抗生素充分降解、重金属有效钝化、病原菌和寄生虫卵的有效杀灭，其中，采用条垛式堆肥发酵工艺的维持时间不应少于 15 天；槽式堆肥发酵工艺的维持时间不应少于 10 天；反应器堆肥发酵工艺维持时间不应少于 5 天；采用覆膜堆肥保证通风量在 0.05～0.2 立方米/分钟（以每立方米物料为基准），且维持时间不应少于 15 天；采用自然堆沤方式工艺维持时间不少于 60 天。当堆体温度高于 70℃需要增加物料翻倒频次或通风强度。主要原料为肉鸡粪时，一次发酵的高温维持时间宜延长 1 倍以上。

（3）二次发酵。经过一次发酵的持续高温期之后，二次发酵堆体温度开始下降，一般再经过约 20 天发酵，当堆温显著下降接近环境温度时，发酵基本终止。二次发酵温度超过 60℃时，应增加翻堆或通风次数。

（4）有害气体控制。堆肥过程中产生有害气体（$NH_3$、$H_2S$ 等）应进行阻隔、收集和处理，经处理后恶臭气体浓度符合 GB 14554—1993《恶臭污染物排放标准》的规定。堆肥过程中的废气控制主要有以下方式：通过添加辅料，调节含水率和堆体孔隙度等，增加供氧量等，确保堆体处于好氧状态，减少臭气产生；通过在发酵前期或发酵过程中喷洒除臭菌剂等，以控制和减少臭气的产生；通过设置臭气收集装置，将堆肥过程产生的臭气进行收集并利用生物、物理、化学等除臭过滤装置进行集中处理；通过在堆体上覆盖选择性功能膜，阻隔有害气体及气溶胶排放。

**2. 污水无害化处理技术**

禽场的污水主要来自圈舍清理、设施设备洗消等环节。普通蛋鸡场转圈少，冲洗废水产生量较小；肉鸡和肉鸭每年因出栏转圈，冲洗稍多，因而污水产生量较多。普通中小型家禽养殖场污水可采用多级沉淀自然存储方式处理，大型禽场一般采用厌氧发酵处理等方式。

（1）污水存储处理。按照《畜禽养殖场（户）粪污处理设施建设技术指南》，采用敞口贮存设施或密闭式贮存设施处理液体粪污的，应配套必要的输送、搅拌、气体收集处理或燃烧火炬等设施设备，容积不小于单位畜禽液体粪污日产生量［立方米/（天·只）］× 贮存周期（天）× 设计存栏量（只），贮存周期依据当地气候条件与农林作物生产用肥最大间隔期确定，敞口贮存设施和密闭式贮存设施的贮存周期分别在 180 天和 90 天以上，确保充分发酵腐熟处理后蛔虫卵、粪大肠杆菌、镉、汞、砷、铅、铬等物质应达到《肥料中有毒有害物质的限量要求》。有条件的畜禽养殖场建设两个以上贮存设施交替使用，采用异位发酵床工艺处理液体粪污的，其发酵床建设容积一般不小于 0.003 3（肉鸡）、0.006 7（蛋鸡）或 0.013（鸭）（立方米/只）× 设计存栏量（只），并配套供氧、除臭和翻抛等设施设备。

（2）污水厌氧发酵及深度处理。禽场污水采用沼气工程进行厌氧处理的，应配套调节池、固液分离机、贮气设施、沼渣沼液贮存池等设施设备，并采取必要的除臭措施。根据不同工艺可配套完全混合式厌氧反应器（CSTR）、升流式厌氧固体反应器（USR）、升流式厌氧污泥床反应器（UASB）、升流式厌氧复合床（UBF）、内循环厌氧反应器（IC）、厌氧颗粒污泥膨胀床反应器（EGSB）等设施设备。如图 6.14 所示。沼液宜通过敞口或密闭贮存设施进行贮存，贮存容积不小于沼液日产生量（立方米/天）× 贮存周期（天），贮存周期最少 60 天；沼渣宜通过堆肥方式进行处理，堆肥设施发酵容积不小于（沼渣日产生量＋辅料添加量）（立方米/天）× 发酵周期（天），确保充分发酵腐熟。沼液沼渣还田利用的，相关物质应达到《肥料中有毒有害物质的限量要求》；利用沼气发电或提纯生物天然气的，根据需要配套沼气发电和沼气提纯等设施设备；粪污进行深度处理的，根据不同工艺可配套厌氧、好氧、脱氮除磷、膜反应等设施设备，处理后污水排放的，其出水水质不得超过国家或地方规定的水污染物排放标准和重点水污染物排放总量控制指标；排入农田灌溉渠道的，还应保证其下游最近的灌溉取水点水质符合 GB 5084—2021《农田灌溉水质标准》。

图 6.14　污水厌氧发酵处理

## 四、粪肥还田利用

畜禽粪肥还田利用是解决畜禽养殖污染问题的根本出路，也是治本之策。自2017年《国务院办公厅关于加快推进畜禽养殖废弃物资源化利用的意见》文件颁布以来，生态环境部和农业农村部及各地陆续出台促进畜禽粪污资源化利用的相关政策和标准，促进了全国畜禽粪污综合利用率的显著提升，大量实践表明，粪肥还田既可以变废为宝、污染减量，也是推进化肥减量和农业面源污染减排的重要措施。

### （一）农田配套面积

依据NY/T 3877—2021《畜禽粪便土地承载力测算方法》，养殖场应根据其粪肥产量配套还田土地，对于具有粪肥质量检测条件的，其农田配套面积 $A$ 按照如下公式计算：

$$A_{n,p}=1\,000\times M\times(1-W)\times D/C_{n,p}$$

式中，

$A_{n,p}$ 为以氮或以磷计算的农田配套面积，亩[①]；

1 000 为单位换算系数；

$M$ 为鸡粪有机肥年产量，吨/年；

$W$ 为鸡粪有机肥含水率，%；

$D$ 为鸡粪有机肥中氮或者磷养分含量，%；

$C_{n,p}$ 为不同作物单位土地面积以氮或磷养分需求量，千克/亩，其推荐值按表6.17执行。

分别以氮、磷含量进行计算养殖场粪肥农田配套面积，取两者中最大值为养殖场所需农田配套面积。

表6.17 单位土地面积以氮或磷养分需求量取推荐值

| 作物种类 | | $C$ 值 | |
|---|---|---|---|
| | | 以氮计算 $C_n$ | 以磷计算 $C_p$ |
| 大田 | 小麦 | 19.35 | 6.45 |
| | 玉米 | 24.38 | 5.36 |
| | 谷子 | 15.39 | 1.78 |
| | 大豆 | 23.76 | 2.44 |

---

① 1亩约为667平方米，全书同。

（续表）

| 作物种类 | | C 值 | |
| --- | --- | --- | --- |
| | | 以氮计算 $C_n$ | 以磷计算 $C_p$ |
| 蔬菜 | 茄果 | 24.00 | 7.50 |
| | 青椒 | 16.65 | 6.30 |
| | 叶菜 | 20.96 | 6.67 |
| | 大白菜 | 9.75 | 1.72 |
| | 马铃薯 | 8.55 | 1.62 |
| | 大葱 | 15.12 | 3.24 |
| | 萝卜 | 16.88 | 8.40 |
| 林果 | 桃 | 19.13 | 5.10 |
| | 苹果 | 10.58 | 5.18 |
| | 梨 | 3.75 | 3.75 |
| | 杨树 | 19.35 | 6.45 |

## （二）粪肥施用量

畜禽粪污经过无害化处理后，可作为有机粪肥进行还田利用。粪肥不仅氮磷等营养含量高，而且富含许多大量元素和中微量元素，有利于促进作物生长。粪肥施用应按照养分平衡施肥原则，根据作物需肥量、土壤养分含量及粪肥供养量进行测算，还田施用前，应分别测定粪肥及还田地块耕层土壤氮磷养分含量；根据农田土壤背景值检测结果，若土壤磷含量高于区域平均值，则粪肥施用以磷为限量计算，反之以氮为限量计算。

**1. 具有土壤分析化验和田间试验条件**

对于有条件进行土肥分析化验和田间试验测试时，宜按 GB/T 25246—2010《畜禽粪便还田技术规范》和 NY/T 3956—2021《畜禽粪便安全还田施用量计算方法》进行精确计算施肥量，具体公式如下：

$$N = (A \times p \times f)/(d \times r)$$

式中，

$N$ 为一定土壤肥力和单位面积作物预期产量下施用的粪肥量，吨/公顷；

$A$ 为预期单位面积产量下作物需要吸收的营养元素的量，吨/公顷；

$p$ 为由施肥创造的产量占总产量的比例，%；

$f$ 为指施用粪肥提供的养分量占施肥总量的比例，%；

$d$ 为粪肥中某种营养元素的含量（干基），%；

$r$ 为畜禽粪便养分的当季利用率，%。

**2. 不具备土壤分析化验和田间试验条件**

对于无土肥分析检测条件的，中等土壤肥力农田的禽场粪肥有机肥施用量参照表 6.18 执行，可按照不同土壤肥力水平进行适当调整。对于表 6.18 中未列出的作物，按照性质类似、生长周期和产量水平比较接近的作物执行。

表 6.18　不同作物禽场粪肥有机肥推荐施用量

| 作物种类 | | 施肥量/（吨/亩） | |
|---|---|---|---|
| | | 以氮为限量 | 以磷为限量 |
| 大田 | 小麦 | 1.80 | 1.22 |
| | 玉米 | 2.24 | 1.15 |
| | 谷子 | 1.65 | 1.00 |
| | 大豆 | 2.18 | 1.00 |
| 蔬菜 | 茄果 | 2.21 | 1.20 |
| | 青椒 | 1.66 | 1.10 |
| | 叶菜 | 2.04 | 1.20 |
| | 大白菜 | 1.26 | 1.10 |
| | 马铃薯 | 1.05 | 1.00 |
| | 大葱 | 1.33 | 1.00 |
| | 萝卜 | 1.48 | 1.20 |
| 林果 | 桃 | 1.68 | 1.20 |
| | 苹果 | 1.13 | 1.10 |
| | 梨 | 1.03 | 1.10 |
| | 杨树 | 1.70 | 1.00 |

注：该表适用于禽场粪肥有机肥养分供给量占总施肥量的 50%。

## （三）粪肥施用方式

禽场粪肥宜作为基肥或追肥施用，施用方式按照 GB/T 25246—2010《畜禽粪便还田技术规范》规定执行。其中以基肥施用为主，在耕地前，采用撒肥机将固体粪肥撒施在农田地表（图 6.15），或者通过灌溉管道将液体粪肥浇

第六章 健康养殖禽场环境的控制

灌在地表（图 6.16），并结合耕地把肥料翻入土中；条施（沟施）是结合犁地开沟，将肥料按条状集中施于作物播种行内，或在作物播种或种植穴内施肥；环状施肥（轮状施肥）是以作物主茎为圆心开沟，将肥料施入沟中并覆土，适用于多年生果树施肥。

图 6.15　固体粪肥撒施还田

图 6.16　液体粪肥注入式还田

粪肥作为追肥施用，主要是固体或液体粪肥通过条施、穴施、环状施肥等方式，例如在苗期按株或两株间开穴施肥，或进行果树环状施肥，在作物生育期间进行叶面喷施等方法。沼液用作叶面肥施用时，其质量应符合相关技术要求。沼液浓度视作物品种、生长期和气温而定，一般需要加清水充分稀释，防止对植株造成危害。

此外，露地施用时应避开雨天，施入农田后应在 24 小时内翻耕入土或进行覆盖，不应裸露于地表。鸡粪有机肥撒施运输时宜采用封闭运输方式，避免道路遗撒。

# 参考文献

白长胜，尹珺伊，田秋丰，等，2023.不同乳酸菌对籽鹅生长性能、血清生化指标和粪便菌群的影响［J］.中国畜牧杂志，59（5）：285-290.

白长胜，尹珺伊，王欢，等，2023.饲粮中添加不同乳酸菌对籽鹅肠道菌群、形态结构、pH及免疫器官指数的影响［J］.饲料工业，44（20）：86-91.

鲍国连，佟承刚，韦强，1997.鸭传染性浆膜炎流行病学与病原特性研究［J］.浙江农业学报，9（3）：161-164.

柴振宇，苑丽园，张彪，等，2020.益生元、益生菌复合微生态制剂作用机理的研究［J］.粮食与食品工业，27（2）：34-38.

陈峰，杨帅伶，刘宾，2022.微藻蛋白质及其在食品中的应用研究进展［J］.中国食品学报，22（6）：21-32.

陈继兰，2010.肉鸡生产的光照制度［J］.中国家禽，32（6）：39.

陈熔，丁凯，2017.基于无线传感网络的智能畜禽舍环境控制系统设计［J］.江苏农业科学，45（13）：185-188.

陈文明，2015.酵母抽提物专用高蛋白高RNA酵母的筛选及其发酵工艺优化［D］.武汉：湖北工业大学.

陈文明，郑国斌，姚娟，等，2015.YE专用高蛋白高RNA酵母菌株的筛选及鉴定［J］.食品科技（4）：2-6.

陈云娇，张玉良，赵东辉，等，2022.鸭疫里氏杆菌耐药性及分子生物学检测方法的研究进展［J］.畜牧与兽医，54（4）：136-141.

程义彬，2024.微生态制剂在畜禽养殖中的应用分析［J］.中国畜牧业（4）：45-46.

崔倩，2024.益生菌在拉丁美洲畜禽养殖中的应用［J］.中国微生态学杂志，36（5）：612-616，621.

代国滔，龙建华，徐景峨，等，2023.铜与枯草芽孢杆菌协同对产蛋期种鹅生产性能、空肠组织发育和微生物菌群结构的影响［J］.中国畜牧杂志，59（7）：244-251.

代伟伟，2021.层叠式笼养肉鸭舍夏季环境检测与优化［D］.合肥：安徽农业大学.

邓赣奇，黄增颖，梁耀文，等，2020."减抗""替抗"背景下抗菌肽的应用和研究进展

[J].家畜生态学报,41(6):1-7.

邓治邦,朱深海,杨丽君,等,2000.鸭传染性浆膜炎的诊断与防治[J].中国预防兽医学报,22(3):226-228.

邓治邦,朱深海,杨丽君,等,2000.鸭传染性浆膜炎实验性感染方法的研究[J].中国预防兽医学报,22(5):343-344.

刁有祥,2008.禽病学[M].北京:中国农业科学技术出版社.

杜进姣,马淑梅,郭艳丽,2015.光照强度对黄羽肉鸡生产性能、养分代谢、屠宰性能及肉品质的影响[J].中国家禽,37(7):34-37.

杜晓冬,滕光辉,刘慕霖,等,2022.基于轻量级卷积神经网络的种鸡发声识别方法[J].农业机械学报,53(10):271-276.

杜欣怡,滕光辉,杜晓冬,等,2020.基于雷达图的蛋鸡舍综合环境舒适度评价及应用[J].农业工程学报,36(15):202-209.

杜银峰,2013.几种饲用抗生素替代产品对肉鸡生长、消化和免疫性能的影响[D].扬州:扬州大学.

冯林川,刘伟,赵武,等,2019.桃金娘多糖对肉鸽生产性能和免疫功能的影响[J].现代畜牧兽医(4):23-26.

冯青春,王秀,邱权,等,2020.畜禽舍防疫消毒机器人设计与试验[J].智慧农业,2(4):79-88.

冯万宇,陈亮,苗艳,等.2022.鸭病毒性肠炎的诊断与防控措施[J].家禽科学(9):61-62,70.

冯文达,1987.北京鸡传染性鼻炎病原菌的分离鉴定[J].微生物学通报,14(5):216-219.

冯晓龙,李修松,赵淑梅,等,2018夏季叠层笼养蛋鸡舍及笼内温热环境特性研究[J].中国家禽,40(18):31-35.

冯雅婷,朱敏,刘丹,等,2022.鸭疫里默氏杆菌流行菌株的分离鉴定及生物学特性[J].微生物学通报,49(11):4778-4785.

付文娟,王庆,李姣清,等,2021.益生菌在肉鸭养殖中的应用效果及作用机制[J].中国家禽,43(5):70-76.

郭耀,栾月凤,2023.复合益生菌对肉鸭生长性能、肠道微生物及养分消化利用的影响[J].饲料研究,46(20):47-51.

郭照宙,许灵敏,宋建楼,等,2016.产朊假丝酵母功能的探究及应用[J].饲料博览(3):33-35.

郭志有,郑立森,李舫,等,2021.饲粮与饮水添加酸化剂在肉鸡生产中使用效果研究[J].中国饲料(17):21-26.

韩雪冰,元香南,方俊,等,2023.乳酸菌维持动物肠道健康的研究进展[J].中国科学:

生命科学，53（4）：464-479.

郝隽毅，卿一青，肖圆圆，等，2021.复合微生态制剂对产蛋鹌鹑生产性能、蛋品质、营养物质表观代谢率和血清生化指标的影响［J］.中国家禽，43（11）：56-61.

郝隽毅，2022.复合微生态制剂对产蛋鹌鹑产蛋性能及蛋品质的影响研究［D］.长沙：湖南农业大学.

郝小静，白光烨，刘开东，等，2021.复合微生态制剂对高日龄蛋鸡生产性能及粪便中微生物的影响［J］.中国畜牧杂志，57（12）：257-260，264.

郝志平，2015. 基于ZigBee技术的畜禽舍环境监控系统的研究［D］.长春：吉林农业大学.

侯博，王晨燕，邵国青，2021.滑液囊支原体不同感染途径的致病力比较［J］.微生物学通报，48（8）：2704-2713.

胡丹丹，索勋，刘贤勇，2018.我国鸡球虫分子生物学研究进展［J］.寄生虫与医学昆虫学报，25（4）：262-271.

胡骏鹏，谢智文，周锋，等，2017.β-葡聚糖抑菌活性及体外抑菌方法研究进展［J］.中国饲料（15）：36-38.

黄月月，2017.安徽部分地区鸡球虫种类鉴定及E.tenella的耐药性研究［D］.合肥：安徽农业大学.

黄镇，张卓毅，吴迪梅，等，2021.微酸性电解水对蛋鸡舍空气消毒效果研究及使用成本分析［J］.畜牧与兽医，53（7）：36-39.

黄镇，张卓毅，吴迪梅，等，2022.水线添加微酸性电解水对饮水水质、蛋鸡生产性能和鸡蛋品质影响［J］.中国家禽，44（8）：79-83.

姬书会，邱孜博，2022.我国畜牧业中滥用抗生素的危害和对策［J］.中国畜禽种业，18（12）：59-62.

蒋玥，2021.山东省家禽养殖场禽源沙门氏菌四重PCR方法建立及耐药性分析［D］.扬州：扬州大学.

金茜，高研，王斐，等，2024.复合芽孢杆菌对蛋鸡生产性能和机体健康的影响［J］.动物营养学报，36（5）：3003-3014.

巨玉鑫，2024.复合益生菌制剂对肉鸡生长性能、免疫功能和肠道形态的影响［J］.国外畜牧学（猪与禽），44（2）：74-78.

劳凤丹，余礼根，滕光辉，等，2011.设施农业3G+VPN远程监控系统的设计与实现［J］.中国农业大学学报，16（2）：155-159.

李辉玉，2023.明胶-低聚木糖美拉德反应产物的制备及其微囊化益生菌的研究［D］.南昌：南昌大学.

李家奎，郭定宗，程大池，等，2000.武汉地区鸭疫巴氏杆菌的分离鉴定［J］.中国预防兽医学报，22（6）：432-434.

李姣清，黄勋和，余史婷，等，2021. 中草药饲料添加剂对三黄鸡血液生化指标和免疫功能的影响［J］. 中国饲料（9）：53-57.

李丽，2017. 空气湿度对畜禽饲养的影响［J］. 现代畜牧科技（10）：33.

李全军，2024. 鸡新城疫的流行与综合防控［J］. 甘肃畜牧兽医，54（1）：42-45.

李少慧，张英春，张兰威，等，2014. 乳酸菌及其代谢产物对肠道炎症的调控作用研究进展［J］. 食品工业科技，35（18）：366-369.

李铁，齐梦迪，张克英，等，2024. 育雏期饲粮中添加益生菌对蛋鸡育雏育成期生长发育、免疫功能和肠道微生物的影响［J］. 中国畜牧杂志，60（5）：299-305.

李汀，刘升，黄曦曦，2021. 鸡沙门氏菌病及其综合防治措施［J］. 安徽农学通报（15）：132-133.

李卫芬，白洁，李雅丽，等，2014. 枯草芽孢杆菌对肉鸡肉品质、养分消化率及血清生化指标的影响［J］. 中国兽医学报，34（10）：1682-1685.

李卓，杜晓冬，毛涛涛，等，2016. 基于深度图像的猪体尺检测系统［J］. 农业机械学报，16（3）：311-318.

连京华，李惠敏，孙凯，等，2016. 家禽舍内环境智能控制系统的研究进展［J］. 家禽科学（10）：47-50.

梁伟，2022. 江苏地区不同养殖模式鸭舍环境分析与优化［D］. 合肥：安徽农业大学.

廖申权，戚南山，吕敏娜，等，2020. 鸡球虫病流行病学、防治药物与疫苗研究进展［J］. 广东农业科学，47（11）：171-181.

廖乙露，刘翰吉，李明帅，等，2021. 微生态制剂在水产养殖中研究现状［J］. 饲料工业，42（2）：48-54.

林思雨，魏建宏，马洪福，等，2024. 丁酸梭菌在家禽生产中的应用研究进展［J］. 饲料研究，47（8）：156-160.

刘栋辉，郭梦娇，张昊，等，2022. 副鸡禽杆菌研究进展［J］. 动物医学进展，43（7）：95-98.

刘帆，任广彩，闫圆圆，等. 2019. 鸡传染性支气管炎病毒的分离鉴定及其致病性的研究［J］. 中国兽医科学，49（7）：861-870.

刘华忠，罗萍，2000. 间歇光照在肉鸡生产中的应用［J］. 养禽与禽病防治（9）：42-43.

刘婕，刘贤勇，蔡建平，等，2018. 我国鸡球虫早期研究概况［J］. 寄生虫与医学昆虫学报，25（4）：219-229.

刘娜，郭文川，张伟华，等，2009. 家禽养殖场自动清扫机器人设计［J］. 农机化研究，31（4）：98-99，103.

刘亭婷，滑静，王晓霞，等，2012. 丁酸梭菌对蛋用仔公鸡肠道菌群、形态结构及黏膜免疫相关细胞的影响［J］.动物营养学报，24（11）：2210-2221.

刘同海，李卓，滕光辉，等，2013.基于RBF神经网络的种猪体重预测［J］.农业机械学报（8）：245-249.

刘炜，2006.绿色饲料添加剂在肉鸡健康养殖中的应用［D］.南京：南京农业大学.

刘袖洞，何洋，刘群，等，2000.微胶囊及其在生物医学领域的应用［J］.科学通报（23）：2476-2485.

刘叶青，高爱琴，2023.枯草芽孢杆菌在肉鸡生产中的应用研究进展［J］.饲料研究，46（21）：165-169.

龙广，2015.妊娠和泌乳日粮中添加布拉迪酵母菌对母猪及仔猪性能的影响［D］.武汉：华中农业大学.

卢翠文，2009.解脂假丝酵母菌发酵条件的研究［J］.安徽农业科学，37（14）：6337-6339.

吕敏娜，黄承峰，张毓金，2005.鸭疫里默氏杆菌大肠杆菌二联蜂胶苗的研制［J］.中国兽医杂志，41（1）：48-50.

吕敏思，2014.LED光环境下光照强度对肉鸡行为特性及生产性能的影响［D］.杭州：浙江大学.

吕泽昊，韩姗姗，秦立廷，等，2023.3株鸭疫里默氏杆菌的分离鉴定和耐药性分析［J］.中国兽医杂志，59（6）：87-92.

罗清华，李燕，2022流化床制粒与湿法制粒工艺制备的对比研究［J］.广东化工，49（20）：38-40，74.

马亮，腾光辉，李志忠，2006.嵌入式web服务器在蛋鸡舍网络环境监测系统中的应用［J］.中国农业大学学报，11（3）：5.

马秋月，孙汝江，肖发沂，2020.酸化剂在水产养殖业中的应用进展［J］.湖北农业科学，59（9）：5-9.

马淑梅，2016.不同光照制度对肉鸡生长、代谢和健康的影响［D］.兰州：甘肃农业大学.

马兴树，2015.禽大肠杆菌病疫苗研究进展［J］.中国畜牧兽医，42（1）：234-244.

聂琴，戴晋军，胡骏鹏，等，2018.酵母源生物饲料的菌种与功能［J］.中国饲料（11）：89-93.

牛琼，杨斌，杨溢，等，2020.禽源沙门氏菌净化检测技术研究进展［J］.中国预防兽医学报，42（10）：1073-1078.

农业部兽医局，2011.一二三类动物疫病释义［M］.北京：中国农业出版社.

潘宝海，孙鸣，孙冬岩，等，2010.酿酒酵母对仔猪生产性能和消化道微生物区系的影响［J］.饲料研究（1）：68-69.

潘孝成，赵瑞宏，张丹俊，等，2000.安徽省鸭疫巴氏杆菌的调查研究［J］.安徽农业科学，28（3）：373-374.

齐博, 武书庚, 王晶, 等, 2016. 枯草芽孢杆菌对肉仔鸡生长性能、肠道形态和菌群数量的影响 [J]. 动物营养学报, 28 (6): 1748-1756.

齐德生, 2011. 饲用酶制剂发展概述 [J]. 饲料工业, 32 (12): 29-31.

齐梦迪, 李铁, 张克英, 等, 2023. 枯草芽孢杆菌和屎肠球菌长期添加对蛋鸡生产性能、蛋品质和血清指标的影响 [J]. 动物营养学报, 35 (10): 6387-6401.

祁凤华, 扇玉斌, 周立强, 等, 2015. 鸡源性嗜酸乳杆菌对肉鸡小肠黏膜免疫相关细胞的影响 [J]. 石河子大学学报 (自然科学版), 33 (1): 50-53.

钱潘攀, 李红波, 赵岩岩, 等, 2017. 双效型酵母细胞壁提取物及其对黄曲霉毒素 $B_1$ 吸附特性研究 [J]. 食品工业科技, 38 (15): 25-29.

钱旺, 王宝维, 张名爱, 等, 2023. 糖萜素和植物乳杆菌对肉鹅生长性能、屠宰性能、血清生化指标和肉品质的影响 [J]. 动物营养学报, 35 (9): 5746-5754.

邱嘉辉, 崔悦, 李伟星, 等, 2021. 不同酶制剂对白羽肉鸡生长性能的影响 [J]. 现代畜牧兽医 (12): 41-46.

曲微, 范俊华, 霍贵成, 2008. 益生菌喷雾干燥技术的研究进展 [J]. 中国乳业, (4): 36-38.

饶体宇, 2020. 辣木叶黄酮和益生菌对蛋鸭生产性能、脂质代谢及免疫功能的影响研究 [D]. 贵阳: 贵州大学.

任作宝, 王选慧, 2017. 鸡球虫病疫苗研究现状及展望 [J]. 国外畜牧学 (猪与禽), 37 (5): 26-28.

荣迪, 2012. 酵母 β-D-葡聚糖及衍生物对玉米赤霉烯酮吸附效果的研究 [D]. 武汉: 华中农业大学.

邵林, 2013. 多传感器数据融合技术在畜禽舍环境监测系统中的应用研究 [D]. 保定: 河北农业大学.

申李琰, 萨仁娜, 牛晋国, 等, 2017. 层叠式立体笼养肉鸡舍秋冬季节环境参数研究 [J]. 中国畜牧兽医, 44 (5): 1565-1570.

沈翠凤, 2020. 基于物联网的畜禽舍环境远程监控和评判系统研究 [J]. 中国农机化学报, 41 (12): 112-118, 216.

生态环境部, 2021. 关于印发《2018—2020 年全国恶臭/异味污染投诉情况分析》报告的函 [EB/OL]. http://www.mee.gov.cn/xxgk2018/xxgk/sthjbsh/202108/t20210802_853623.html.

施安辉, 周波, 2003. 粘红酵母 $GLR_{513}$ 生产油脂最佳小型工艺发酵条件的探讨 [J]. 食品科学, 24 (1): 48-51.

史俊祥, 齐景伟, 安晓萍, 等, 2016. 植物乳杆菌和酿酒酵母菌混合发酵玉米加工副产物的条件筛选 [J]. 饲料研究 (2): 37-41.

史玉宁, 赵鹏娟, 陈如水, 等, 2017. 米曲霉和酿酒酵母复合菌种发酵豆粕的研究 [J]. 现代畜牧兽医（6）：8-11.

宋晓晓，2019.复合微生态制剂对肉鸡免疫性能的影响［D］.泰安：山东农业大学.

苏敬良，高福，索勋，2012.禽病学［M］.12版.北京：中国农业出版社.

苏亚平，2012.酵母葡聚糖生产工艺及生物活性研究［D］.济南：山东轻工业学院.

孙惠玲，张培君，陈小玲，等，2012.鸡传染性鼻炎研究进展［J］.中国家禽，34（19）：42-44.

孙建华，高志鑫，庄志伟，2021.两种复合酸化剂对肉鸡生产性能、酶活性及肠道菌群的影响［J］.家禽科学（1）：9-15.

孙培新，唐静，申仲健，等，2019.环境温度对14～35日龄北京鸭生长性能和血液指标的影响［J］.动物营养学报，31（11）：5046-5052.

孙守峰，2024.鸡传染性支气管炎的诊断和控制［J］.中国畜牧业（3）：115-116.

孙小慧，2024.鸡传染性支气管炎的诊断与防制［J］.北方牧业（9）：44.

唐元家，余柏松，2002.巴斯德毕赤酵母表达系统［J］.国外医药（抗生素分册），23（6）：246-250.

滕光辉，2019.畜禽设施精细养殖中信息感知与环境调控综述［J］.智慧农业，1（3）：1-12.

田克恭，李明，2014.动物疫病诊断技术：理论与应用［M］.北京：中国农业出版社.

汪开英，2022.畜牧业空气质量与控制［M］.北京：中国农业出版社.

王佰魁，姚江涛，卞国顺，等，2016.枯草芽孢杆菌B10对肉鸡免疫、抗氧化功能及血清生化指标的影响［J］.饲料工业，37（17）：47-51.

王柏林，周怡，程振涛，2023.滑液囊支原体病的研究进展［J］.贵州畜牧兽医，47（5）：63-64.

王浩男，宋晓晴，李晓双，等，2020.万寿菊提取物对肉鸡早期生长性能及相关理化指标的影响［J］.中国家禽，42（11）：105-108.

王宏浩，2022.饲用枯草芽孢杆菌ZX-11发酵工艺及抑菌特性的研究［D］.石家庄：河北科技大学.

王欢，李骅，尹文庆，等，2016.基于无线传输的鸡舍环境远程监测系统［J］.南京农业大学学报，39（1）：175-182.

王阶平，刘波，刘欣，等，2019.乳酸菌的系统分类概况［J］.生物资源，41（6）：471-485.

王劲松，2009.益生菌液体发酵条件的优化及单一与复合菌制剂在仔鹅中的应用研究［D］.哈尔滨：东北农业大学.

王丽，王薇薇，李爱科，等，2023.益生菌耐热机制研究进展［J］.食品与发酵工业，49（20）：346-351.

王琳，孙传恒，李文勇，等，2017.基于深度图像和BP神经网络的肉鸡体质量估测模型［J］.农业工程学报，33（13）：199-205.

王楠,许丽,李红宇,等,2015.不同水平酿酒酵母处理玉米浆对玉米秸秆发酵品质的影响[J].中国畜牧杂志,51(17):44-48.

王倩,郑兰,王江水,等,2017.光照时间和强度互作对黄羽肉鸡生长性能和免疫功能的影响[J].中国畜牧杂志,53(7):107-112.

王婷婷,綦文涛,易建明,等,2009.微胶囊化屎肠球菌及其特性研究[J].中国畜牧杂志,45(21):52-55.

王文梅,许丽,马卓,等,2013.乳酸菌制剂的作用机制及其在禽类生产中的应用[J].东北农业大学学报,44(3):146-150.

王晓杰,黄立新,张彩虹,等,2018.植物提取物饲料添加剂的研究进展[J].生物质化学工程,52(3):50-58.

王校帅,2014.基于CFD的畜禽舍热环境模拟及优化研究[D].杭州:浙江大学.

王旭,2023.菌酶协同发酵麦麸及其对鹅饲用价值的研究[D].扬州:扬州大学.

王学东,呙于明,姚娟,等,2006.活性干酵母对生产母猪生产性能的影响[J].中国饲料(17):57-57.

王学静,王娟,穆英丽,等,2022.不同饲养方式肉鸡舍环境参数差异性比较[J].黑龙江畜牧兽医(1):71-77.

王艳,庄金秋,付强,等,2014.鸭疫里默氏杆菌检测方法研究进展[J].水禽世界,(2):45-51.

王艳,陶双能,杨菲菲,2024.禽流感的诊断与防控措施[J].养殖与饲料,23(3):102-104.

王艳丰,张丁华,朱金凤,2021.鸡滑液囊支原体病流行现状及防控技术研究进展[J].中国畜牧兽医,48(8):3038-3049.

王云奇,2020.禽舍环境监测控制系统的研究[D].青岛:青岛理工大学.

卫功元,李寅,堵国成,等,2006.产朊假丝酵母分批发酵生产谷胱甘肽的代谢通量分析[J].化工学报(6):1410-1417.

魏亚敏,2023.鸡大肠杆菌病的流行新特点与防控[J].中兽医学杂志(2):73-75.

魏宇超,王凤霞,张灿,等,2021.枯草芽孢杆菌对肉兔肠道结构、盲肠挥发性脂肪酸含量和微生物多样性的影响[J].动物营养学报,33(12):7021-7032.

温海燕,王祥锟,等,2024.饲用益生菌的应用研究进展[J].山东畜牧兽医,45(3):81-84.

文杰,汤波,刘冉冉,2023."吃鸡自由"科学简史[M].北京:科学普及出版社.

文杰,等,2023.黄羽肉鸡育种与生产[M].北京:中国农业科学技术出版社.

吴艳,皮劲松,李成凤,等,2019.夏季四层层叠式笼养鸭舍环境参数测定与分析[J].中国家禽,41(11):32-36.

吴忆春，于新友，苗立中，等，2024.谈鸭疫里默氏杆菌病及其防控措施［J］.中国动物保健，27（4）：53-54.

武文明，2008.产朊假丝酵母尿酸酶的纯化、特性研究及其基因扩增［D］.重庆：重庆医科大学.

夏业才，陈光华，丁家波，2018.兽医生物制品学［M］.2版.北京：中国农业出版社.

谢鹏，付胜勇，常玲玲，等，2015.枯草芽孢杆菌对乳鸽生长性能、小肠形态和结直肠菌群的影响［J］.江苏农业科学，43（6）：190-193.

谢鹏，付胜勇，戴鑫，等，2014.饲料中添加枯草芽孢杆菌制剂对乳鸽消化道酶活性和血清生化指标的影响［J］.饲料工业，35（24）：7-11.

辛海瑞，2016.不同光照因素对北京鸭生产性能、胴体性能、肉品质及抗氧化性能的影响［D］.北京：中国农业科学院.

辛玲，许金俊，陶建平，2008.多重PCR检测3种鸡球虫方法的建立［J］.中国兽医杂志（3）：6-8.

徐明霞，2021.丁酸梭菌替代抗生素对肉鸡生长性能及血清生化指标的影响［J］.饲料研究（2）：54-57.

徐婷，鲍丁宇，朱雨蒙，等，2024.降解体内有害成分的乳酸菌研究进展［J］.粮食与食品工业，31（3）：31-33.

徐云会，陆庆泉，张传津，等，2005.浆炎速停口服液治疗鸭疫里默氏杆菌病的临床试验［J］.家禽科学（3）：30-31.

颜国庆，赵武，覃思明，等，2023.复合益生菌对鸽粪发酵生产饲料的影响［J］.现代畜牧科技（9）：57-59.

杨欢，刘干，周洪彬，等，2022.不同复合酶制剂对肉鸡生长性能、血液和免疫指标及肠道菌群的影响［J］.中国畜牧杂志，58（5）：202-207.

杨昆，王欢，高洁，等，2021.抗菌肽BCp12对大肠杆菌壁膜及DNA损伤的作用机制［J］.食品科学，42（19）：114-121.

杨美，程振涛，周怡，等，2020.鸡毒支原体和鸡滑液囊支原体双重PCR检测方法的建立［J］.动物医学进展，41（6）：27-31.

杨雪俪，吉克日洪，李菁菁，等，2023.四川部分地区鸡球虫流行病学调查及虫种鉴定［J］.西南民族大学学报（自然科学版），49（5）：502-508.

尹晶晶，付紫平，2023.基于LoRa的鸡舍环境物联网监测系统研究［J］.西昌学院学报（自然科学版），37（4）：42-47.

张爱武，董斌，左璐雅，等，2010.不同水平枯草芽孢杆菌对鹌鹑内脏器官及小肠发育的影响［J］.经济动物学报，14（2）：98-101.

张大丙，郭玉璞，2001.鸭疫里默氏杆菌［J］.中国动物疫病防治（29）：20-22.

张煌燕，邱玲，2018. 乳酸菌素片联合预防肠内营养腹泻并发症的应用效果［J］. 世界最新医学信息文摘，18（64）：78，80.

张静博，2022. 益生菌、植物炭对肉鸡替抗效果的研究［D］. 洛阳：河南科技大学.

张琳，2016. 微囊化益生菌的体外特性及动物应用效果评价［D］. 哈尔滨：东北农业大学.

张萌慧，2022. 复合微生态制剂对樱桃谷鸭肉用性能、血清免疫、抗氧化及肠道健康的影响［D］. 晋中：山西农业大学.

张名爱，杨文娇，张泽楠，等，2017. 低铜饲粮添加枯草芽孢杆菌对5～16周龄五龙鹅肠道发育、微生物菌群结构及血清酶活性的影响［J］. 动物营养学报，29（9）：3175-3183.

张清，2023. 鸡传染性喉气管炎诊断和防控措施［J］. 中国畜牧业（17）：102-103.

张文佳，2015. 产朊假丝酵母和白地霉混合固态发酵豆渣生产反刍动物饲料的研究［D］. 哈尔滨：东北农业大学.

张晓慧，2013. 枯草芽孢杆菌对AA鸡生长性能的影响及其机理研究［D］. 湛江：广东海洋大学.

张轩，赵述森，陈海燕，等，2012. 酿酒酵母固态发酵白酒糟生产蛋白饲料的研究［J］. 饲料工业（19）：27-31.

张月平，滕光辉，刘仁众，等，2023. 智慧养殖系统在规模化肉种鸡场的应用实践［J］. 中国禽业导刊，40（8）：21-24.

张泽楠，王宝维，葛文华，等，2016. 枯草芽孢杆菌与铜协同作用对5～16周龄五龙鹅生长性能、屠宰性能、营养物质利用率及肉品质的影响［J］. 动物营养学报，28（9）：2830-2838.

赵国群，刘红彦，刘金龙，2017. 高甾醇含量热带假丝酵母细胞的培养条件研究［J］. 中国酿造，36（2）：49-53.

赵怡，李芳兵，王帅，等，2020. 2019年副鸡禽杆菌的分离鉴定和鸡传染性鼻炎流行状况分析［J］. 中国家禽，42（6）：102-106.

赵玉洁，邹悦，周金羽，等，2022. 益生菌发酵对中药总黄酮与总多糖含量的影响［J］. 中国兽药杂志，56（8）：73-79.

郑炜超，邓森中，童勤，等，2022. 家禽养殖智能装备与信息化技术研究进展［J］. 山西农业大学学报（自然科学版），42（6）：2-11.

郑炜超，葛绍娟，王阳，等，2023. 规模鸡场环境调控关键技术与装备研究进展［J］. 中国家禽，45（11）：1-10.

郑雅文，张丽元，赵丽红，等，2019. 日粮果寡糖对肉鸡生长性能、消化酶活性和短链脂肪酸的影响［J］. 饲料工业，40（22）：16-21.

周汉兴，2024. 鸡新城疫的诊断及防控［J］. 畜牧兽医科技信息（3）：177-179.

周凯钰太，王素春，肖志宇，等．2023.禽传染性支气管炎概述［J］.中国动物检疫，40（5）：61-66.

周玲，王晓清，刘臻，等，2013．营养素转运载体的研究进展［J］.饲料研究（4）：18-23.

朱佳明，龙定彪，胡彬，等，2024.畜禽舍智能化环境控制的研究进展［J］.猪业科学，41（1）：81-83.

朱沛霁，2017．枯草芽孢杆菌对雪山鸡生产性能、肠道健康和免疫机能的影响及机制［D］.扬州：扬州大学.

朱沛霁，徐歆，齐玉凯，等，2017．枯草芽孢杆菌048对雪山草鸡抗肠炎沙门氏菌感染能力的影响［J］.动物营养学报，29（2）：479-487.

祝鹏飞，滕光辉，刘健，等，2023.基于深度学习模型PANNS-CNN的肉种鸡惊吓声识别研究［J］.中国家禽，45（11）：105-111.

祝鹏飞，滕光辉，刘健，等，2023.肉种鸡湿热环境舒适度可视化评价方法［J］.中国家禽，45（11）：86-94.

AKIBA Y, SATO K, TAKAHASHI K, et al., 2008. Pigmentation of egg yolk with yeast Phaffia rhodozyma containing high concentration of astaxanthin in laying hens fed on a low-carotenoid diet［J］. Japanese Poultry Science, 37（2）：77-85.

BANDYOPADHYAY U, DAS D, BANERJEE R K, 1998. Reactive oxygen species: oxidative damage and pathogenesis［J］. Current Science, 77（5）：658-666.

BJERKENG B, PEISKER M, VON SCHWARTZENBERG K, et al., 2007.Digestibility and muscle retention of astaxanthin in Atlantic salmon, Salmo salar, fed diets with the red yeast Phaffia rhodozyma in comparison with synthetic formulated astaxanthin［J］. Aquaculture, 269（1-4）：476-489.

CHEN W, ZHU X Z, WANG J P, et al., 2013．Effects of *Bacillus subtilis* var.natto and Saccharomyces cerevisiae fermented liquid feed on growth performance, relative organ weight, intestinal microflora,and organ antioxidant status in Landes geese［J］. Journal of Animal Science, 91（2）：978-985.

CHEN X, MIFLINJ K, ZHANG P, et al., 2014. Safety and efficacy studies on trivalent inactivated vaccines against infectious coryza［J］.Immunology Diseases, 40（2）：398-407.

CHICHLOWSKI M, CROOM J, MCBRIDE B W, et al., 2007. Metabolic and physiological impact of probiotics or direct-fed microbials on poultry: a brief review of current knowledge［J］. International Journal of Poultry Science, 6（10）：694-704.

CROSS G G,JENNINGS H J,WHITFIELD D M,et al.,2001.Immunostimulant oxidized β-glucan conjugates［J］.International Immunopharmacology,1（3）:539-550.

DUMITRU M, SORESCU I, HABEANU M, et al., 2018. Preliminary characterisation of *Bacillus subtilis* strain use as a dietary probiotic bio-additive in weaning piglet [J]. Food and Feed Research, 45（2）: 203-211.

EDWARDSINGRAM L, GITSHAM P, BURTON N, et al., 2007. Genotypic and physiological characterization of saccharomyces boulardii, the probiotic strain of saccharomyces cerevisiae [J]. Applied and Environmental Microbiology, 73（8）: 2458-2467.

FARUKU B, SURI A S, RAHMAN O A, et al., 2016. Pathogenesis and diagnostic approaches of avian infectious bronchitis [J]. Advances in Virology, 2016: 4621659.

FATHI M, AL-HOMIDAN I, AL-DOKHAIL A, et al., 2018. Effects of dietary probiotic (*Bacillus subtilis*) supplementation on productive performance, immune response and egg quality characteristics in laying hens under high ambient temperature [J]. Italian Journal of Animal Science, 17（1）: 1-11.

FORTE C, ACUTI G, MANUALI E, et al., 2016. Effects of two different probiotics on microflora, morphology, and morphometry of gut in organic laying hens [J]. Poultry Science, 95（11）: 2528-2535.

GAO X, KONG J, ZHU H, et al., 2022. *Lactobacillus*, *Bifidobacterium* and *Lactococcus* response to environmental stress: mechanisms and application of cross-protection to improve resistance against freeze-drying [J]. Journal of Applied Microbiology, 132（2）: 802-821.

GAO Z H, WU H H, SHI L, et al., 2017. Study of *Bacillus subtilis* on growth performance, nutrition metabolism and intestinal microflora of 1 to 42 d broiler chickens [J]. Animal Nutrition, 3（2）: 109-113.

HALAS V, NOCHTA I, 2012. Mannan oligosaccharides in nursery pig nutrition and their potential mode of action [J]. Animals An Open Access Journal from Mdpi, 2（2）: 261-274.

HAN Z L, YANG M, FU X D, et al., 2019. Evaluation of prebiotic of three marine algae oligosaccharides from enzymatic hydrolysis [J]. Marine Drugs, 17（3）:173.

HERNÁNDEZ A, LARSSON C U, SAWICKI R, et al., 2019. Impact of the fermentation parameters pH and temperature on stress resilience of Lactobacillus reuteri DSM 17938 [J]. Amb Express, 9: 1-8.

HONG H A, DUC L H, CUTTING S M, 2005. The use of bacterial spore formers as probiotics [J]. Fems Microbiology Reviews, 29（4）: 813-835.

HUANG J, LA RAGIONE R M, NUNEZ A, et al., 2008. Immunostimulatory activity of Bacillus spores [J]. Fems Immunology and Medical Microbiology, 53（2）: 195-203.

KEROVUO J, LAURAEUS M, NURMINEN P, et al., 1998. Isolation, character ization, molecular gene cloning, and sequencing of a novel phytase from Bacillus subtilis [J].

Applied and Environmental Microbiology, 64（6）: 2079-2085.

KHAN A A, GANI A, MASOODI F A, et al., 2016,Structural,thermal,functional,antioxidant &antimicrobial properties of β -D-glucan extracted from baker's yeast（*Saccharomyces cereviseae*）-Effect of γ irradiation［J］.Carbohydrate Polymers, 140: 442-450.

KNAP I, KEHLET A B, BENNEDSEN M, et al., 2011. *Bacillus subtilis*（DSM17299）significantly reduces Salmonella in broilers［J］. Poultry Science, 90（8）: 1690-1694.

LARAGIONE R M, WOODWARD M J, 2003. Competitive exclusion by Bacillus subtilis spores of Salmonella enterica serotype Enteritidis and *Clostridium perfringens* in young chickens［J］. Veterinary Microbiology, 94（3）: 245-256.

LI J, SHI B, YAN S, et al., 2017. Effects of chitosan on nitric oxide production and inducible nitric oxide synthase activity and mRNA expression in weaned piglets［J］. Czech Journal of Animal Science, 60（8）:359-366.

LI S H, JIN E H, QIAO E M, et al., 2017. Chitooligosaccharide promotes immune organ development in broiler chickens and reduces serum lipid levels［J］. Histology and Histopathology, 32（9）: 951-961.

LI Y, ZHANG H, CHEN Y P, et al., 2015. Bacillus amyloliquefaciens supplementation alleviates immunological stress in lipopolysaccharide-challenged broilers at early age［J］. Poultry Science, 94（7）: 1504-1511.

LIANG Y, XIN H, LI H. Dietary manipulation to reduce ammonia emission from high — rise layer houses［R］. Ames: Iowa State University, 2005.

LIU H, CUI S W, CHEN M, et al., 2019. Protective approaches and mechanisms of microencapsulation to the survival of probiotic bacteria during processing, storage and gastrointestinal digestion: a review［J］. Critical reviews in food science and nutrition, 59（17）: 2863-2878.

LIU Y, ZHANG S, LUO Z, et al. 2021., Supplemental *Bacillus subtilis* PB6 improves growth performance and gut health in broilers challenged with clostridium perfringens［J］. Journal of Immunology Research（1）: 2549541.

LU M, HE J, CHEN C, et al., An automatic ear base temperature extraction method for top view piglet thermal image.［J］. Computers and Electronics in Agriculture, 2018, 155: 339-347.

MA H, LI Y, HAN P, et al., 2024. Effects of supplementing drinking water of parental pigeons with enterococcus faecium and *bacillus subtilis* on antibody levels and microbiomes in squabs［J］. Animals, 14（2）: 178.

MCCULLOUGH M J, CLEMONS K V, MCCUSKER J H, et al., 1998. Species identification and virulence attributes of *Saccharomyces boulardii*（nom.inval.）［J］. J.Clin.Microbiol, 36:

2613-2617.

MICHIELS T, WELB S, VANROBAEYS M, et al., 2016. Prevalence of *Mycoplasma gallisepticum and Mycoplasma synoviae* in commercial poultry, racing pigeons and wild birds in Belgium[J]. Avian pathology, 45（2）: 244-252.

MIN Y N, YANG H L, XU Y X, et al., 2016. Effects of dietary supplementation of synbiotics on growth performance, intestinal morphology, sIgA content and antioxidant capacities of broilers [J]. Journal of Animal Physiology and Animal Nutrition, 100（6）: 1073-1080.

NICHOLSON W L, 2002. Roles of Bacillus endospores in the environment [J]. Cellular and Molecular Life Sciences, 59（3）: 410-416.

OZCAN B D, OZCAN N, 2008. Expression of thermostable α-amylase gene from Bacillus stearothermophilus in various *Bacillus subtilis* strains [J]. Annals of Microbiology, 58（2）: 265.

PELICANO E R L, SOUZA P A, SOUZA H, et al., 2005. Intestinal mucosa development in broiler chickens fed natural growth promoters [J]. Revista Brasileira De Ciencia Avicola, 7（4）: 221-229.

RAJPUT R I, LI L Y, XIN X, et al.,2013. Effect of *Saccharomyces boulardii* and *Bacillus subtilis* B10 on intestinal ultrastructure modulation and mucosal immunity development mechanism in broiler chickens [J]. Poultry Science, 92（4）: 956-965.

RUZAL M, SHINDER D, MALKA I, et al., 2011. Ventilation plays an important role in hens'egg production at high ambient temperature 1 [J]. Poultry Science, 90（4）:856-862.

SHIN Y J, KANG C H, KIM W, et al. 2019.Heat adaptation improved cell viability of probiotic *Enterococcus faecium* HL7 upon various environmental stresses [J]. Probiotics and antimicrobial proteins, 11: 618-626.

SUN P X, SHEN Z J, TANG J, et al., 2019. Effects of ambient temperature on growth performanceand carcass traits of male growing White Pekin ducks[J].British Poultry Science, 60（5）:1466-1799.

SUN S, LIN X, LIU J, et al., 2017. Phylogenetic and pathogenic analysis of *Mycoplasma synoviae* isolated from native chicken breeds in China[J]. Poultry Science, 96（7）: 2057-2063.

SWAYNE D E, 2019. Diseases of poultry[M]. 14th ed. Hoboken, NJ: Wiley-Blackwell.

TANG H W, ABBASILIASI S, MURUGAN P, et al., 2020. Influence of freeze-drying and spray-drying preservation methods on survivability rate of different types of protectants encapsulated *Lactobacillus acidophilus* FTDC 3081 [J]. Bioscience, Biotechnology, and Biochemistry, 84（9）: 1913-1920.

TIAGO F C, MARTINS F S, SOUZA E L, et al., 2012. Adhesion to the yeast cell surface as a mechanism for trapping pathogenic bacteria by Saccharomyces probiotics [J].Journal of Medical Microbiology, 61 (Pt9): 1194-1207.

TOVAR-RAMÍREZ D, INFANTE J Z, CAHU C, et al., 2004. Influence of dietary live yeast on European sea bass (*Dicentrarchus labrax*) larval development [J].Aquaculture, 234 (1): 415-427.

WANG G Q, PU J, YU X Q, et al., 2020. Influence of freezing temperature before freeze-drying on the viability of various *Lactobacillus plantarum* strains [J]. Journal of Dairy Science,103 (4): 3066-3075.

WANG G, LUO L, DONG C, et al., 2021.Polysaccharides can improve the survival of *Lactiplantibacillus plantarum* subjected to freeze-drying [J]. Journal of Dairy Science, 104 (3): 2606-2614.

WEI F L, RAJPUT I R, XIN X, et al., 2011, Eeffects of probiotic (*Bacillus subtilis*) on laying performance, blood biochemical properties and intestinal microflora of Shaoxing duck [J]. International Journal of Poultry Science, 10 (8): 583-589.

XIE S, ZHAO S Y, JIANG L, et al., 2019. *Lactobacillus reuteri* stimulates intestinal epithelial proliferation and induces differentiation into goblet cells in young chickens [J]. Journal of Agric ultural & Food Chemistry, 67 (49): 13758-13766.

XING Y, WANG S, FAN J, et al., 2015. Effects of dietary supplementation with lysineyielding *Bacillus subtilis* on gut morphology, cecal microflora, and intestinal immune response of Linwu ducks [J].Journal of Animal Science, 93 (7): 3449-3457.

YANG C M, CAO G T, FERKET P R, et al., 2012. Effects of probiotic, Clostridium butyricum, on growth performance, immune function, and cecal microflora in broiler chickens [J]. Poultry Science, 91 (9): 2121-2129.

YOUSSEF A, VIAZZI S, EXADAKTYLOS V, et al., 2014. Non-contact, motion-tolerant measurements of chicken (*Gallus gallus*) embryo heart rate (HR) using video imaging and signal processing [J]. Biosystems Engineering, 125: 9-16.

YU L G, TENG G H, LI B M, et al., 2013. A remote-monitoring system for poultry production management using a 3G-based network [J]. Applied Engineering in Agriculture, 29 (4): 595-601.

ZHAN H Q, DONG X Y, LI L L, et al., 2019.Effects of dietary supplementation with *Clostridium butyricum* on laying performance, egg quality, serum parameters, and cecal microflora of laying hens in the late phase of production [J]. Poultry Science, 98 (2): 896-903.

# 附 录

## 某某市蛋鸡养殖场生物安全评估实施方案（试行）

为确保本市新建、改建、扩建的蛋鸡养殖场所在投产前达到必要的生物安全水平，明确要求，细化程序，特制定本实施方案。

**一、申请与受理**

（一）申请开展养殖场生物安全评估的养殖场，须同时具备以下条件

1. 按照《某某市蛋鸡养殖场建设规范（试行）》的新建、改建或扩建蛋鸡养殖场。

2. 按照《蛋鸡养殖场所生物安全评估办法（试行）》标准建设或整改，具备较为完善的生物安全条件。

3. 遵守养殖场生物安全评估认证的相关规定，履行相关义务。

符合上述条件的养殖场按照本市养殖场生物安全评估工作总体安排和相关申请要求，向所在区动物疫病控制中心提出申请，并提交《某某市蛋鸡养殖场生物安全评估申请表》（附件1）和《某某市蛋鸡养殖场生物安全评估申请书》（附件2）。

《某某市蛋鸡养殖场生物安全评估申请书》应包括以下内容材料：

1. 养殖场防疫条件合格证复印件（改、扩建场）；

2. "养殖场布局平面图"，应包括：场址位置平面图和场内各功能区平面布局，要求标注各分区及栋舍号；

3、按照《某某市蛋鸡养殖场所生物安全评估表（试行）》逐项自评，并填写蛋鸡养殖场基本信息（附件3）。

（二）受理

1. 县（区）动物疫病控制中心在收到申请之日起5个工作日内对材料进行初审，材料需要补充或者修改的，应当通知养殖场5日内补齐。初审合格

的在《某某市蛋鸡养殖场生物安全评估申请表》（附件1）对应位置签署受理意见。

2. 区动物疫病控制中心受理后，应于5个工作日内指派专家进行评估。

（三）专家组成

1. 县（区）动物疫病控制中心从养殖场生物安全评估认证专家库中随机抽取不少于3名专家组成评估专家组，赴养殖场实施评估认证。根据各区请求，市级指导组委派1~2名专家指导和支持各区评估工作。

2. 专家组由组长1名和组员4名共5人组成。

3. 县（区）动物疫病控制中心应于评估前2日告知养殖场，同时将养殖场申请材料，交由评估专家审阅。

## 二、评估程序

现场评估由材料审查和现场检查两部分组成，按照《养殖场生物安全评估报告》要求（附件4）完成评估报告的各项内容。评估工作主要程序如下：

1. 县（区）动物疫病控制中心介绍评估事由及在场各方人员，宣布评估专家组组长。专家组组长组织专家启动评估工作。

2. 养殖场负责人介绍本场生物安全建设总体情况，根据评估标准和评估表，逐项开展自评。

3. 专家组核实相关材料，进场检查。

4. 就养殖场汇报及现场评估相关内容进行质询和沟通。

5. 专家组讨论并得出评估结论，提出相关建议。现场评估结论分"达标"或者"不达标"两种。

6. 专家组组长现场宣读评估意见，并由养殖场负责人签字确认。《养殖场生物安全评估意见》一式两份，分别由养殖场、区动物疫病控制中心保存。

## 三、整改与材料上报

1. 经评估需整改的，养殖场应依据专家整改意见，在现场评估后1周内完成整改，并提交必要的验证材料由专家组组长确认。养殖场整改材料不能按时提交专家组组长确认，或专家组组长认为整改不符合要求的，现场评估认证自动视为不达标。

2. 专家组组长应当在现场评估结束或确认养殖场整改材料后5个工作日内，将现场评估相关记录和养殖场整改材料一并报区动物疫病控制中心。

## 附件 1

编号:

某某市蛋鸡养殖场生物安全评估申请表

| 联系信息 | 养殖场名 | | 联系人 | |
|---|---|---|---|---|
| | 地址 | | 联系电话 | |
| 养殖场承诺 | 本场已按照《某某市蛋鸡养殖场生物安全评估实施方案（试行）》要求准备评估材料，所提供的材料真实准确，现申请生物安全评估。<br><br><br><br>负责人签字：　　　　　　公章：<br>日期： | | | |
| 县（区）动物疫病控制中心受理意见 | <br><br><br><br>负责人签字：　　　　　　公章：<br>日期： | | | |

附件2

编号:

<br>

# 某某市蛋鸡养殖场生物安全评估
# 申请书

养殖场名称（公章）：

养殖场地址：

申请日期：

联系人：

联系方式：

某某省农业农村厅 印制

## 填写说明

1. 申请书与申请表编号一致，由各县（区）动物疫病控制中心统一编写。
2. 本申请书由申请单位填写，报县（区）动物疫病控制中心。
3. 填报内容必须客观真实。
4. 需要提交的材料按顺序装订成册。

附件3

### 蛋鸡养殖场基本信息

| 联系信息 | 法人代表 | | 联系电话 | |
|---|---|---|---|---|
| | 生物安全负责人 | | 联系电话 | |
| 栋舍分布<br>（不够请加行） | 栋号 | 生产阶段 | 存栏 | 出栏 |
| | | | | |
| | | | | |
| | | | | |
| | | | | |
| | | | | |
| | | | | |
| | | | | |
| | | | | |
| | | | | |
| | | | | |
| | | | | |
| | | | | |
| | | | | |
| | | | | |
| 养殖场生物安全自评意见 | 合格项： 项<br><br>不合格项： 项<br><br>不合格项主要问题：<br><br><br>负责人签字： 公章：<br>日期： | | | |

附件 4

**申报材料编号：**

<br>

**某某市蛋鸡养殖场
生物安全评估报告**

<br>

**单位名称：**

**法人代表：**

**单位地址：**

**评估时间：**

**某某省农业农村厅 印制**

## 蛋鸡养殖场生物安全评估
## 现场审查核查表

评估专家签字：

| 序号 | 现场发现 | 不符合内容对应条款号 |
|---|---|---|
|  |  |  |
|  |  |  |
|  |  |  |
|  |  |  |
|  |  |  |
|  |  |  |
|  |  |  |
|  |  |  |
|  |  |  |
|  |  |  |

注："现场发现"栏，专家现场记录和描述发现情况；"不符合内容对应条款号"，如找不到相应条款号可不填。

## 一、基本情况

根据某某区动物疫病控制中心安排，评估专家组按照《某某市蛋鸡养殖场生物安全评估办法（试行）》要求，逐项对照《某某市蛋鸡养殖场所生物安全评估表（试行）》的相关细节，通过现场查看、查阅资料和询问交谈等方式，对该养殖场现行生物安全措施和相关管理制度进行了全面评估。此次共审查条款　项。

**各评审条款情况为：**

□全部符合；□部分不符合，不符合条款、内容和整改意见为：

## 二、现场评估认证结论

综合对养殖场生物安全评估申请材料的审核和现场查看结果，评估专家组一致认为，该场的生物安全评估结论为：

□达标；□不达标。


专家组组员：

专家组组长：　　　　　　　　　　　　　　日期：　　　年　　月　　日

## 三、养殖场意见

我单位同意专家组上述评估意见，对评估过程及结果无异议。



负责人（盖章）：

日　　期：　　　年　　月　　日

图 1.1　海兰褐壳蛋鸡

图 1.2　罗曼褐壳蛋鸡

图 1.3　伊莎褐壳蛋鸡

图 1.4　海赛克斯褐壳蛋鸡

图 1.5　尼克红褐壳蛋鸡

图 1.6　宝万斯褐壳蛋鸡

图 1.7　迪卡褐壳蛋鸡

图 1.8　新杨褐壳蛋鸡

图 1.9　京红 1 号褐壳蛋鸡

图 1.10　大午褐壳蛋鸡

图 1.11　海兰灰

图 1.12　尼克粉

图 1.13　京粉 1 号

图 1.14　京白 939

图 1.15　农大 3 号

图 1.16　农大 5 号

图 1.17　海兰白

图 1.18　京白 1 号

图 1.19 新杨绿

图 1.20 苏禽绿

图 1.21 神丹 6 号

图 1.22 华北柴鸡（公鸡）

图 1.23　华北柴鸡（母鸡）

图 1.24　北京油鸡（母鸡）

图 1.25　北京油鸡（公鸡）

图 1.26　丝毛白羽乌鸡

图 1.27　黑羽乌鸡

图 1.28　芦花鸡（公鸡）

图 1.29 芦花鸡（母鸡）

图 1.30 东乡绿壳蛋鸡

图 1.31 暖气片加热

图 1.32 畜舍空调加热器

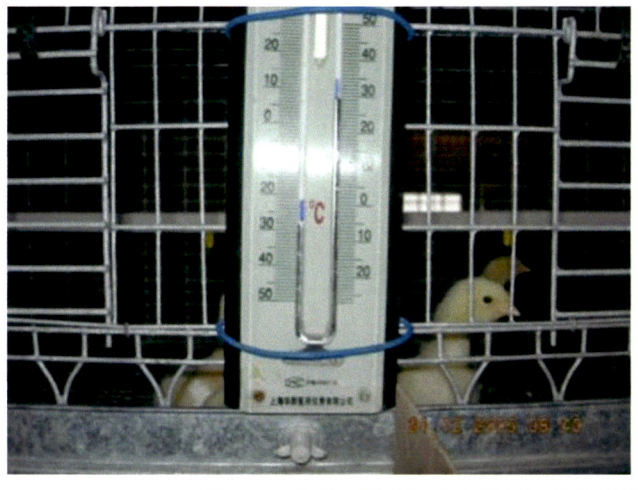

图 1.33 能显示最高温度和最低温度的医用温度计

图 1.34 温度偏低（雏鸡扎堆）　　图 1.35 温度适宜　　图 1.36 温度偏高

 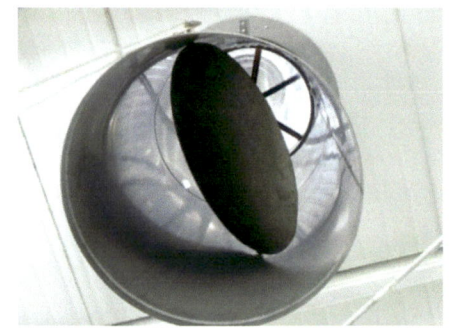

图 1.37 屋顶风机外型　　图 1.38 屋顶风机舍内（通过开闭调节板调节通风量）

图 1.39 喷雾消毒提高湿度　　图 1.40 煤炉上放置水壶加湿

图 1.41 雏鸡密度过大

图 1.42 雏鸡密度适宜

图 1.43 钟形饮水器

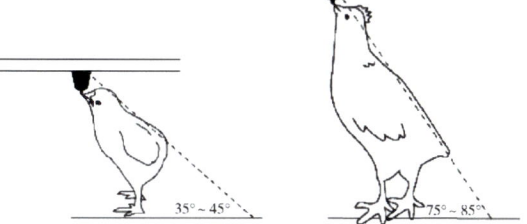
图 1.44 乳头饮水器设置高度示意图

图 1.45 断喙器

图 1.46 7～10天断喙后效果

图 1.47　正确断喙后 18 周龄效果

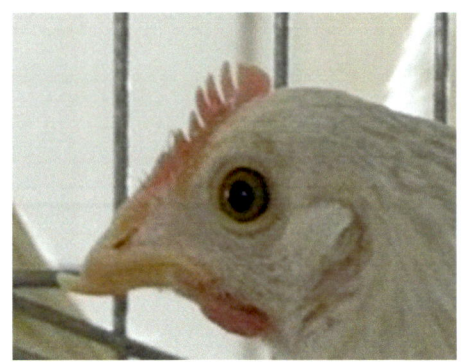
图 1.48　不正确断喙后 18 周龄效果

图 1.49　自动光照控制仪

图 1.50　密度过大

图 1.51　砖墙结构密闭式鸡舍

图 1.52　复合板有窗开放式鸡舍

图 1.53 湿帘

图 1.54 换气窗

图 1.55 阶梯式蛋鸡笼

图 1.56 立体式蛋鸡笼

图 1.57 带自动清粪带 3 层阶梯式蛋鸡笼

图 1.58 机械喂料设备

图 1.59 水槽式饮水

图 1.60 简易水箱

图 1.61 水罐

图 1.62 多层水线连在一起

图 1.63 乳头饮水器位于鸡笼一侧

图 1.64 乳头饮水器位于鸡笼中央

图 1.65 鸡背淋湿出现脱羽

图 1.66 带自动刮粪板式两层种鸡笼

图 1.67 室外刮粪装置

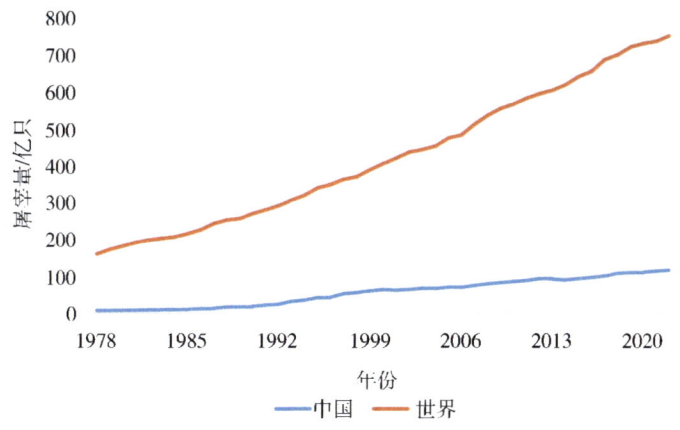

图 1.68 中国与全球肉鸡屠宰量对比

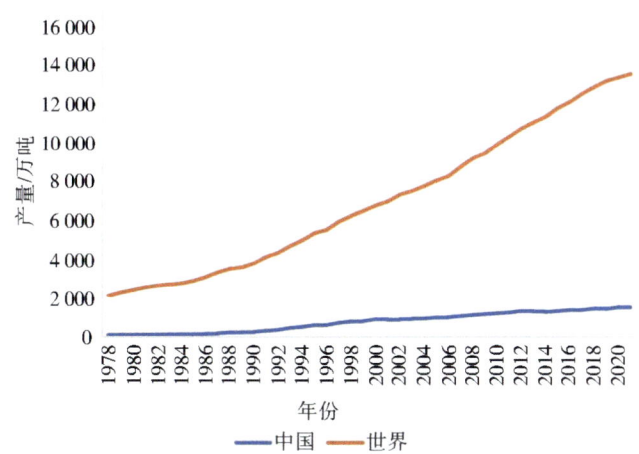

图 1.69 中国与全球鸡肉产量对比

图 1.70 北京鸭

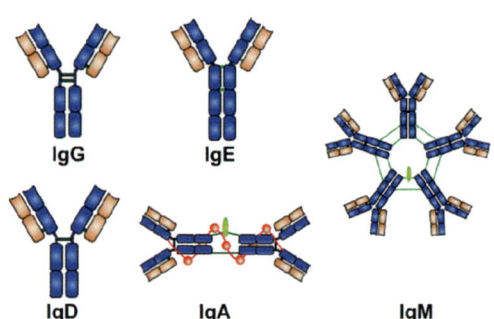

图 2.2 五大类免疫球蛋白的结构

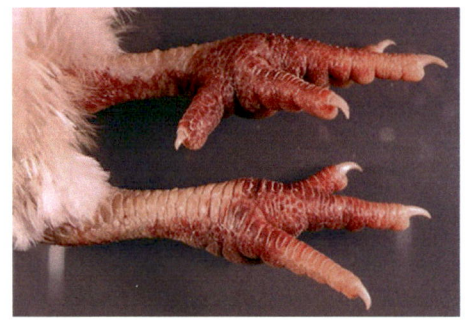

图 5.1 脚鳞出血

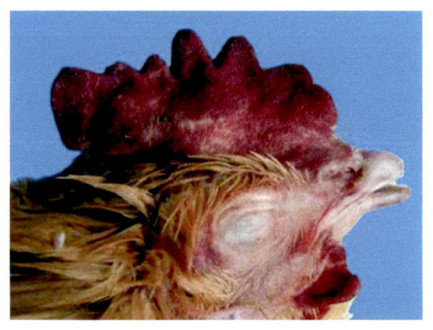

图 5.2 鸡冠出血

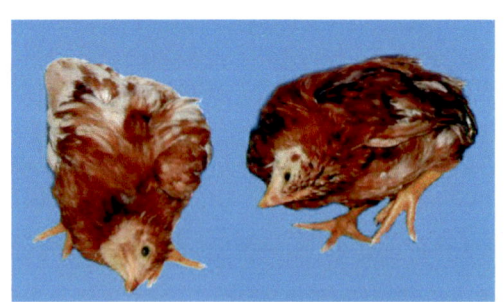

图 5.3 病鸡出现扭头、歪颈

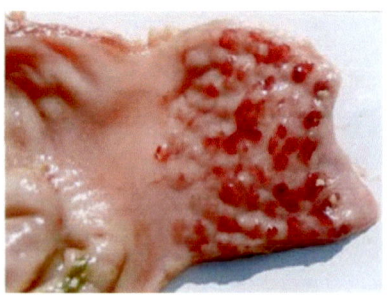

图 5.4 腺胃乳头出血

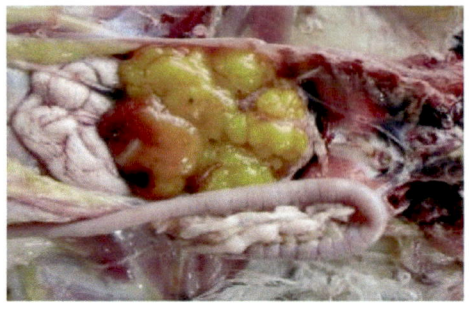

图 5.5 卵泡呈菜花样有出血斑点

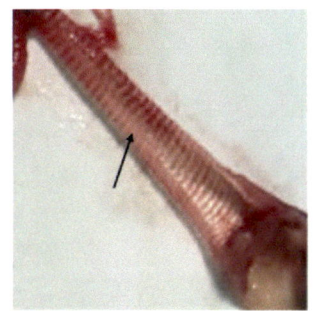

图 5.6 气管环出血

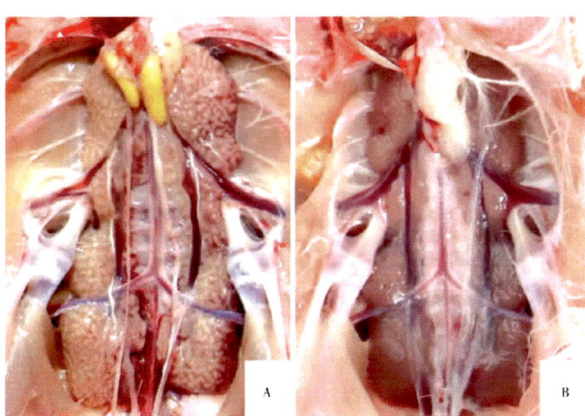

图 5.7 肾脏病变

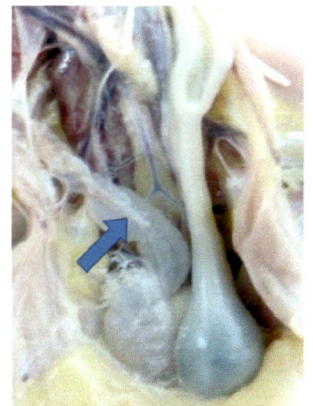

图 5.8 输卵管水疱

注：A 为病死鸡，肾肿大，苍白，呈典型的"花斑肾"；
B 为对照组试验鸡，肾未见明显变化。

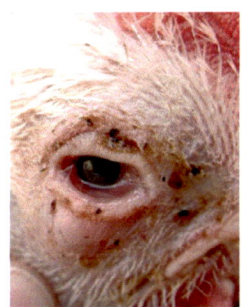

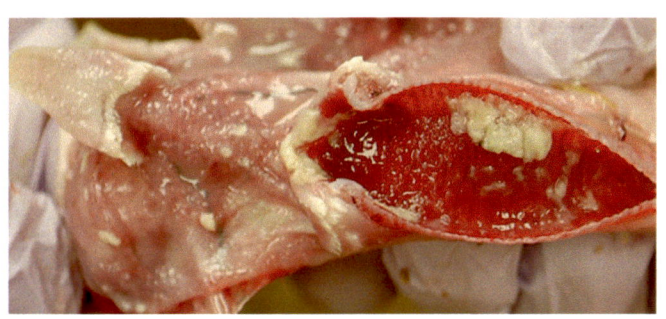

图 5.9 ILTV 引起的结膜炎

图 5.10 气管出血，表面常覆有黄白色渗出物

 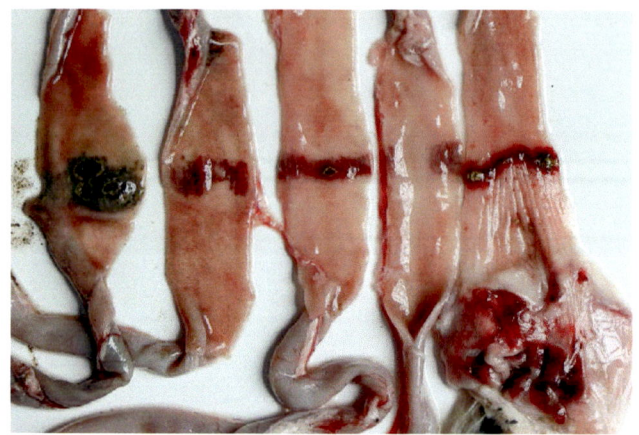

图 5.11　大头瘟　　　　　　　　图 5.12　肠道环带状出血

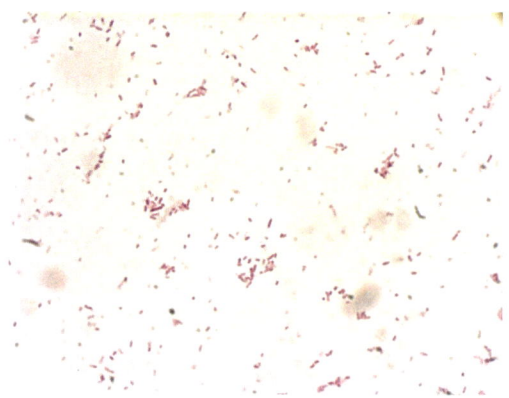 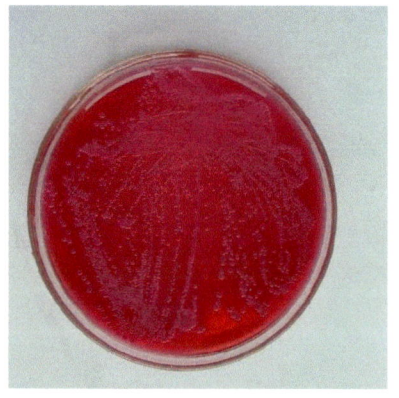

图 5.13　大肠杆菌革兰氏染色镜检结果　　图 5.14　大肠杆菌在麦康凯琼脂
　　　　　　　　　　　　　　　　　　　　　　　平板上的粉色菌落

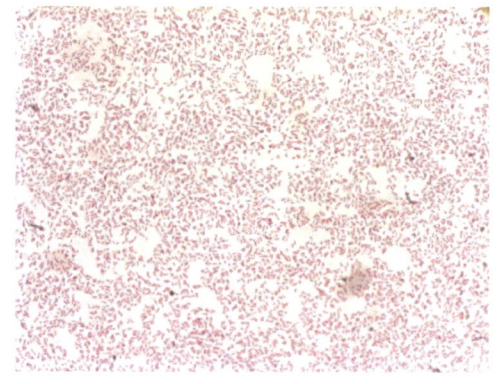

图 5.15　沙门氏菌革兰氏染色镜检结果

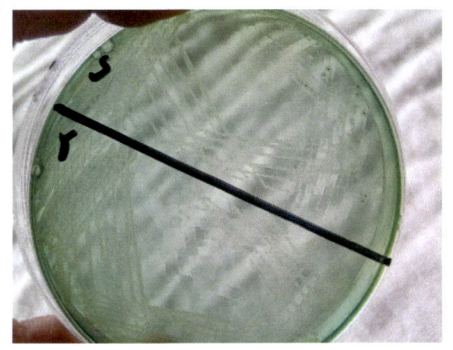
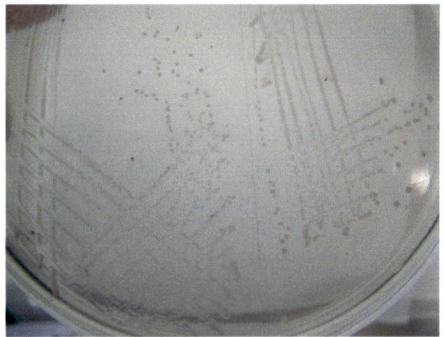

亚硫酸铋琼脂平板　　　　　　　　　　　沙门氏菌鉴别培养板

**图 5.16　沙门氏菌在不同鉴别培养基中的培养结果**

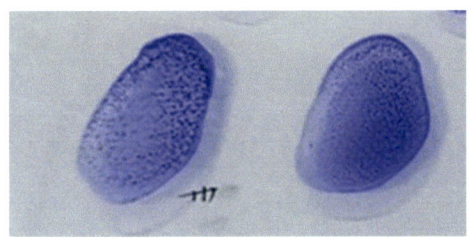
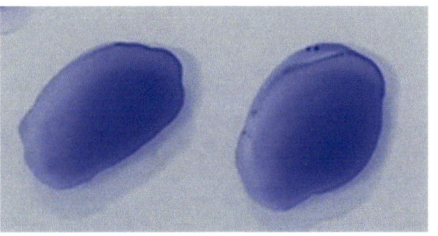

阳性凝集　　　　　　　　　　　　阴性不凝集

**图 5.17　鸡白痢沙门氏菌平板凝集试验检测结果**

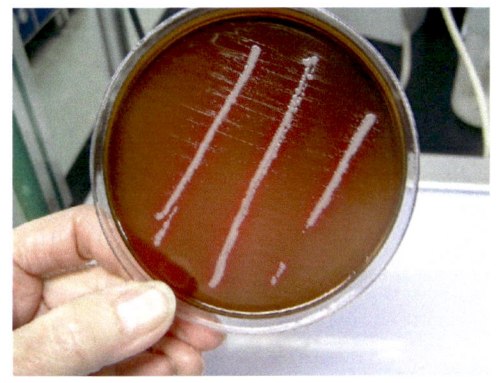

图 5.18　副鸡禽杆菌在血琼脂上和金黄色葡萄　　图 5.19　副鸡禽杆菌感染鸡只
　　　球菌进行交叉划线培养时的"卫星现象"　　　　　　　眶下窦肿胀、流鼻涕

· 273 ·

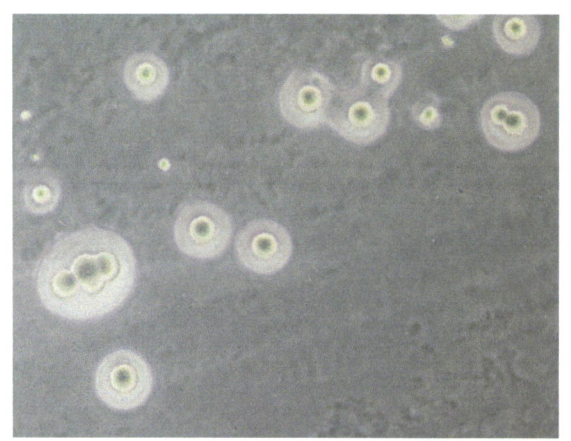

图 5.20 MS 在改良 Frey 氏支原体固体培养基上的"煎蛋状"菌落

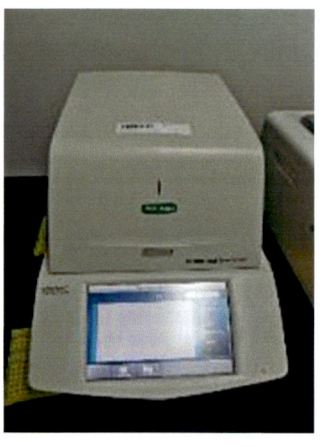

图 5.21 荧光定量 PCR 仪

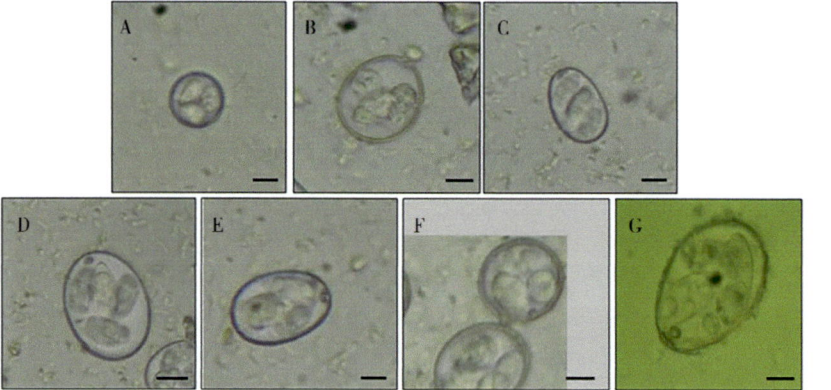

——:5微米

A—早熟艾美耳球虫；B—柔嫩艾美耳球虫；C—堆型艾美耳球虫；D—布氏艾美耳球虫；
E—毒害艾美耳球虫；F—和缓艾美耳球虫；G—巨型艾美耳球虫。

图 5.22 艾美尔球虫卵囊（孢子化）

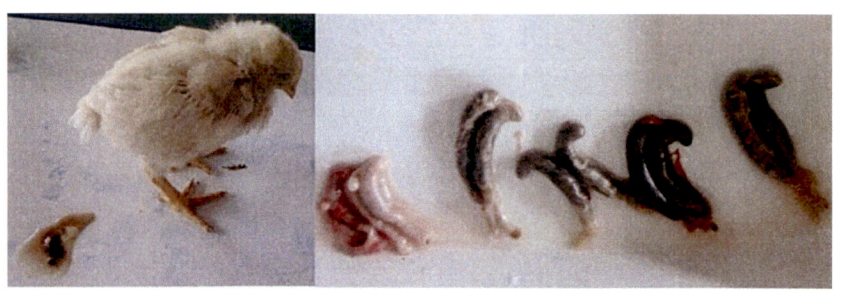

图 5.23 感染鸡只临床症状和剖检变化

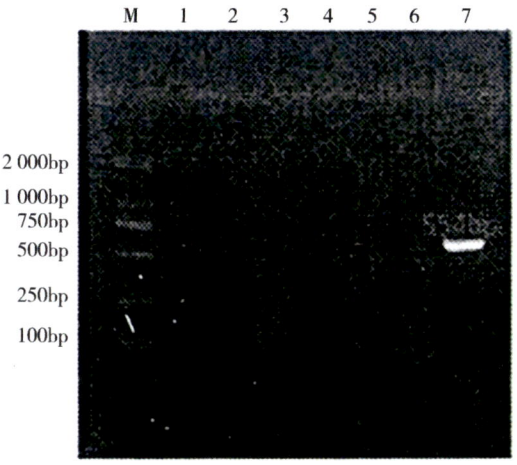

图 5.24 柔嫩艾美尔球虫核糖体 DNA 序列 PCR 扩增电泳

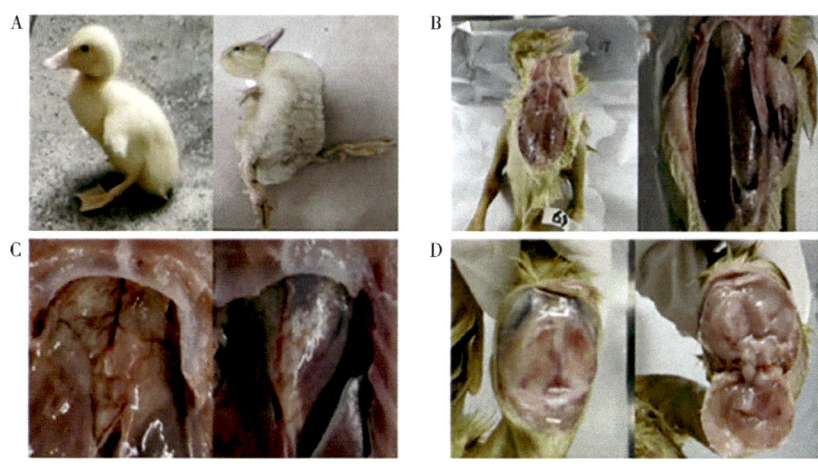

图 5.25 雏鸭临床症状及剖检病变

注：A 为感染鸭；B 为肝脏肿大出血；C 为心包充血发光；D 为脑出血。

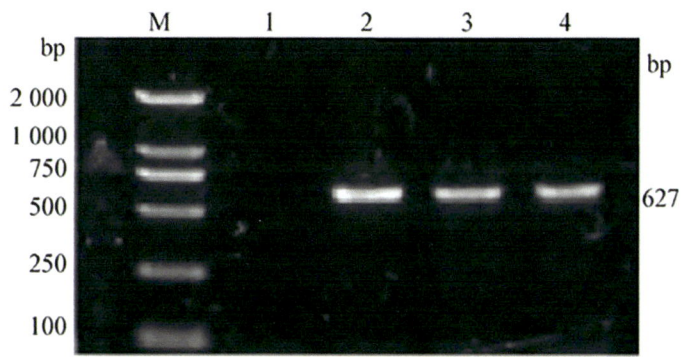

图 5.26 鸭疫里默氏杆菌分离株 PCR 鉴定

· 275 ·

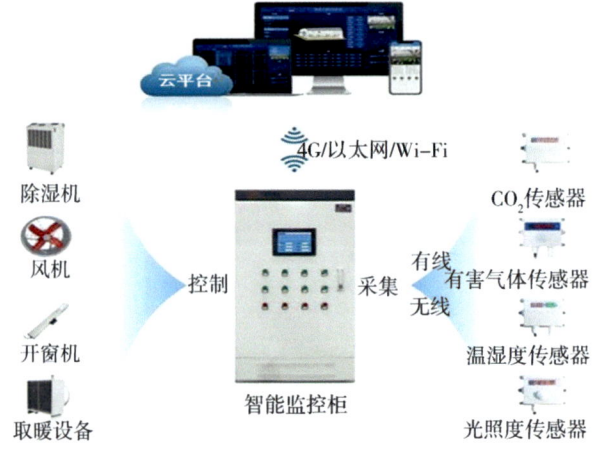

图 6.1 禽舍环境智能调控示意图

图 6.2 禽舍环境智能调控系统

图 6.3 智能环控技术应用情况

图 6.4 禽舍节水饮水技术

图 6.5 酸性电解水制备设备

图 6.6 舍内喷雾消毒技术

图 6.7 阶梯笼自动刮粪板

图 6.8 阶梯笼传输带清粪

图 6.9 层叠笼传输带清粪

图 6.10 自动清粪车

图 6.11　传输带清粪喷雾除臭

图 6.12　刮粪板喷雾除臭

图 6.14　污水厌氧发酵处理

图 6.15　固体粪肥撒施还田

图 6.16　液体粪肥注入式还田